北京理工大学"双一流"建设精品出版工程

Modeling，Simulation and Design of Mechatronics Control System

机电控制系统建模仿真与设计

赵江波　王军政　汪首坤 ◎ 编著

U0234556

北京理工大学出版社
BEIJING INSTITUTE OF TECHNOLOGY PRESS

图书在版编目(CIP)数据

机电控制系统建模仿真与设计 / 赵江波，王军政，
汪首坤编著. -- 北京：北京理工大学出版社，2022.1（2024.1重印）
ISBN 978 - 7 - 5763 - 0803 - 7

Ⅰ. ①机… Ⅱ. ①赵… ②王… ③汪… Ⅲ. ①机电一
体化 - 控制系统 - 系统建模 Ⅳ. ①TH - 39

中国版本图书馆 CIP 数据核字（2022）第 010527 号

出版发行 / 北京理工大学出版社有限责任公司
社　　址 / 北京市海淀区中关村南大街 5 号
邮　　编 / 100081
电　　话 / (010) 68914775（总编室）
　　　　　 (010) 82562903（教材售后服务热线）
　　　　　 (010) 68944723（其他图书服务热线）
网　　址 / http：//www.bitpress.com.cn
经　　销 / 全国各地新华书店
印　　刷 / 廊坊市印艺阁数字科技有限公司
开　　本 / 787 毫米 × 1092 毫米　1/16
印　　张 / 19.5
彩　　插 / 4　　　　　　　　　　　　　　　　　　　责任编辑 / 徐　宁
字　　数 / 499 千字　　　　　　　　　　　　　　　 文案编辑 / 国　珊
版　　次 / 2022 年 1 月第 1 版　2024 年 1 月第 2 次印刷　责任校对 / 周瑞红
定　　价 / 76.00 元　　　　　　　　　　　　　　　 责任印制 / 李志强

PREFACE

前 言

机器人、机械臂、工程机械、工业过程、生产线等自动化装置与系统的分析、设计越来越离不开仿真手段。通过仿真，在控制系统实物构建之前就可以得到其控制效果和运行性能，从而为系统的优化设计提供依据和手段。因此，控制系统的建模与仿真技术也日益受到重视。

对控制系统进行建模仿真的手段，大致可以分成两大类：一是传统的分析方法，即借助理论分析或实验数据，建立被控对象的数学模型，然后在数学模型的基础上，利用计算软件进行控制系统的性能分析；二是借助各种专业的商用仿真建模软件进行系统的分析，而且这种方式越来越受到工程技术人员的青睐，因为成熟的商业软件会将该行业领域内常用到的理论分析与计算方法进行集成，提供良好的人机交互界面，非常方便应用，使得技术开发人员可以将主要精力放在如何解决问题上，而不是如何搭建仿真系统或进行仿真计算上。但是借助专业仿真建模软件，使用者并不清楚整个仿真系统的运作机理，对仿真系统的底层缺乏了解。所以学习掌握前一种仿真分析手段还是非常有必要的，尤其是对于学生或科研人员，更是如此。本书正是基于上述目的而编写。

本书共分为七章，从控制系统仿真的基本概念、仿真工具软件的使用，到控制系统建模的基础知识、控制系统的仿真分析、控制器的辅助设计，进行了由浅入深、通俗易懂的讲述。特别是书中结合仿真工具软件对相关理论知识进行了实现描述，给出了相应的代码，做到了理论讲述与实践应用相结合，让读者学有所得、学有所用。

第1章通过分析控制系统分析的三种基本方法：解析法、实验法和仿真实验法，引出本书要讲述的控制系统仿真方法，进而对系统仿真的基本概念、应用及发展等基础知识进行讲解。

第2章以本书所用到的仿真工具软件 MATLAB 为背景，讲述了系统仿真中用到的相关内容和知识。考虑到 MATLAB 工具软件的通用性，大部分读者都具有一定基础，因此这部分内容的讲述相对简短。

第3章对 Simulink 工具的使用进行了讲解，尤其是对通过编写 S-函数实现特定算法或完成特定硬件的驱动进行了重点描述，并进一步讲解了利用 Simulink 构建半实物实时仿真系统的实现过程。

第4章从连续系统与离散系统两个方面讲述了控制系统模型的几种不

同的描述形式、各种描述形式在 MATLAB 仿真软件中的表述方式，即系统仿真中的二次模型化，以及不同表述方式间的相互转换。

第 5 章以机电控制系统为背景，讲述了其机理建模和统计建模的基本思路和方法，即系统仿真中的一次模型化。其中，在机理建模方面，以常见的传动机构（如减速机、丝杠）、执行机构（如电机、液压缸）为代表讲述了其建模的基本过程，并针对复杂机电系统，结合实际工程应用，介绍了如何进行运动学和动力学建模。在统计建模方面，主要就建模用激励信号的设计、阶跃响应数据建模、频率响应数据建模、最小二乘法建模等内容进行了讲述。

第 6 章主要是基于所建立的控制系统模型，结合仿真工具软件，讲述了对控制系统稳定性、稳态性能、动态性能、可控性和可观性等性能指标的定量或定性分析方法，所涉及的控制系统分析方法主要包括时域分析、根轨迹分析、频域分析、状态空间分析。

第 7 章以控制器的辅助设计为主要内容展开。首先讲述了控制系统数字仿真的实现，以四阶龙格 – 库塔算法为核心讲解了如何编写程序求解一阶常微分方程，使读者了解掌握控制系仿真的实现机理。然后以最基本的 PID 控制方法为基础，结合实例及具体代码讲解了控制器设计的基本过程、3 个控制参数的整定方法。并进一步讲述了自抗扰控制器、基于状态空间模型的控制器设计方法与过程。

本书可供高等院校自动化、机械电子类专业的学生学习使用，也可供机电工程领域的工程技术人员、科研人员作为参考书使用。

由于作者水平有限，书中难免有不当或疏漏之处，恳请读者批评指正。

作　者
2021 年 12 月

目　录

CONTENTS

第1章
概　述

1.1　控制系统研究分析方法

在控制系统的理论分析与工程实践中，往往需要对系统本身进行必要的分析、综合与设计。目前普遍采用的方法有解析法、实验法和仿真实验法三种，其中仿真实验法是本书的重点讲述内容。

1.1.1　解析法

解析法又称分析法，它是应用解析式去求解数学模型的方法，也就是运用已知的基础理论知识对控制系统进行理论上的分析、计算。这是一种纯理论意义上的分析方法，也是研究问题的普遍手段。

例如：工程机械中最常用到的执行机构之——液压缸，在分析其控制特性时，可用图1-1描述其受力情况。根据牛顿经典力学知识，可得到液压缸工作时的动态过程描述方程为

$$F(t) = m\frac{\mathrm{d}^2 x}{\mathrm{d}t^2} + B_c\frac{\mathrm{d}x}{\mathrm{d}t} + kx \qquad (1-1)$$

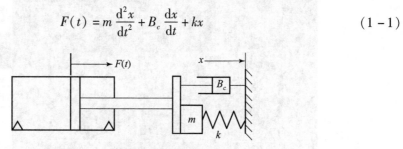

图1-1　液压缸受力分析图

对液压缸的受力分析转变成为对式（1-1）所示的二阶常微分方程的分析。同理，汽车轮子悬挂系统的受力问题、二级水箱的液位问题、RLC电路问题，也可以抽象为式（1-1）所示的二阶常微分方程。可见，通过理论分析可以提炼不同问题的共性，更容易总结规律，得到新的理论。

但是，解析法也有其自身的缺点，如：受分析工具的限制，对于复杂大系统具有一定的局限性；分析过程容易受理论的不完善性及对事物认知的不全面性影响；在许多工程实际问题中，难以综合全面地考虑所有因素，分析结果往往存在偏差。

1.1.2　实验法

实验法是指对于已经存在的实际物理系统，利用各种检测传感器、信号处理装置、测试

仪器等，对系统施加一定类型的激励信号，通过测量系统对特定信号的响应来确定系统的性能的方法。该方法具有简明、直观、可靠性高等优点，在一般的系统分析和测试中经常使用。

例如：如图 1-2 所示，为了研究飞行器舵机的控制特性，通常采用实验法对舵机控制系统进行测试建模。施加给舵机控制系统的激励信号包括正弦扫频信号、阶跃信号，从而得到舵机控制系统开环或闭环 Bode 图及阶跃响应特性。

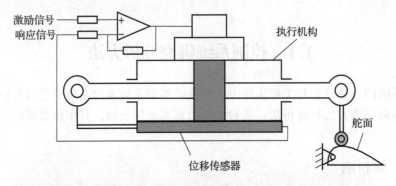

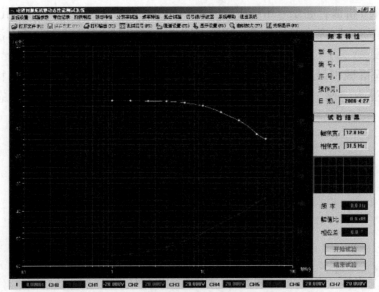

图 1-2　舵机控制系统实验测试原理图

受各种条件所限，实验法同样存在一定的缺点，如：

（1）有些实际的物理系统不允许进行实验研究，如炼钢生产线的控制系统、化工过程控制系统，随意改变系统的运行参数或者输入信号，会导致产品报废，造成巨大的经济损失，甚至导致安全事故。

（2）对于某些控制问题的研究，往往难以搭建实际的物理系统，或者在分析、设计控制系统之前，还未建立实际系统。

（3）有些实验研究的代价太大，难以承受，如火炮的稳定器控制系统，需要到不同的地形下进行实际跑车实验，需要很高的实验费用。再比如原子能系统的实验还存在很高的危险性。

1.1.3　仿真实验法

仿真实验法是指在物理的或数学的模型上所进行的系统性能分析与研究的实验方法。随着计算机技术以及软件实现技术的不断发展，研究人员越来越倾向于采用数字模型在计算机上进行仿真研究。

采用数字仿真实验的最大优点是，只需要建立起被研究对象的精确模型，就可以通过数值求解微分方程的方法得到对象的各种特性，不依赖于实际的物理系统，经济性好，便于调整控制系统的各种设计参数和条件。

例如对于图 1-3 所示的液压阀控制液压缸系统，采用仿真实验法时，可以建立如式（1-2）所示的精确数学模型，并利用 MATLAB 仿真软件，设计控制算法，对式（1-2）描述的微分方程组进行数值求解，实现对控制系统的设计。图 1-4 所示为采用迭代反馈控制时，利用 MATLAB 仿真，得到的系统阶跃响应及正弦跟踪响应曲线。

$$\dot{x}_1 = x_2$$
$$\dot{x}_2 = \frac{1}{m}(A_1 x_3 - A_2 x_4) - \frac{1}{m}kx_1 + \delta_m - g$$
$$\dot{x}_3 = f_1\beta_e[-A_1 x_2 + g_1(x_3 - x_4, \mathrm{sgn}(x_2))]$$
$$\dot{x}_4 = f_2\beta_e[A_2 x_2 + g_2(x_3 - x_4, \mathrm{sgn}(x_2))]$$

（1-2）

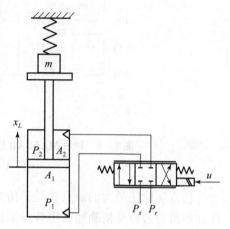

图 1-3　液压阀控制液压缸系统

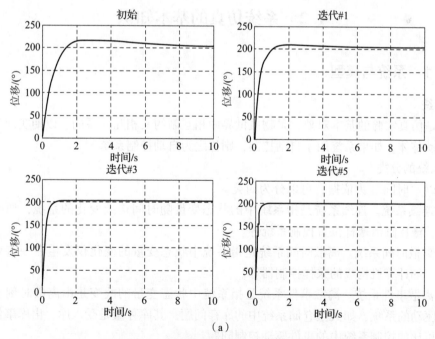

图 1-4　利用 MATLAB 软件进行的仿真实验结果（书后附彩插）
（a）不同迭代次数下的阶跃响应曲线

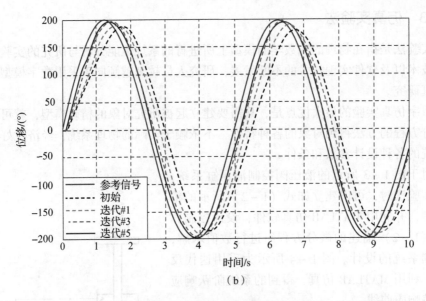

图 1-4　利用 MATLAB 软件进行的仿真实验结果（续）（书后附彩插）

（b）不同迭代次数下的正弦跟踪响应

　　仿真实验法最大的缺点就是，仿真结果容易受到建模精度影响，尤其是对于复杂系统，往往很难完善而又精确地采用数学工具描述其动态过程，因此仿真结果和理论分析往往会存在一定的偏差。

1.2　系统仿真的基本知识

1.2.1　系统与模型

1. 系统

　　系统是仿真实验的基本对象，是物质世界中相互制约又相互联系的、以期实现某种目的的一个运动整体。如果系统用于自动控制，则称之为自动控制系统。

　　1）系统的分类

　　系统以"时间"为依据，可以分为四类。

　　（1）连续系统。连续系统是指系统中的状态变量随时间连续变化的系统，如电机速度控制系统、液压缸活塞杆位置控制系统等。

　　（2）离散时间系统。离散时间系统是指系统中状态变量的变化仅发生在一组离散时刻上的系统，如计算机构成的采样控制器等。

　　（3）离散事件系统。离散事件系统是指系统中状态变量的改变是由离散时刻上所发生的事件所驱动的系统，如大型仓储系统中的库存问题，其库存量是受入库、出库事件所驱动变化的。再比如控制系统中的事件驱动控制问题。

　　（4）混合系统。混合系统是指系统中一部分是连续系统，另一部分是离散系统，其间有连接环节将两者联系起来的系统，如采用数字控制器实现的电机转速控制系统，其中的控制器部分为离散时间系统，电机部分为连续系统。随着数字技术的不断发展，现在大部分的物理控制系统都可以划归为混合系统。

2）系统的组成

系统包含三个要素，分别为实体、属性和活动。

（1）实体。实体是指存在于系统中的具有明确意义的物体，如图 1-2、图 1-3 中的液压缸、飞行器舵机等。

（2）属性。属性是指实体所具有的任何有效特征，如液压缸的活塞杆运动位移、运动速度，飞行器舵机的偏转角度等。

（3）活动。活动可分为内部活动和外部活动。系统内部发生的任何变化过程称为内部活动；而系统外部发生的对系统产生影响的任何变化过程称为外部活动。比如图 1-3 中，液压缸活塞腔内的压力变化就是内部活动，而液压油源供给液压阀的压力变化就称为外部活动，在控制系统设计中，这种外部活动被称作外部扰动。

3）系统的特性

通常系统具有三种特性，即整体性、相关性和隶属性。

（1）整体性。系统中的各部分不能随意分割。比如任何一个闭环控制系统的组成中，对象、传感器及控制器缺一不可。因此，系统的整体性是一个重要特性，直接影响系统的功能与作用。

（2）相关性。系统中的各个部分以一定的规律和方式相联系，由此决定了系统特有的性能。比如液压阀控制液压缸系统，其中液压阀、液压缸、位移传感器、控制器等组成了一个完整的系统，并形成了液压缸能够调节位移的特性。

（3）隶属性。有些系统并不像控制系统那样可以清楚地分出系统的内部与外部，它们常常需要根据所研究的具体问题来确定哪些是属于系统的内部因素，哪些属于系统的外界因素，其界限也常常随着不同的研究目的而变化，这一特性称为隶属性。分清系统的隶属界限是十分重要的，它往往可以使系统仿真问题得以简化，以有效地提高仿真效率。例如在研究图 1-3 所示的液压阀控制液压缸系统时，如果目的是考察液压缸位置控制精度，那么整个系统的液压能源供给压力变化就属于外部因素。相反，如果目的是考察液压能源供给压力与液压缸输出力之间的关系，那么液压能源供给压力变化就属于内部因素。

2. 模型

系统动态过程采用与之相应的数学模型进行表征。模型是对系统的特征与变化规律的一种定量抽象，是人们用以认识事物的一种手段。

1）模型的分类

（1）物理模型。物理模型是指根据相似性原理，把真实的系统按比例放大或缩小制成的模型，其状态变量与原系统完全相同。例如在研究飞行器舵机控制时，为了模拟飞行器在空中飞行时受到的空气动力负载，在实验室中建立负载模拟装置。

物理模型总是有实物介入的，具有实时性和在线性的特点，在物理模型上所做的仿真研究具有效果逼真、精度高的优点。但是，要研制物理模型需要耗费一定的资金与周期，具有一定的局限性。

（2）数学模型。数学模型是指用数学方程或信号图、结构图来描述系统性能的模型。它又可分为静态模型和动态模型，静态模型仅能描述系统处于平衡状态下的特性，动态模型则可以描述系统随时间变化的瞬态特性。数学模型的仿真是在计算机上完成的，是建立在性能相似的基本原则上的，具有非实时性和离线性的特点。相比物理模型，其具有经济、快捷的优点。本书将以数学模型为对象，讲述控制系统仿真的相关知识。

（3）混合模型。将系统的数学模型、物理模型甚至是系统本身部分实物有机结合在一起的模型称为混合模型或半实物模型。混合模型仿真兼顾纯实物模型仿真和纯数学模型仿真的优点，既考虑到经济性和周期性，又兼顾仿真结果的可信性，实物在环的半实物仿真研究手段越来越受到研究人员的重视。

2）模型的建立

建立系统模型就是以一定的理论为依据，把系统的行为概括为数学的函数关系，具体包括以下内容。

（1）确定模型的结构，建立系统的约束条件，确定系统的实体、属性与活动。

（2）测取有关的模型数据。

（3）运用适当的理论建立系统的数学描述，即数学模型。

（4）检验所建立的数学模型的准确性。

由于控制系统的数字仿真是以其数学模型为前提的，所以对于仿真结果的可靠性而言，系统的建模至关重要，它在很大程度上决定了数字仿真实验的成败。

1.2.2 系统仿真的分类

根据关注的重点不同，系统仿真也可以分为几种不同的方式，具体包括以下几种分类方式。

1. 按模型分类

（1）物理仿真。仿真实验所采用的模型是物理模型，称为物理仿真。

（2）数字仿真。仿真实验所采用的模型是数学模型，称为数字仿真。

（3）硬件在回路仿真。仿真模型中包含数学模型、物理模型和系统的实际部件，称为硬件在回路仿真。

（4）人在回路仿真。人作为系统仿真的组成部分参与到仿真实验中，称为人在回路仿真。其重点是解决人的感觉生成技术，如视觉、听觉、动感、力感等仿真环境，又称为虚拟仿真。

2. 按计算机分类

1）模拟计算机仿真

模拟计算机使用一系列运算放大器和无源阻容器件组成放大器、积分器、微分器、加减法器，并相互连接成仿真电路，实现特定的算法功能。由于各种运算器并行操作，其运算速度快、实时性好、结果可信。它对连续物理系统的动态过程仿真比较自然逼真。其缺点是对于复杂模型的仿真，电路搭建复杂烦琐，改变模型的工作量大，而且难以实现离散系统的仿真。

图1-5所搭建的模拟计算机排版图，即可实现式（1-1）所描述的液压缸运动过程的动态特性仿真。

2）数字计算机仿真

将系统模型用计算机程序来描述，并在数字计算机上借助数值算法所进行的仿真称为数

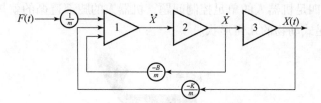

图 1 – 5　模拟计算机排版图

字计算机仿真。数字计算机仿真具有简便、快捷、经济的特点，同时还包括如下的优缺点。

（1）计算与仿真的精度较高。由于计算机的字长可以根据精度要求来设计，因此从理论上来讲，数字仿真的精度可以是无限的。但是，受到误差累积、仿真时间限制等因素的影响，仿真精度不宜要求过高。

（2）对离散系统的仿真比较方便。数字计算机仿真由于可以灵活地设置仿真补偿，因此对于离散系统的仿真分析具有天然的优势。

（3）仿真实验的自动化程度较高。数字计算机仿真基本都是通过编程来完成仿真过程，因此可以很方便地根据实际需求编辑程序功能，而且能够通过程序的设计，自动完成实验过程。

（4）计算速度会影响仿真的可信度。在对一些高频响的控制系统进行仿真时，受计算机运行速度的影响，所计算出的仿真结果与实际物理系统会有一定的差异，从而影响仿真结果的可信度。

3）分布式数字仿真

对于算法复杂的大型数字仿真问题，单台计算机完成仿真任务往往会受到仿真速度与精度这一对矛盾的影响。尽管数字计算机的运行速度一直在不断地提升，但是仿真任务的复杂程度和精度要求也越来越高。大型计算机虽然具有卓越的计算性能，但是其昂贵的价格限制了其普及应用。

分布式数字仿真技术的发展则可以很好地解决这一问题。分布式数字仿真将整个仿真任务分割成若干子任务，分别运行于不同的计算机上，并通过网络交换信息，协调仿真任务的完成。分布式数字仿真具有近似的多 CPU（中央处理器）并行计算的性能，仿真速度和精度均能得到保证。

3. 按系统随时间的变化状态分类

（1）连续系统仿真。连续系统仿真是指系统的输入输出信号均为时间的连续函数，可用一组数学表达式来描述，如采用微分方程、状态方程等。

（2）离散系统仿真。离散系统仿真是指系统的状态变化只在离散时刻发生，可用一组数学表达式来描述，如采用差分方程、离散状态空间模型等。

1.2.3　系统仿真的原则

系统仿真所遵循的基本原则是相似性原则，如几何相似、时间相似、速度相似、环境相似、性能相似等。

性能相似也称数学相似，是指不同的问题可以用相同的数学模型来描述，这是数字仿真中所遵循的最基本的原则。

图 1-6 所示的四足机器人的单足控制问题，机器人的腿部遵循的就是几何相似的原则，模拟的是自然界中足式动物的几何形状。

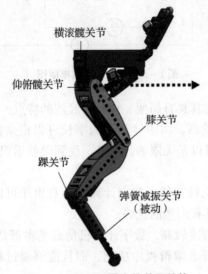

图 1-6　四足机器人的单足结构

图 1-7 所示的 4 个不同的被控对象：汽车减震系统、直流电机系统、二级水箱系统、RLC 电路系统都可以根据性能相似的原则，通过一个二阶微分方程进行描述。

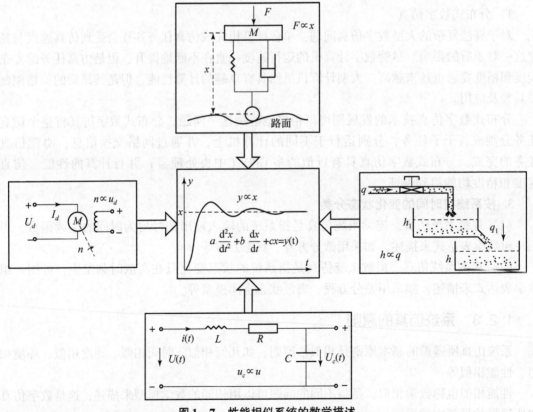

图 1-7　性能相似系统的数学描述

1.2.4　控制系统数字仿真的主要内容与过程

控制系统数字仿真是系统仿真的一个重要分支，它是涉及自动控制理论、计算数学、计算机技术、系统辨识、控制工程以及系统科学的一门综合性学科。它为控制系统的分析、计算、研究、设计以及控制系统的计算机辅助教学等提供了快速、经济、科学和有效的手段。

控制系统仿真是以控制系统模型为基础，采用数学模型描述实际的控制系统，以计算机为工具，对控制系统进行实验、分析、预测和评估的一种技术方法。

控制系统仿真的主要研究内容是通过系统的数学模型和计算方法，编写程序运算语句，使之能自动求解各环节变量的动态变化情况，从而得到关于系统输出和所需要的中间各变量的有关数据、曲线等，以实现对控制系统性能指标的分析与设计。

1. 基本内容

通常情况下，数字仿真实验包括三个基本要素：实际系统、数学模型和计算机。联系这三个要素的有三个基本活动，即模型建立、仿真实验和结果分析。以上三个要素和三个基本活动的关系可以通过图 1-8 来表示。

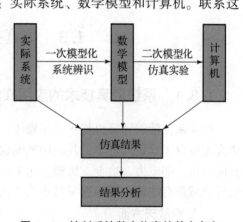

由图 1-8 可知，将实际系统抽象为数学模型的过程称为一次模型化，它具体涉及系统辨识等问题，统称为建模问题。将数学模型转换为可在计算机上运行的仿真模型，称为二次模型化，这涉及仿真技术问题，统称为仿真实验。对于计算机的运行所得到的仿真结果，需要通过结果分析来评价仿真过程的真实可靠性，这也是非常重要的工作，但是目前对仿真结果可靠性的评价还是一个有待深入研究的问题。

图 1-8　控制系统数字仿真的基本内容

2. 工作过程

1）系统定义

根据仿真的目的确定相应的仿真结构和方法，规定仿真的边界条件和约束条件。

2）系统建模

系统建模就是建立所研究的控制系统的数学模型，具体是指建立描述控制系统输入、输出变量以及内部各变量之间关系的数学表达式。控制系统的数学模型是进行仿真的主要依据，所建的模型常常是忽略了一些次要因素的简单数学模型，依据实际物理系统结构和各变量之间所遵循的物理、化学或电学基本定律，列写微分方程和差分方程。有关系统建模的相关知识，将在后面的章节中进行详细的介绍。

3）仿真建模

原始的控制系统数学模型，如微分方程、差分方程等，还不能用来直接对系统进行仿真，仿真建模的任务就是根据所建立的控制系统的数学模型，用适当的算法和仿真语言转换为计算机可以实施计算和仿真的模型。诸如微分方程这样的数学模型是无法利用计算机直接进行数值计算的，需要对其进行拉普拉斯变换，转换为传递函数的形式，或在此基础上进一步转换为状态空间模型的形式，然后才能运用 MATLAB 仿真软件进行计算，这就是一个仿真建模的过程。

4）仿真实验

具备了仿真模型，下一步工作就是进行仿真实验。仿真实验首先需要根据所使用的仿真软件语言编写仿真程序，将仿真模型载入计算机，再按照预先设计的实验方案运行仿真模型，得到一系列仿真实验结果。在这一步中，仿真程序的编写是重点，本书后面的仿真实验将重点以 MATLAB/Simulink 作为仿真编程的开发环境。

5）仿真结果输出与分析

仿真实验完成后，应当输出相应的结果，以数据或图的方式进行呈现。如控制系统的阶跃响应曲线、Bode 图等。对仿真结果进行分析的意义和目的在于，一方面需要通过输出的结果检验和验证仿真模型及仿真程序是否合理可信；另一方面需要通过仿真结果的分析对控制系统的设计进行修改，反复迭代，直至取得满意的效果。

1.3　仿真技术的应用与发展

1.3.1　系统仿真技术的应用实例

近年来，随着计算机技术、多媒体、软件工程、信息处理技术的发展，系统仿真技术的研究也取得了长足的进步，其应用范围也越来越广。几乎所有的科学技术领域都有了系统仿真的应用，如电力、冶金、机械、化工、航天、航空、交通领域，甚至在社会经济、生态系统等领域都有应用。下面列举其中几个比较典型的方面进行说明。

1. 航空航天方面

如航天器的飞行轨迹模拟，月球车、火星车的行走控制仿真，卫星轨道姿态控制仿真等。

2. 军事领域

如基于六自由度运动平台的车载武器稳瞄及火力控制仿真、导弹的飞行轨迹控制仿真等。

3. 工业控制方面

如机械臂及机器人的执行机构控制仿真、生产线的流程控制仿真、化工过程的参数控制仿真计算等。

4. 核能开发方面

如核电站系统的运行仿真、核武器的开发过程仿真等。

1.3.2　系统仿真的作用和意义

如上所述，系统仿真在生产、生活、科学研究、军事领用等很多方面都扮演着重要的角色。那么，为什么要进行系统仿真，其作用和意义何在，可从以下几个方面进行说明。

（1）系统处于设计阶段，应用仿真技术，可以预测待建系统的性能，检验其是否可以达到设计要求。可以比较不同设计方案的优劣，以得到最优性能指标的系统。

（2）在实际系统上进行实验代价太高、比较危险或难以实现。如核爆炸试验、导弹飞行控制试验、飞船登月试验和大坝安全试验等。通过系统仿真实验，在实验室搭建仿真系统则可以避免上述问题。

（3）由于实际系统过于复杂，影响结果的因素众多，如果直接在实际的系统上研究某个因素变化对系统的影响，很难保证其他因素不变，因而无法判断实验结果到底是否是由特定因素引起的。

（4）有的实际系统运行时间太长，而有的时间又太短，都不利于实验结果的统计与获取，而采用仿真的方法，则可以调整时长，加快或缩短进程。

1.3.3　仿真技术的发展趋势

仿真科学形成于 20 世纪 40 年代，50 年代中期随着数字计算机的出现，数字仿真开始出现并在以后的一段时间内得到迅速发展。20 世纪 60 年代至 70 年代，出现了大量的数字仿真语言，大大普及了数字仿真的应用。1955 年，国际模拟计算机协会（IAAC）成立，1976 年改为国际仿真数学与仿真计算机协会（International Association for Mathematics and Computers in Simulation，IAMCS）。我国也于 1988 年成立了中国系统仿真学会。随着高性能工作站、网络技术、计算技术、软件技术和人工智能技术的发展，仿真技术也得到了飞速发展。仿真技术的发展趋势主要有以下几个方面。

（1）在硬件方面，基于多 CPU 处理系统的并行仿真技术，可有效提高系统仿真的速度，从而使仿真的"实时性"得到加强。

（2）由于网络技术的不断完善与提高，对于复杂的大型系统的仿真，在单台计算机很难完成的情况下，可以将大系统分成若干个小的子系统，分别在网络上不同的计算机上运行，通过网络进行信息交换，进而达到信息共享，可以整合各种资源，甚至集合国际领域内的专家共同完成世界难题的研究工作。

（3）在算法方面，随着科学研究的进步和大量实时仿真需求的增长，仿真算法正在向快速、并行化方向发展。

（4）在应用软件方面，早期就出现了众多著名的数学软件包，如美国的基于特征值的软件包 EISPACK 和线性代数软件包 LINPACK、英国牛津数值算法研究组开发的 NAG 软件包，这些软件包大都是由 FORTRAN 语言编写的，使用起来极其复杂。1967 年由国际仿真委员会通过了仿真语言规范，之后便出现了诸如 CSMP、ACSL、SIMNON 等仿真语言，但随着 MATLAB 语言的出现和逐步完善，这些语言都销声匿迹了。目前，仿真语言向着更加方便、更加完善的方向发展，使用户不必考虑算法如何实现，而只需专注于解决自己特定的问题即可。

（5）与虚拟现实技术融合，建立一个多维化的信息空间，使系统仿真结果在表现形式上更加逼真、形象。例如，可以"制造"各种机械部件、设备、车辆甚至飞行器的"虚拟样机"，而后在"样机"上进行各种静动态性能测试，进而能够快速且持续不断地进行优化和完善，最终能够直接投入生产。

1.4 控制系统仿真软件

正如前面所描述，目前控制系统的仿真软件以 MATLAB/Simulink 为主，并且出现了很多以 MATLAB/Simulink 为核心的联合仿真技术。除此以外，也有很多专业公司开发出了各具特色的半实物仿真系统软件。

1.4.1 MATLAB 与 Simulink

1. MATLAB

MATLAB 是 MathWorks 公司推出的一款功能强大的计算仿真软件，是目前世界上应用最广泛的计算机仿真软件。它最早出现于 1980 年，美国墨西哥大学计算机科学系主任 Cleve Moler 教授采用 FORTRAN 语言编写了集命令翻译、科学计算于一身的交互式软件系统，设计初衷是方便学生解决"线性代数"课程的矩阵运算问题。这个软件系统被命名为MATLAB，是 Matrix Laboratory 的缩写，译为"矩阵实验室"，表明其基本操作单元是矩阵，这就是最初的 MATLAB。

第一个 MATLAB 的商业版本是在 1984 年 Cleve Moler 教授及一批专家组建了 MathWorks公司，并用 C 语言重新编写了其核心软件后推出的。此后，陆续增添了图形图像处理、符号运算、与其他流行软件接口等功能，使 MATLAB 的功能越来越强大。经过十几年的不断完善与升级，到 20 世纪 90 年代，在国际上三十几个数学类科技应用软件中，MATLAB 在数值计算方面独占鳌头。

在很多高等院校，MATLAB 已经被正式列入教学中，成为线性代数、数值分析、数理统计、自动控制理论、数字信号处理、动态系统仿真、图像处理等课程的基本运算工具，是学生必须掌握的基本技能之一，也是科研工作者和工程师们进行高效研究与设计的首选软件工具。

在国际学术界，MATLAB 被确认为准确、可靠的科学计算标准软件，在许多国际一流的学术刊物上，都可以看到 MATLAB 的应用。

在控制系统仿真方面，与其他软件相比，MATLAB 具有如下的显著特点。

1）强大的运算功能

MATLAB 提供了向量、数组、矩阵、复数运算，以及求解高次微分方程、常微分方程的数值解等强大的运算功能。这些运算功能使控制理论及控制系统中经常遇到的计算问题得以顺利解决。

2）简单易学的编程语言

MATLAB 的编程语言是脚本语言，这种解释性的语言简单易学。MATLAB 命令也与数学中的符号、公式非常接近，可读性强，容易掌握。

3）大量的配套工具箱

MATLAB 具有大量与控制系统设计相关的配套工具箱，如控制系统工具箱、系统辨识工具箱、鲁棒控制工具箱、模糊控制工具箱、神经网络工具箱、最优化工具箱、模型预测控制工具箱和多变量频域设计工具箱等。这些工具箱使控制系统的仿真与计算变得便捷与高效。

4）强大的图形功能

除了一般的数据显示，MATLAB 还支持多种形式的二维/三维图形显示，丰富的绘图命令可以随时将计算结果可视化，使数据内容清晰可见、一目了然，便于对控制系统的数据处理结果进行分析。

5）高效的编程效率

MATLAB 内具有丰富的库函数，从加减乘除、正余弦、微积分、方程求解和矩阵求逆，到快速傅里叶变换等一应俱全，而且可以直接调用，不必将其子程序的命令或语句逐一列出，大大提高了编程效率。

6）方便友好的编程环境

可视化的操作界面、交互式的编程方式、全面的在线帮助系统，都可以方便用户的使用。而且通过应用程序接口，MATLAB 还可以和其他高级编程语言进行交互设计，扩展性能好。

2. Simulink

1990 年，MathWorks 公司在 MATLAB 中加入新的控制系统模型化图形输入与仿真工具，并命名为 SIMULAB。该工具很快在控制工程领域获得了广泛的认可，并在 1992 年被更名为 Simulink。

Simulink 是 MATLAB 中用于动态系统建模和仿真的一个软件包，它的出现使控制系统仿真进入模型化图形组态阶段，控制系统的分析与设计变得更加便捷和直观。

Simulink 中的模块外表呈现方块图的形式，而且可以采用分层结构进行设计。在 Simulink 中既可以采用自下而上的设计流程（从器件、子系统、顶层系统到系统功能），也可以是相反的自上而下的设计流程。在 Simulink 模型中，用户可以清晰地知道具体环节的动态细节，直观地了解各个器件、子系统和系统间的信息交换，掌握各部分之间交互的影响。Simulink 能够将仿真的结果以变量的形式保存到 MATLAB 的工作空间，供进一步分析、处理和应用，还能够将 MATLAB 工作空间中的数据导入模型中应用。此外，Simulink 还具有开放的体系结构，允许用户开发自定义模块，并将其添加到 Simulink 中，以满足不同的任务要求。

Simulink 可以处理的系统包括：线性和非线性系统，连续、离散及混合系统，单任务和多任务离散事件系统。

1.4.2 MATLAB 与其他软件的联合仿真

MATLAB 除了可以自己完成仿真、计算任务外，还可以和其他的高级语言或仿真软件一起配合使用，完成更为复杂的仿真任务，如和 SolidWorks、ADAMS（Automatic Dynamic Analysis of Mechanical Systems）及 AMESim（Advanced Modeling Environment for Performing Simulation of Engineering Systems）等软件的联合仿真，下面对其进行简要的介绍。

1. MATLAB 与 SolidWorks 的联合仿真

SolidWorks 软件是世界上第一个基于 Windows 开发的三维 CAD（计算机辅助设计）系统，其技术创新符合 CAD 技术的发展潮流和趋势，极大地提高了机械设计及仿真的便捷性与效率，迅速在工业和科研领域得到广泛的应用和推广。SolidWorks 软件功能强大、组件繁多，除了可以进行三维可视化的机械设计，还具有基本的运动仿真功能。

（1）动画，可使用动画来描述装配体的运动。

（2）基本运动，可使用基本运动在装配体上模仿马达、弹簧、接触以及引力。基本运动在计算运动时考虑到了构件的质量，可用来生成演示性动画。

（3）运动分析，通过安装 SolidWorks Motion 插件，在装配体上精确模拟和分析运动单元的效果（包括力、弹簧、阻尼以及摩擦），还可使用运动分析来标绘模拟结果供进一步分析。

SolidWorks 的上述特性特别适用于复杂运动体及机器人的建模分析，对于复杂运动体而言，其自身具备的运动仿真功能远远不能满足使用需求，如通过程序控制三维机械臂的空间运动，需要根据运动学模型进行大量的解耦计算，而计算功能并不是 SolidWorks 所擅长的。MATLBA/Simulink 中的 Simscape 模块可进行机械、液压、电气及控制的仿真，但其进行几何模型建模极度不方便，利用其与 SolidWorks 等 CAD 软件的接口，可方便地实现刚体运动仿真，效果逼真，各发挥所长。因此就出现了 SolidWorks 与 MATLAB 的联合仿真。一方面，发挥 SolidWorks 在三维建模、构建约束方面的优势；另一方面，发挥 MATLAB 在控制算法实现、数值计算方面的优势。

要实现 SolidWorks 与 MATLAB 的联合仿真，需要在 SolidWorks 软件中安装 Sim mechanics link 插件，以建立 MATLAB 仿真接口。搭建联合仿真平台的操作步骤如下。

（1）对 MATLAB 和 SolidWorks 软件进行必要的环境配置。

（2）将 SolidWorks 搭建的装配体导入 Simulink 中。

（3）在 Simulink 中导入模型，进行相关的仿真计算。

2. MATLAB 与 ADAMS 的联合仿真

SolidWorks 软件主要专注于机械结构的建模、装配，完成运动学的建模，但是其无法进行动力学建模仿真。当需要关注装配体的动力学特性时，需要将 SolidWorks 所建的装配体模型导入其他的专业软件中，如 ADAMS，完成动力学仿真。ADAMS，即机械系统动力学自动分析软件，是美国机械动力公司（Mechanical Dynamics Inc. 现已并入美国 MSC 公司）开发的虚拟样机分析软件。

ADAMS 软件使用交互式图形环境和零件库、约束库、力库，创建完全参数化的机械系统几何模型，其求解器采用多刚体系统动力学理论中的拉格朗日法，建立系统动力学方程，对虚拟机械系统进行静力学、运动学和动力学分析，输出位移、速度、加速度和反作用力曲线。ADAMS 软件的仿真可用于预测机械系统的性能、运动范围、碰撞检测、峰值载荷以及计算有限元的输入载荷等。

ADAMS 一方面是虚拟样机分析的应用软件，用户可以运用该软件非常方便地对虚拟机械系统进行静力学、运动学和动力学分析；另一方面又是虚拟样机分析开发工具，其开放性的程序结构和多种接口，使其可以成为特殊行业用户进行特殊类型虚拟样机分析的二次开发工具平台。

同样地，可以通过必要的软件配置，完成 ADAMS 与 MATLAB 的联合仿真。其基本步骤如下。

（1）对 ADAMS 和 MATLAB 软件进行必要的参数及环境配置。

（2）将 SolidWorks 或 Pro/E 中生成的装配体导入 ADAMS 环境中生成动力学模型。

（3）对模型进行接口和参数配置。

（4）在 MATLAB/Simulink 中建立控制方案，并调用 ADAMS 模型进行仿真。

3. MATLAB 与 AMESim 联合仿真

AMESim 是一款多学科领域复杂系统建模仿真平台。AMESim 最早由法国 Imagine 公司于 1995 年推出，2007 年被比利时 LMS 公司收购，2012 年 LMS 公司又被西门子公司收购。用户可以在这个单一平台上建立复杂的多学科领域的系统模型，并在此基础上进行仿真计算和深入分析，也可以在这个平台上研究任何元件或系统的稳态和动态性能。例如在燃油喷射、制动系统、动力传动、液压系统、机电系统和冷却系统中的应用。

AMESim 使用户从烦琐的数学建模中解放出来从而专注于物理系统本身的设计。利用软件库中提供的基本元素模型，用户可以在系统模型中描述所有零部件的功能，而不需要编写任何程序代码。AMESim 处于不断的快速发展中，现有的应用库有机械库、信号控制库、液压库、液压元件设计库、动力传动库、气动库、电磁库、电机及驱动库等。

作为在设计过程中的一个主要工具，AMESim 还具有与其他软件包的接口，如 Simulink、ADAMS、Simpack、RTLab、dSPACE 等。

虽然 AMESim 自身有一定的控制模型搭建及计算能力，但是在复杂的控制算法及数值计算方面，还是不如 MATLAB/Simulink。因此，对于复杂控制问题的研究，也常常借助 MATLAB/Simulink，一起组成联合仿真系统。二者进行联合仿真的基本步骤如下。

（1）对 AMESim 软件进行必要的参数及环境配置。

（2）在 AMESim 中生成系统模型。

（3）对模型进行接口配置，生成 S – Function。

（4）在 MATLAB/Simulink 中导入 S – Function，完成控制系统的仿真任务。

1.4.3　半实物仿真系统

半实物仿真是将控制器（实物）与控制对象的仿真模型（虚拟）连接在一起进行实验的仿真手段。在半实物仿真实验中，控制器的动态特性、静态特性和非线性因素等都能真实地反映出来，因此它是一种更接近实际的仿真实验。这种仿真技术可用于修改控制器设计，即在控制器尚未安装到真实系统中之前，通过半实物仿真来验证控制器的设计性能，若系统性能指标不满足设计要求，则可调整控制器的参数，或修改控制器的设计，同时也广泛用于产品的修改定型、产品改型和出厂检验等方面。

半实物仿真的特点如下。

（1）属于实时仿真，即仿真模型的时间标尺和自然时间标尺相同，因为仿真系统中存在实物部分，其运行的时间尺度不可改变，所以虚拟部分的时间尺度也必须和实物部分相配和，做到实时运行。

（2）需要解决控制器与仿真计算机之间的接口问题。例如，在进行飞行器控制系统的半实物仿真时，在仿真计算机上解算得出的飞机姿态角、飞行高度、飞行速度等飞行动力学参数会被飞行控制器的传感器所感受，因而必须有信号接口或变换装置。

（3）半实物仿真的实验结果比数学仿真更接近实际。因为有实物部分的存在，省却了数学建模的工作，因此其输出的数据更加精确，且接近实际。

下面对两种应用比较广泛的半实物仿真平台进行简要介绍。

1. dSPACE 仿真平台

dSPACE 实时仿真系统是由德国 dSPACE 公司开发的一套基于 MATLAB/Simulink 的控制系统在实时环境下的开发及测试工作平台，实现了和 MATLAB/Simulink 的无缝连接。

dSPACE 实时仿真系统由两大部分组成，一是硬件系统，二是软件环境。

其中硬件系统的主要特点是具有高速计算能力，包括 CPU 处理器、I/O 接口、通信模块等。

软件环境可以方便地实现代码生成、下载和实验调试等工作。dSPACE 的软件环境主要由两大部分组成。一部分是实时代码的生成和下载软件 RTI Real – Time Interface，它是连接 dSPACE 实时系统与 MATLAB/Simulink 的纽带，通过对 RTW Real – Time Workshop 进行扩展，可以实现从 Simulink 模型到 dSPACE 实时硬件代码的自动下载。另一部分为测试软件，其中包含了综合实验与测试环境软件 ControlDesk、自动实验及参数调整软件 MLIB/MTRACE PC、与实时处理器通信软件 CLIB、实时动画软件 RealMotion 等。

2. Speedgoat 仿真平台

Speedgoat 半实物仿真与测试平台是由瑞士 Speedgoat 公司开发的一套基于 Simulink/xPC Target 的半实物仿真与测试的软硬件平台。用户可以利用 Speedgoat 仿真系统构建半实物仿真平台，完成基于模型的产品设计、仿真测试及验证工作。

Speedgoat 仿真平台的特点如下。

（1）可通过 FPGA（现场可编程逻辑门阵列）结合多核 CPU 完成复杂的模型运算和测试能力。

（2）具有丰富的 I/O 接口和通信模块。

（3）无缝集成 Simulink 的建模环境。

（4）具有多种应用编程接口（API），如 Labview、C/C ++ 等。

Speedgoat 实时仿真系统的使用流程如下。

（1）将上位机与 Speedgoat 实时目标机通过通信线缆相连接。

（2）将 Speedgoat 的 I/O 驱动模块添加至 Simulink 模型中，同时配置其参数功能。

（3）编译模型，生成编译文件，同时将模型文件下载至 Speedgoat 目标机。

（4）在 Speedgoat 实时目标机中运行程序。

（5）在运行模型前、运行中或运行后实时调整模型参数。

1.5　本章小结

本章从控制系统的研究分析方法入手，引出了控制系统仿真，并从概念的角度对系统仿真涉及的相关知识进行了阐述，主要包括系统与模型的概念、系统仿真的分类及原则、控制系统数字仿真的主要内容与过程等。对仿真技术的应用与发展前景进行了简要的分析，并对常用的几种仿真软件进行了介绍。

习　题

1. 控制系统有哪几种常用的实验分析方法？各自有什么优缺点？

2. 以时间尺度为依据，系统分为哪几种类型？构成系统的三要素分别是什么？

3. 什么是模型？一般分为哪几种类型？

4. 什么是系统仿真？都分为哪些类型？

5. 控制系统仿真遵循的原则是什么？

6. 控制系统数字仿真的基本内容和工作过程有哪些？

7. 简述系统仿真的应用实例及意义。

8. 系统仿真的应用软件有哪些？

第 2 章

MATLAB 语言基础

MATLAB 将数值分析、矩阵计算、科学数据可视化及非线性动态系统的建模与仿真等诸多强大的功能集成在一个易于使用的视窗环境中，为科学研究、工程设计提供了一种全面的解决工具。MATLAB 的基本数据单位是矩阵，它的指令表达式与数学、工程中常用的形式十分相似。

2.1　MATLAB 的基本操作

启动 MATLAB 完成后，将进入如图 2 − 1 所示的主界面，根据所安装的版本的不同，主界面略有不同，一般都包含菜单栏、工作目录、命令窗口（Command Window）、工作空间（Workspace）四个部分。还可以根据使用习惯，对主界面的显示内容进行配置。下面对各个主要部分的作用进行简要说明。

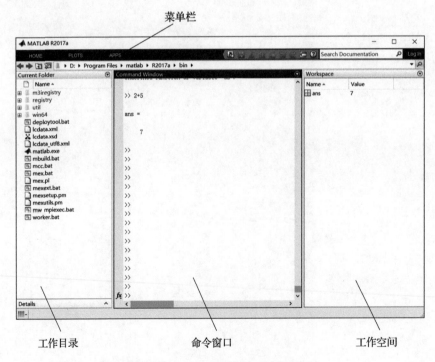

图 2 − 1　MATLAB 启动后的主界面

2.1.1　MATLAB 的工作空间

工作空间窗口中显示了目前内存中的所有 MATLAB 变量的变量名、数学结构、字节数以及类型。不同的变量类型分别对应不同的变量名图标。

2.1.2　MATLAB 的命令窗口

在命令窗口的提示符号"$fx\gg$"后输入命令，并按 < Enter > 键，MATLAB 会立即执行命令，完成相应的运算，显示结果或绘制图形。同时，命令中求取的变量将出现在 MATLAB 的工作空间。

MATLAB 语句的一般格式为

> 变量名 = 表达式；

其中，等号右边的表达式可以由操作符或其他字符、函数和变量组成，它可以是 MATLAB 允许的数学或矩阵运算，也可以包含 MATLAB 下的函数调用。等号左边的变量名是给右边表达式返回结果所赋予的名字，该变量将出现在工作空间中。变量名不是必需的，如果只有表达式，而没有特别指定变量名，则 MATLAB 会使用系统默认的变量名 ans，表达式的返回值自动赋给系统默认的变量 ans。

另外，如果只有一条 MATLAB 语句，表达式最后可以不加标点符号，也可以以逗号或者分号结束。当有多条 MATLAB 语句时，表达式之间可以通过逗号或者分号结束，它们的含义有所不同。当没有标点符号或者以逗号结束时，按 < Enter > 键后，MATLAB 会把相应语句的执行结果显示在命令窗口和工作空间；当以分号结束时，按 < Enter > 键后，MATLAB 只会把相应语句的执行结果显示在工作空间。

例如，在图 2 - 2 中，变量 a 和 b 被表达式赋值后，分别以空格和逗号结束，按下 < Enter > 键后，命令窗口出现结果"a = 2"和"b = 3"。表达式"a * b"以逗号结束，且没有特别指定变量名，按下 < Enter > 键后，命令窗口出现结果"ans = 6"。表达式"c = a + b"以分号结束，按下 < Enter > 后，命令窗口并没有出现结果。

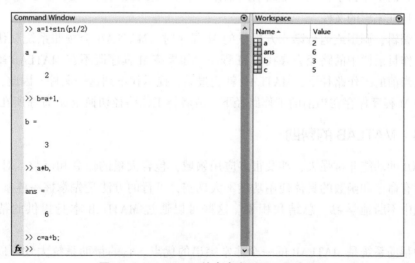

图 2 - 2　MATLAB 的命令窗口及工作空间

在命令窗口中特别适合进行一些计算简单、只需要输入几条语句就可以完成的任务。如果运算任务比较复杂，就需要编写 M 程序了。

有时候可能需要重复之前输入的语句表达式，MATLAB 中提供了一种比较便捷的输入方式，通过上箭头"↑"按键，就可以显示曾经用到的 MATLAB 语句，并可以从其中选择重复输入某一条语句，如图 2-3 所示的窗口中，可以通过上下箭头按键或者鼠标选择其中的一条语句。

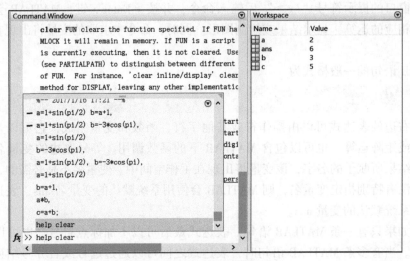

图 2-3　输入的历史指令

由于在命令窗口中不利于进行变量名称的管理，当输入的语句过多后，有可能造成变量名的重复使用，从而造成逻辑错误，使计算结果出错，而 MATLAB 并不会报错。此时可以通过 MATLAB 的命令 clear，将所有在 MATLAB 命令窗口中的变量清除掉。

2.1.3　MATLAB 的工作目录

MATLAB 的工作目录栏显示了当前的工作目录下都存在哪些文件夹及文件。可以从该栏中选择想要打开编辑的文件。

当需要编辑、调用或运行第三方提供的 M 程序时，MATLAB 会按照系统默认的路径以及显示在工作目录栏中的路径去寻找该 M 程序，如果该 M 程序既不在 MATLAB 默认的路径下，也不在当前的工作路径下，MATLAB 就会报错，提示找不到这一文件。因此，一般需要把第三方的 M 程序保存在当前的工作路径下，或者将工作路径切换至 M 程序所在路径。

2.1.4　MATLAB 的帮助

MATLAB 的功能非常强大，涉及很多应用领域，包含大量的命令和函数。对用户来说，完全掌握所有命令和函数的具体使用功能不太现实，可行的方法是先掌握一些基本的内容，然后在实践中不断地学习、总结和积累。这些可以通过 MATLAB 本身提供的帮助系统来实现。

完善的帮助系统是 MATLAB 的一个非常突出的优点。它的帮助系统大致可以分为三大类：联机帮助系统、命令窗口查询帮助系统和联机演示系统。

1. 联机帮助系统

MATLAB 的联机帮助系统十分全面，可以称得上是一本 MATLAB 的英文百科全书。进入联机帮助系统的方式有以下几种。

（1）单击 MATLAB 主界面工具栏中的 按钮。

（2）如图 2 - 4 所示，在 MATLAB 主界面工具栏中的 HOME→RESOURCES→Help 中选择 Documentation。

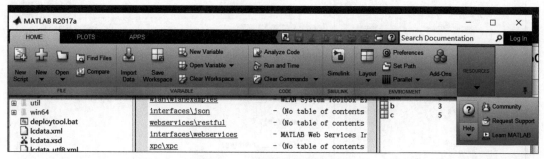

图 2 - 4　工具栏中的帮助菜单

（3）在命令窗口执行 helpdesk 或 doc 命令。

以上三种方法都可进入如图 2 - 5 所示的联机帮助窗口。此外，通过快捷键 <F1>，也能够进入 MATLAB 提供的快捷帮助界面。

图 2 - 5　MATLAB 的帮助界面

联机帮助窗口包括左侧的帮助导航面板和右侧的帮助显示面板两部分。帮助导航面板可以根据需要分别显示帮助主题（Contents）、帮助索引（Index）、帮助查询（Search）以及帮助演示集（Demos）。

MATLAB 帮助中的 Getting Started 以及演示集中的 Getting Started with Demos 是初学者最

好的入门教程，可仔细阅读、观看。

此外，在 MATLAB 的使用过程中，可以在命令窗口输入某条命令或函数后，右击，选择 Help on Selection 来打开快捷帮助窗口界面，查询该命令或函数的功能及使用方法，如图 2 - 6 所示。快捷键 <F1> 也有同样的功能， <Esc> 键可关闭快捷帮助窗口。

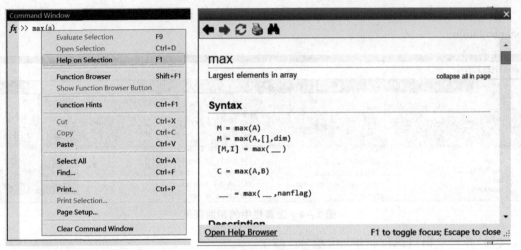

图 2 - 6　MATLAB 的快捷帮助窗口

2. 命令窗口查询帮助系统

一种比较简捷快速的方式是在命令窗口中，通过 help 命令对特定的内容，如某一个函数的功能和使用方法进行查询。具体的使用方法为："help + 函数名称"，如图 2 - 7 所示，是对 clear 命令的功能和使用方法进行查询。

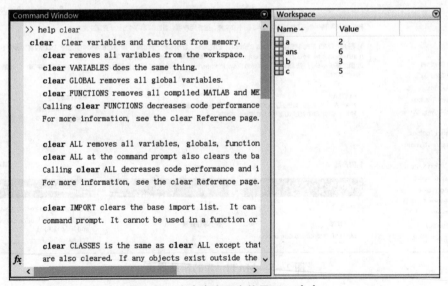

图 2 - 7　在命令窗口中使用 help 命令

3. 联机演示系统

联机演示系统可以帮助用户系统地了解和掌握 MATLAB 某一功能或者某一个工具箱的使用。通过以下两种方式都可以进入如图 2 - 8 所示的联机演示系统。

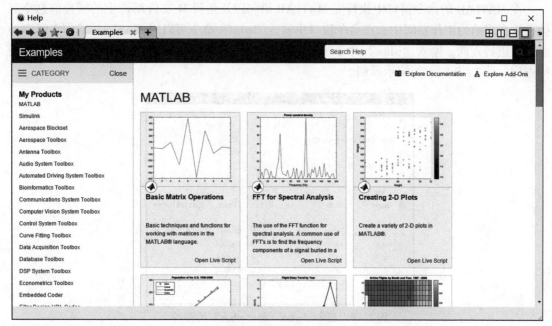

图 2 - 8　联机演示系统

（1）如图 2 - 4 所示，在 MATLAB 主界面工具栏中的 HOME→RESOURCES→Help 中选择 Examples。

（2）在命令窗口执行 demos 命令。

在联机演示系统的左侧栏中，可以选择需要学习的内容，如 Simulink 工具箱或者曲线拟合工具箱 Curve Fitting Toolbox。在右侧栏中，则显示对应的工具箱中的各种具体的方法和应用。

2. 2　MATLAB 的数值计算

数值计算功能是 MATLAB 的基础，本节将简要介绍 MATLAB 的数值类型、基本的计算操作功能等。

2.2.1　变量与常量

1. 变量

变量是程序设计语言的基本要素之一。与常规的程序设计语言不同，MATLAB 不要求事先对要使用的变量进行定义或声明，也不需要指定变量的类型，MATLAB 会自动根据所赋予变量的值或对变量所进行的操作来识别变量的类型。需要注意的是，在赋值过程中，如果赋值变量已经存在，MATLAB 将使用新值代替旧值，并以新值类型代替旧值类型。

如同其他计算机高级语言一样，MATLAB 语言也有变量的命名规则。MATLAB 变量名区分字母大小写。变量名不超过 31 个字符，第 31 个字符以后的字符将被忽略，且字符之间不能有空格，变量名必须以字母开头，之后可以是任意字母、数字或下画线，但是不能使用标点符号。

　　在 MATLAB 的命令窗口中执行完 MATLAB 语句以及运行 M 文件所产生的变量信息全部被存放在当前的工作空间中，在命令窗口中输入"who"命令可以对 MATLAB 工作空间中的变量名进行查询，输入"whos"命令可以对工作空间中变量及其属性，如类型、大小等进行查询。图 2-9 所示为演示示例。

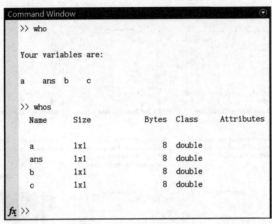

图 2-9　指令"who"和"whos"的使用

2. 常量

　　为了完成一些特殊情况下的运算，MATLAB 语言预先定义了一些常量，表 2-1 为部分经常用到的常量。

表 2-1　MATLAB 中的部分常量

常量	含义
ans	MATLAB 语句计算结果的默认变量
eps	浮点运算的相对精度
inf	无穷大，如 1/0
i 或 j	虚数单位
pi	圆周率 π
NaN	非数变量（Not a Number），如 0/0，∞/∞
nargin	函数的输入变量数目，用于 M 文件程序设计
nargout	函数的输出变量数目，用于 M 文件程序设计
realmax	最大正实数
realmin	最小正实数

　　对于 MATLAB 中的常量，使用时需要注意以下几点。

（1）不能用 clear 命令清除，所以这种常量也叫永久变量。

（2）不响应 who、whos 命令。

（3）永久变量的变量名如果没赋值，那么将取 MATLAB 系统默认值。

（4）如果对任意一个永久变量进行赋值，则该永久变量的默认值将被所赋的值临时覆盖。如果使用 clear 命令清除 MATLAB 内存中的变量，或者 MATLAB 的命令窗口被关闭后再重新启动，所有永久变量将被重新设置为系统默认值。

（5）在遵循 IEEE 算法规则的计算机上，被 0 除是允许的。它不会导致程序执行的中断，系统会给出警告信息，并且用一个特殊的名称，如 Inf、NaN 等记述。

2.2.2　数据结构

对计算机语言而言，数据结构就是该语言在计算机操作过程中的基本存储单元。MATLAB 中定义的数据类型，大致可以分为两类：数据类和结构体，而构成这两类数据的最基本数据类型可分为数值型、字符与字符串型、逻辑型和函数句柄型等。图 2 - 10 所示为 MATLAB 数据结构的概括图。

图 2 - 10　MATLAB 数据结构的概括图

1. 数值型

数值型数据包含三种数据类型：整数型、浮点型、复数型。

1）整数型

MATLAB 支持 1、2、4 和 8 字节的有符号整数和无符号整数，具体如表 2 - 2 所述。

表 2 - 2　MATLAB 中的整数型数据

数据类型	含义
int8	有符号 8 位整型数，范围为 $-2^7 \sim 2^7 - 1$
uint8	无符号 8 位整型数，范围为 $0 \sim 2^8 - 1$
int16	有符号 16 位整型数，范围为 $-2^{15} \sim 2^{15} - 1$
uint16	无符号 16 位整型数，范围为 $0 \sim 2^{16} - 1$
int32	有符号 32 位整型数，范围为 $-2^{31} \sim 2^{31} - 1$
uint32	无符号 32 位整型数，范围为 $0 \sim 2^{32} - 1$
int64	有符号 64 位整型数，范围为 $-2^{63} \sim 2^{63} - 1$
uint64	无符号 64 位整型数，范围为 $0 \sim 2^{64} - 1$

2）浮点型

MATLAB 的浮点型数据有单精度浮点型数据 single 和双精度浮点型数据 double 两种，具体如表 2 - 3 所示。

表 2 - 3   MATLAB 中的整数型数据

数据类型	位数	数据位通途	数值范围
single	32	第 0 ~ 22 位表示小数部分	- 3. 40282e + 38 ~ - 1. 17549e - 38
		第 23 ~ 30 位表示整数部分	- 1. 17549e - 38 ~ 3. 40282e + 38
		第 32 位表示符号	0 为正，1 为负
double	64	第 0 ~ 51 位表示小数部分	- 1. 79769e + 308 ~ - 2. 22507e - 308
		第 52 ~ 62 位表示整数部分	- 2. 22507e - 308 ~ 1. 79769e + 308
		第 63 位表示符号	0 为正，1 为负

　　double 类型数据参与运算时，返回值的数据类型取决于参与运算中的其他数据类型。其与逻辑型、字符型数据进行运算时，返回结果为 double 型。与整数型进行计算时返回结果为整数型，而与 single 型进行运算时，返回结果为 single 型。

　　single 类型数据与字符型、逻辑型进行运算时，返回结果均为 single 型。需要注意的是，single 型不能和整数型进行算术运算。

3）复数型

　　复数是对实数的一种扩展，每一个复数包括实部和虚部两部分。MATLAB 中默认用字符 i 或 j 表示复数的虚部。创建复数可以直接输入或者利用 complex 函数。图 2 - 11 所示为复数的输入方法。

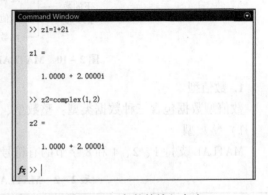

图 2 - 11　复数的输入方法

　　在 MATLAB 中，还有一些对复数进行操作的函数，详见表 2 - 4。

表 2 - 4   MATLAB 中的复数操作函数

数据类型	含　义
real(z)	返回复数 z 的实部
imag(z)	返回复数 z 的虚部
conj(z)	返回复数 z 的共轭复数
abs(z)	返回复数 z 的模
angle(z)	返回复数 z 的辐角
complex(a, b)	以 a 为实部、b 为虚部创建复数

2. 逻辑型

　　在 MATLAB 中逻辑类型包含 true 和 false，分别由 1 和 0 表示，用函数 logical( ) 可将数值型数据转换为逻辑型数据。一些 MATLAB 函数或操作符会返回逻辑 1 或 0。如图 2 - 12 中的示例所示。

3. 字符与字符串型

字符是 MATLAB 中符号运算的基本构成单元，字符串型数据是指字符向量或矩阵。在 MATLAB 中，字符串用单引号进行输入或赋值，也可以用 char( ) 函数来生成，如图 2 – 13 中的示例所示。

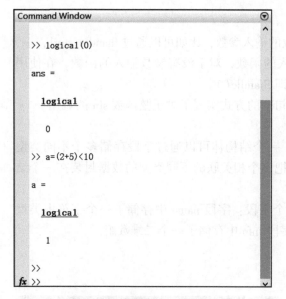

图 2 – 12　逻辑型数据操作

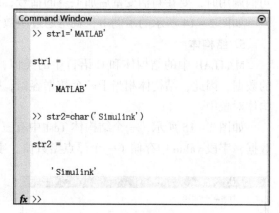

图 2 – 13　字符串型数据的输入

在 MATLAB 中有一些针对字符串型数据操作的函数，表 2 – 5 中列出了其中的部分函数。

表 2 – 5　MATLAB 中的字符串操作函数

数据类型	含　义
length(str)	返回字符串 str 的长度
double(str)	返回字符串对应的 ASCII 码
char(str)	生成一个字符串
ischar(str)	判断 str 是否字符串
strcmp(s1，s2)	比较字符串 s1 和 s2 的内容是否相同
findstr(s1，s2)	在字符串 s1 中寻找 s2 的内容，返回 s2 在 s1 中的起始位置

4. 函数句柄型

函数句柄提供了一种间接调用函数的方法。通过函数句柄，用户可以很方便地调用其他函数，提高函数调用过程中的可靠性，减少程序设计中的冗余。

1）函数句柄的创建

函数句柄的创建比较简单，其语法格式为

```
fhandle = @ function_name。
```

其中：

function_name 为函数的名字，同时也是该函数所对应的 M 文件的文件名；

@ 是句柄创建操作符；

fhandle 是@ 操作符返回值的赋值变量。

2）函数句柄的调用

通过函数句柄调用函数时，也需要指定函数的输入参数，比如可以通过 fhandle(arg1，…，argn）这样的调用格式来调用具有多个参数输入的函数，对于没有参数输入的函数，在使用句柄调用时，要在句柄变量后加上空的括号，即 fhandle( )。

如图 2 – 14 所示的示例中，就是通过函数句柄的方式实现了对正弦函数 sin 的调用。

5. 结构体

MATLAB 中的结构体和 C 语言中的类似，一个结构体可以通过字段存储多个不同类型的数据，因此，结构体相当于一个数据容器，把多个相关联的不同类型的数据封装在一个结构体对象中。

如图 2 – 15 所示，一个结构体 Test 中有三个字段：字段 name 中存储了一个字符串类型数据，字段 value 中存储了一个浮点型数值，字段 info 中存储了一个二维数组。

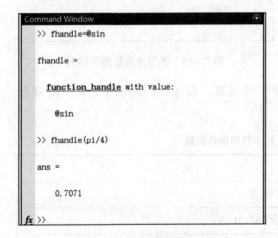

图 2 – 14　句柄数据类型使用　　　　　图 2 – 15　直接赋值法结构体

MATLAB 中，一个结构体对象就是一个 1×1 的结构体数组，因此，可以创建具有多结构体对象的二维或多维结构体数组。

有两种方法可以创建结构体对象：直接赋值创建和通过 struct 函数创建。

1）直接赋值创建

图 2 – 15 所示的示例中说明了直接赋值法的创建过程。

2）通过 struct 函数创建

struct 函数的语法形式为 strArray = struct（'filed1'，val1，'filed2'，val2，…），其中的'filedn'为结构体 strArray 的第 n 个字段，valn 为第 n 个字段所对应的具体值。

图 2 – 16 所示的示例中展示了 struct 函数的用法。

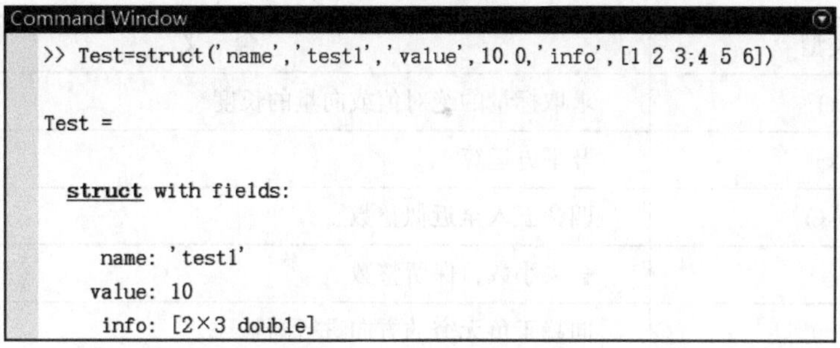

```
Command Window
>> Test=struct('name','test1','value',10.0,'info',[1 2 3;4 5 6])

Test =

  struct with fields:

    name: 'test1'
    value: 10
    info: [2×3 double]
```

图 2 – 16　struct 函数创建结构体

2.2.3　基本计算功能

1. 简单数值计算

对于简单的数值计算，可以在 MATLAB 的命令窗口中通过输入语句表达式完成。MATLAB 语言的算术运算符按照优先级由高到低、从左向右进行结合完成运算。其优先级从高到低排列如下所示。

（1）括号（ ）。

（2）转置（. '）、幂（.^）、复共轭转置（'）、矩阵幂（^）。

（3）带一元减法（.^–）、一元加法（.^+）或逻辑求反（.^~）的幂，以及带一元减法（^–）、一元加法（^+）或逻辑求反（^~）的矩阵幂。

（4）一元加法（+）、一元减法（–）、逻辑求反（~）。

（5）乘法（. *）、右除（./）、左除（. \）、矩阵乘法（ *）、矩阵右除（/）、矩阵左除（\）。

（6）加法（+）、减法（–）。

（7）冒号运算符（:）。

（8）小于（<）、小于或等于（<=）、大于（>）、大于或等于（>=）、等于（==）、不等于（~=）。

（9）逻辑操作符，（&&）、（‖）、（&）、（|）、（~）。

大多数的算术运算符只是对具有相同维数的对应元素进行运算。对于矩阵或向量，算术运算符连接的两个运算对象必须同维数或者两个中有一个是标量。当一个运算对象是标量时，运算符将把标量和另一个运算对象的每一个元素进行相应的运算。如果要改变运算的优先级，可以用括号强制实现。

例如图 2 – 17 中所示的，通过 MATLAB 的命令窗口，完成 $[12 + 2 \times (7 - 4)] \div 3^2$ 的计算。

2. MATLAB 中常用的数学函数

MATLAB 带有强大的函数库，一般的数学运算都可以通过调用函数实现，表 2 – 6 为 MATLAB 中常用的数学函数。

表 2 – 7 为 MATLAB 中常用的三角函数。

```
Command Window
>> (12+2*(7-4))/3^2

ans =

    2

fx >>
```

图 2 – 17　简单数值计算

表 2-6　MATLAB 中常用的数学函数

数据类型	含　义
abs(x)	求取标量的绝对值或向量的长度
sqrt(x)	开平方运算
round(x)	四舍五入至近似整数
fix(x)	舍去小数，保留整数
floor(x)	向趋于负无穷的方向进行圆整
ceil(x)	向趋于正无穷的方向进行圆整
sign(x)	符号函数
rem(x, y)	求取 x 除以 y 的余数
exp(x)	求取 x 的自然指数
pow2(x)	求取 2^x 的值
log(x)	以 e 为底的对数，即自然对数
log2(x)	以 2 为底的对数
log10(x)	以 10 为底的对数
gcd(x, y)	求取整数 x 和 y 的最大公因数
lcm(x, y)	求取整数 x 和 y 的最大公倍数

表 2-7　MATLAB 中常用的三角函数

数据类型	含　义
sin(x)/sind(x)	正弦函数，参数为弧度/度
cos(x)/cosd(x)	余弦函数，参数为弧度/度
tan(x)/tand(x)	正切函数，参数为弧度/度
asin(x)/asind(x)	反正弦函数，参数为弧度/度
acos(x)/acosd(x)	反余弦函数，参数为弧度/度
atan(x)/atand(x)	反正切函数，参数为弧度/度
sinh(x)	双曲正弦函数
cosh(x)	双曲余弦函数
tanh(x)	双曲正切函数
asinh(x)	反双曲正弦函数
acosh(x)	反双曲余弦函数
atanh(x)	反双曲正切函数

2.3　矩阵操作与运算

矩阵是 MATLAB 的核心，矩阵和数组的输入形式与书写方法是相同的，其区别在于进行运算时，数组的运算是数组中对应的元素的运算，而矩阵运算则应符合矩阵运算的规则。

2.3.1　矩阵的生成

在 MATLAB 中，矩阵的输入必须以方括号"[ ]"作为其开始和结束的标志，矩阵的行与行之间要用分号"；"或按回车键 < Enter > 分开。矩阵的元素之间要用逗号"，"或用空格分开。矩阵的大小可以不必预先定义，且矩阵元素的值可以用表达式表示。建立矩阵的方法有直接输入矩阵元素、语句生成、外部文件读入、特殊矩阵生成等。

1. 直接输入矩阵元素

从键盘上直接输入矩阵元素是最方便、最常用的创建数值矩阵的方法，尤其适合较小的简单矩阵。不但可以使用纯数字（含复数），也可以使用变量（或者一个表达式）来生成矩阵。

图 2-18 中的示例为键盘输入矩阵。

2. 语句生成

（1）用冒号表达式（start：step：end）生成线性等间距行向量。

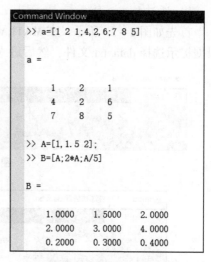

图 2-18　键盘输入矩阵

其中 start 为起始值；step 为步长间隔，当步长为 1 时，可以省略 step 参数，而且 step 可以为负值；end 为终止值，需要注意的是向量的最后一个元素不一定刚好等于参数 end 的值，有可能小于参数 end 的值，主要取决于通过步长 step 的累加，是否刚好能取到 end 的值。

（2）用 linspace（n1，n2，n）函数生成线性等间距行向量。

其中 n1 为向量的起始值，n2 为向量的结束值，n 为向量的个数，默认为 100。需要注意的是，这种方式得到的向量，其最后一个元素一定等于参数 n2 的值。

（3）用 logspace（n1，n2，n）函数生成对数等间距行向量。

其中向量的起始值为 10^{n1}，向量的结束值为 10^{n2}，n 为向量的个数，默认为 50。需要注意的是，这种方式得到的向量，相邻元素是按照对数等间距分布的。

图 2-19 中的示例为利用语句输入矩阵。

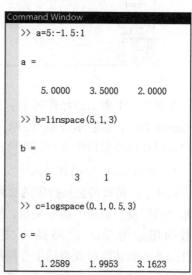

图 2-19　利用语句输入矩阵

3. 外部文件读入

MATLAB 语言也允许用户调用在 MATLAB 环境之外定义的矩阵。可以利用任意的文本编辑器编辑所要使用的矩阵，矩阵元素之间以特定的分段符分开（如空格、回车符、逗号等），并按照行列布置。

例如，利用记事本建立一个 data. txt 文本文档，在其中输入两行数据文本，分别为：

1 2 3

4 5 6

将文档保存在 MATLAB 的当前工作目录下。然后可以通过下述两种方式将 data. txt 文件中保存的矩阵数据读入 MATLAB 中。

1）通过 Import Data 导入

首先如图 2 - 20 所示，在 MATLAB 主界面工具栏中的 "HOME" 中选择 Import Data，并根据提示选择 data. txt 文件，然后进入如图 2 - 21 所示的画面。

图 2 - 20　导入数据选项

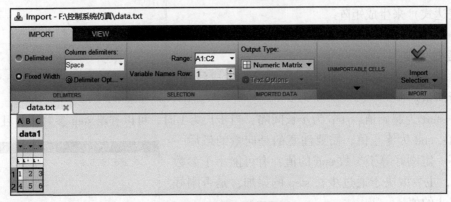

图 2 - 21　导入数据界面

在图 2 - 21 所示的操作界面，选择 Output Type 为 Numeric Matrix，选择 Import Selection 为 Import Data，然后单击 ✅ 图标，那么一个变量名为 data 的矩阵就被导入 MATLAB 中，用户可以在命令窗口中查看该矩阵的数值，如图 2 - 22 所示。

2）通过 load( ) 函数导入

load（) 函数将会从指定的文件中读取数据，并将输入的数据赋给指定的变量，如果不指定变量，则默认的变量名为文件名。load( ) 函数的用法为 load（'路径 + 文件名'），如果数据文件存储在 MATLAB 的默认路径或当前工作路径中，可以省略，否则需要写入绝对路径，文件名需要包含后缀。图 2 - 23 所示为 load( ) 函数导入矩阵的示例。

图 2 - 22　通过 Import Data 方式导入矩阵

4. 特殊矩阵生成

MATLAB 还提供了一些专门的函数，用以生成某种特殊的矩阵，比较常用的有以下几种。

（1）A = zeros(m)　　%生成 m×m 的全 0 矩阵。

（2）A = eye(m)　　　%生成 m×m 的单位矩阵。

（3）A = ones(m)　　 %生成 m×m 的全 1 矩阵。

（4）A = rand(m)　　 %生成 m×m 的均匀分布的随机矩阵。

（5）A = randn(m)　　%生成 m×m 的正态分布的随机矩阵。

（6）A == [ ]　　　　%空矩阵。

```
Command Window
>> A=load('data.txt')

A =

    1    2    3
    4    5    6
```

图 2 - 23　通过 load( ) 函数导入矩阵

2.3.2　矩阵的基本操作

1. 矩阵的下标操作

矩阵中的元素可以用下标（行、列索引）来标识，如一个 $m×n$ 矩阵 A 的第 i 行、第 j 列的元素表示为 $A(i,j)$。和 C 语言习惯不同的是，这里的行和列是从 1 开始计数的，并不是从 0 开始计数。

通过下标操作，可以为矩阵元素赋值，也可以读取矩阵元素的数值。图 2 - 24 所示为矩阵下标操作的示例。

2. 矩阵的子块操作

MATLAB 通过确认矩阵下标，可以对矩阵进行插入子块、提取子块、重排子块的操作。具体有以下几种形式。

（1）A(:, n)，对矩阵的第 n 列所有数据进行操作。

（2）A(m,:)，对矩阵的第 m 行所有元素进行操作。

（3）A(m1:m2,:)，对矩阵第 m1 行至 m2 行的所有数据进行操作。

（4）A(:, n1: n2)，对矩阵第 n1 列至 n2 列的所有数据进行操作。

（5）A(m1:m2, n1:n2)，对矩阵第 m1 行至 m2 行、第 n1 列至 n2 列的数据进行操作。

（6）A(:)，得到一个列向量，该向量的元素按矩阵的列进行排列。

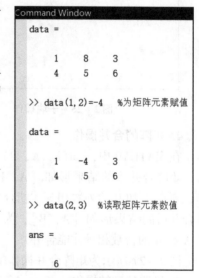

```
Command Window
data =

    1    8    3
    4    5    6

>> data(1,2)=-4    %为矩阵元素赋值

data =

    1   -4    3
    4    5    6

>> data(2,3)    %读取矩阵元素数值

ans =

    6
```

图 2 - 24　矩阵下标操作

（7）扩展矩阵，如果对矩阵的一个不存的下标进行赋值，则该矩阵会自动扩展相应的行列数，并在该位置上赋值，对于其他没有赋值的位置则置零。

图 2 - 25 所示为对上述子块操作的示例。

3. 矩阵的大小

1）size( ) 函数

在 MATLAB 中，用 size( ) 函数可以得到矩阵的维数，该函数的具体用法为：

[m,n] = size(A)，其中 m 和 n 为函数的返回值，分别代表矩阵的行数和列数。或 m = size(A, x)，当 x = 1 时，返回矩阵 A 的行数；当 x = 2 时，返回矩阵 A 的列数。

2）length（ ）函数

对向量或数组而言，用 length（ ）函数可以求得其长度。对矩阵而言，该函数可以求得行与列数值中较大的那个数值，即等价于 max（size（A））。

图 2 - 26 所示为矩阵大小操作的示例。

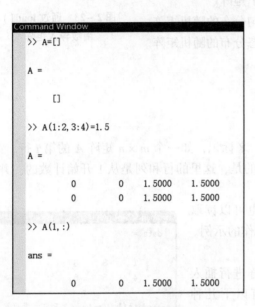

图 2 - 25　子块操作

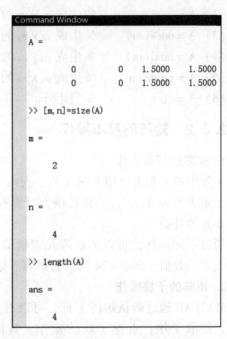

图 2 - 26　矩阵大小操作

4. 矩阵的合并操作

在 MATLAB 中，cat（k，A，B）为矩阵合并函数，其中 A 和 B 为待合并的矩阵。k = 1 时，矩阵合并后的结果形如 [A；B]，为行添加矩阵，要求 A 和 B 的列数相等才能合并；k = 2 时，矩阵合并后的结果形如 [A，B]，为列添加矩阵，要求 A 和 B 的行数相等才能合并。

图 2 - 27 所示为矩阵合并操作的示例。

5. 矩阵的翻转操作

在 MATLAB 中，有如下几种矩阵翻转操作的函数。

（1）fliplr（A），矩阵的左右翻转。

（2）flipud（A），矩阵的上下翻转。

（3）rot90（A，k），矩阵逆时针旋转 k × 90°，k 为整数，默认 k = 1。

（4）flipdim（A，k），当 k = 1 时，矩阵上下翻转；当 k = 2 时，矩阵左右翻转。

图 2 - 28 所示为矩阵翻转操作的示例。

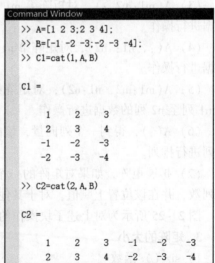

图 2 - 27　矩阵合并操作

2.3.3 矩阵运算

矩阵的基本数学运算包括矩阵的四则运算、与常数的运算、逆运算、行列式运算、秩运算、特征值运算等。

1. 矩阵的加减运算

矩阵的加、减运算符分别为“+、-”，只有维数相同的矩阵才可以进行加减运算。两个矩阵的加减是对应元素的加、减。矩阵与标量的加减运算则是矩阵的每一个元素与标量进行加减运算。

图 2-29 所示为矩阵加减运算示例。

2. 矩阵的乘法运算

矩阵的乘法运算符为“*”，只有当两个矩阵的前一个矩阵的列数和后一个矩阵的行数相同时，才可以进行矩阵间的乘法运算。标量与矩阵的乘法运算是标量与矩阵中的每一个元素进行相乘。

图 2-30 所示为矩阵乘法运算示例。

Command Window
>> A
A =
1 2 3
2 3 4
>> rot90(A,-1)
ans =
2 1
3 2
4 3
>> flipdim(A,2)
ans =
3 2 1
4 3 2

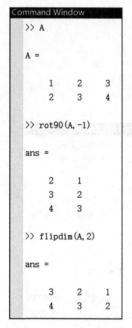

图 2-28 矩阵翻转操作

Command Window
>> A=[1 2 3;2 3 4];
>> B=[-1 -2 -3; -2 -3 -4];
>> A+B
ans =
0 0 0
0 0 0
>> A+6
ans =
7 8 9
8 9 10

图 2-29 矩阵的加减运算

Command Window
>> A=[1 2 3;2 3 4];
>> B=[-1 -2 -3; -2 -3 -4]';
>> C=A*B
C =
-14 -20
-20 -29
>> D=A*1.5
D =
1.5000 3.0000 4.5000
3.0000 4.5000 6.0000

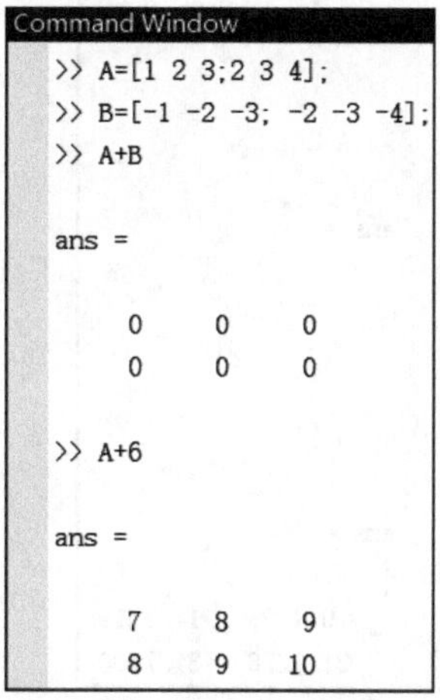

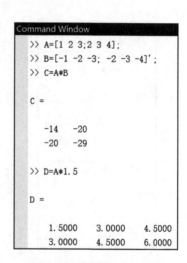

图 2-30 矩阵的乘法运算

3. 矩阵的除法运算

矩阵的除法有两种形式：左除“\”和右除“/”，对于矩阵 A 和矩阵 B，如果 A 矩阵是非奇异方阵，则左除和右除的含义如下：

A\B 表示 A 的逆矩阵乘以 B，即 inv(A)*B，A\B 运算等效于求 A*x=B 的解。

B/A 表示矩阵 B 乘以 A 的逆矩阵，即 B*inv(A)，B/A 运算等效于求 x*A=B 的解。

图 2-31 所示为矩阵除法运算的示例。

4. 矩阵的幂运算

矩阵的幂运算符为"^"，A^P 表示矩阵 A 的 P 次方。如果 A 是一个方阵，P 是一个大于 1 的整数，则 A^P 表示 A 的 P 次，即 A 自乘 P 次。如果 P 不是整数，则矩阵的乘方是计算矩阵 A 的各特征值和特征向量的乘方。如果 B 是方阵，a 是标量，a^B 就是一个按特征值与特征向量的升幂排列的方阵。如果 B 和 a 都是矩阵，则 a^B 是错误的。

图 2-32 所示为矩阵幂运算的示例。

2.3.4 矩阵函数

MATLAB 中提供了很多矩阵运算的函数，比较常用的有以下几种。

1. 矩阵 LU 分解

LU 分解是矩阵分解的一种，可以将一个矩阵分解为一个单位下三角矩阵 L 和一个上三角矩阵 U 的乘积（有时是它们和一个置换矩阵的乘积）。LU 分解主要应用在数值分析中，用来解线性方程、求反矩阵或计算行列式。在 MATLAB 中，矩阵的 LU 分解可以由函数 [L U] = lu(A) 实现。如果矩阵 A 的顺序主子式均不为零，则 LU 分解是唯一的。

图 2-33 所示为矩阵 LU 分解的示例。

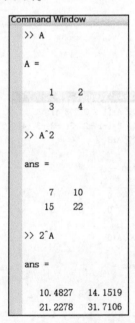

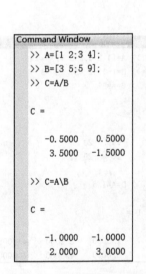

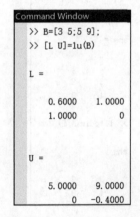

图 2-31　矩阵的除法运算　　　图 2-32　矩阵的幂运算　　　图 2-33　矩阵的 LU 分解

2. 矩阵正交分解

在数值分析中，为了求矩阵的特征值，引入了一种矩阵的正交分解方法，即 QR 分解。QR 分解是将矩阵分解成一个正规正交矩阵 Q 与上三角形矩阵 R 的乘积。在 MATLAB 中，矩阵的 QR 分解可以由函数 [Q R] = qr(A) 实现，其中 Q 为正规正交矩阵，满足 $QQ^T = 1$，即其范数为 1，norm(Q) = 1；R 为上三角矩阵。当矩阵 A 非奇异且对角线元素都为正数时，QR 分解是唯一的。

图 2-34 所示为矩阵正交分解的示例。

3. 矩阵特征值分解

特征值分解用来求矩阵 A 的特征向量 V 及特征值 D，满足 A * V = V * D。其中 D 的对角线元素为特征值，V 的列为对应的特征向量。在 MATLAB 中，矩阵的特征值分解可以由函数 [V D] = eig(A) 实现。

图 2 - 35 所示为矩阵特征值分解的示例。

4. 矩阵奇异值分解

奇异值是矩阵的一种测度，它决定矩阵的性态。奇异值分解是特征分解在任意矩阵上的推广。在 MATLAB 中，矩阵的奇异值分解可以由函数 [U S V] = svd(A) 实现，其中 U 和 V 代表两个相互正交的矩阵，S 代表对角矩阵，且满足关系 A = U * S * V'，U * U' = I，V * V' = I。

图 2 - 36 所示为矩阵奇异值分解的示例。

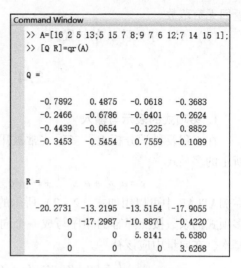

```
Command Window
>> A=[16 2 5 13;5 15 7 8;9 7 6 12;7 14 15 1];
>> [Q R]=qr(A)

Q =

   -0.7892    0.4875   -0.0618   -0.3683
   -0.2466   -0.6786   -0.6401   -0.2624
   -0.4439   -0.0654   -0.1225    0.8852
   -0.3453   -0.5454    0.7559   -0.1089


R =

  -20.2731  -13.2195  -13.5154  -17.9055
         0  -17.2987  -10.8871   -0.4220
         0         0    5.8141   -6.6380
         0         0         0    3.6268
```

图 2 - 34　矩阵的正交分解

```
Command Window
>> [V D]=eig(A)

V =

   -0.5151   -0.7763   -0.5446   -0.3361
   -0.4898    0.5882   -0.3760   -0.0913
   -0.4817   -0.0379    0.6278   -0.3989
   -0.5125    0.2234    0.4098    0.8483


D =

   35.5121         0         0         0
         0   10.9879         0         0
         0         0    1.8339         0
         0         0         0  -10.3340
```

图 2 - 35　矩阵的特征值分解

```
Command Window
>> A=[1 3 5;2 6 8;3 7 2];
>> [U S V]=svd(A)

U =

   -0.4226   -0.3616   -0.8311
   -0.7452   -0.3833    0.5457
   -0.5158    0.8499   -0.1075


S =

   13.5026         0         0
         0    4.3216         0
         0         0    0.0685


V =

   -0.2563    0.3290   -0.9089
   -0.6924    0.5936    0.4101
   -0.6744   -0.7345   -0.0757
```

图 2 - 36　矩阵的奇异值分解

5. 其他函数

（1）det(A)，求矩阵 A 的行列式。

（2）inv(A)，求矩阵 A 的逆。

（3）rank(A)，求矩阵 A 的秩。

（4）trace(A)，求矩阵 A 的迹（对角线元素之和）。

（5）norm(A, x)，求矩阵的范数，x = 1 时返回 1 范数，x = 2 时返回 2 范数，x = inf 时

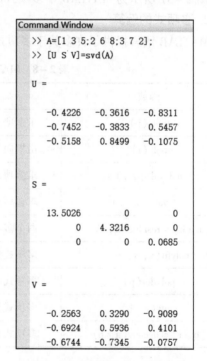

返回无穷范数。

(6) A'，求矩阵 A 的转置。

2.4 多项式运算

1. 多项式的表示与输入

在工程及科学分析上，多项式常被用来模拟一个物理现象的解析函数，如式（2-1）所示的多项式

$$y = a_0 x^n + a_1 x^{n-1} + \cdots + a_{n-x} x + a_n \qquad (2-1)$$

在 MATLAB 中可以用如式（2-2）所示的向量形式进行表示。将多项式的系数按照降幂的顺序写成一个向量，注意，对于缺少的幂次，在向量中应该补零。

$$P = [a_0, a_1, \cdots, a_{n-1}, a_n] \qquad (2-2)$$

利用 poly2sym() 函数，可以方便地建立符号形式的多项式。

图 2-37 所示为 MATLAB 中多项式的输入方式。

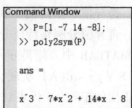

图 2-37 多项式的输入方式

2. 多项式的运算

MATLAB 语言提供了许多关于多项式运算的函数，表 2-8 中列出了部分常用的函数。

表 2-8 MATLAB 中常用的多项式函数

函数	含义
roots(p)	求多项式的根
poly(r)	由根向量创建多项式，r 为多项式的根向量
polyval(p, s)	求多项式 p 在 s 点处的值
polyvalm(p, s)	求多项式 p 在 s 点处的值，其中 p 和 s 为矩阵参数
[r p k] = residue(B, A)	两个多项式相除 B/A，返回其部分分式展开的形式
polyfit(x, y, n)	多项式曲线拟合
polyder(p)	多项式微分
conv(a, b)	多项式相乘（卷积）
[q, r] = deconv(a, b)	多项式相除（解卷）

图 2-38 所示为 MATLAB 中多项式函数的应用示例。

3. 多项式的拟合与插值

1）多项式拟合

在数值分析中，曲线拟合就是用解析表达式逼近离散数据，即离散数据的公式化。实践中，离散点或数据往往是各种物理问题和统计问题有关量的多次观测值或实验值，它们是零散的，不仅不便于处理，而且通常不能确切和充分地体现出其固有规律。多项式的曲线拟合目的就是在众多的样本点中，找出满足样本点分布的多项式。这在分析实验数据、将实验数

```
Command Window
>> A=[1 2 3 4];
>> B=[3 -5 8 23 7];
>> roots(A)

ans =

  -1.6506 + 0.0000i
  -0.1747 + 1.5469i
  -0.1747 - 1.5469i

>> polyder(B)

ans =

    12   -15    16    23

>> conv(A,B)

ans =

     3     1     7    36    57   115   113    28
```

图 2-38　多项式函数应用

据做解析描述时非常有必要。

MATLAB 中，可以通过函数 p = polyfit(x, y, n) 实现曲线的拟合。其中，x 和 y 为样本点向量，n 为所要拟合的多项式的阶次，p 为多项式的系数向量。多项式的次数最高不能超过样本点向量的长度减 1，即 max(n) = length(x) - 1。一般多项式的次数不适宜选得过高，否则会造成曲线不够光滑。

图 2-39 所示为多项式拟合的一个示例。

```
Command Window
>> x=0:0.2:1.5;
>> y=x.^3;
>> p=polyfit(x,y,2);
>> xi=linspace(0,1.5,100);
>> z=polyval(p,xi);
>> plot(x,y,'--',xi,z)
```

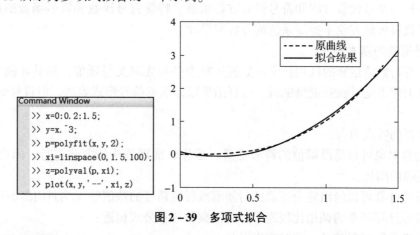

图 2-39　多项式拟合

2）多项式插值

多项式插值是指根据给定的有限个样本点，产生另外的估计点以达到数据更为平滑的效果。MATLAB 中提供了一维插值函数 interp1( )、二维插值函数 interp2( )、三维插值函数 interp3( )。这些指令分别对应不同的插值方法可供选择。

一维插值函数的使用方法为：y = interp1(xs, ys, x, 'method')。其中 xs 和 ys 为已知

的样本点，x 为插值点的向量，y 为对应于 x 的向量。method 为插值的方法，具体包括：

（1）nearest：最近点插值，输出结果为直角转折；

（2）linear：线性插值，在样本点上斜率变化很大；

（3）spline：样条插值，输出结果比较平滑；

（4）cubic：三次多项式插值，输出结果也比较平滑；

图 2 - 40 所示为多项式插值的一个示例。

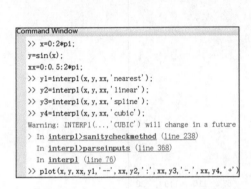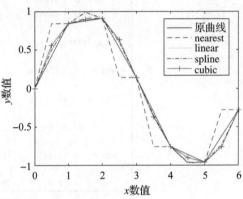

图 2 - 40　多项式插值（书后附彩插）

多项式插值与拟合的区别在于，多项式拟合得到的曲线并不一定会经过已知的样本点，而多项式插值得到的结果会经过已知的样本点。

2.5　符号运算

MATLAB 提供了符号运算的工具箱，符号运算包括符号表达式运算、符号矩阵运算、符号微积分运算、符号代数方程和符号微分方程求解、特殊符号函数和符号函数图形绘制等。使用符号函数极大地方便了控制系统的分析与设计。

1. 符号运算的基本操作

符号运算与数值运算的区别在于：数值运算中必须先对变量赋值，然后才能参与运算。而符号运算无须事先对独立变量赋值，运算结果以标准的符号形式表达，但符号变量必须预先定义。

符号计算的特点为：

（1）运算对象可以是没赋值的符号变量，运算以推理解析的方式进行，因此不受计算误差积累问题的困扰；

（2）符号计算可以给出完全正确的封闭解或任意精度的数值解（当封闭解不存在时）；

（3）符号计算指令的调用比较简单，与经典教科书公式相近；

（4）计算所需时间较长，有时难以忍受。

1）字符串

在 MATLAB 的数据类型中，字符型与符号型是两种重要而又容易混淆的数据类型。MATLAB 用半角状态下的单引号 " ' ' " 来定义字符串。例如，在命令窗口输入 A = ' helo, this is a string'，回车执行后，在工作空间里直接观察，或者用 class（A）命令来返回对象 A

的数据类型为 char，即字符型。

　　字符串对象也可以用于定义符号表达式，如 f = 'in(x) +5x'，表达式中的 f 为字符串名，sin(x) +5x 为函数表达式，''为字符串标识，单引号里的内容可以是函数表达式，也可以是方程。函数表达式或方程可以赋给字符串或符号变量，方便以后调用。

　　例如：

```
f1 = 'a * x^2 + b * x + c';        % 二次三项式
f2 = 'a * x^2 + b * x + c = 0';    % 方程
f3 = 'Dy + y^2 = 1';              % 微分方程
```

具体如图 2 - 41 所示。

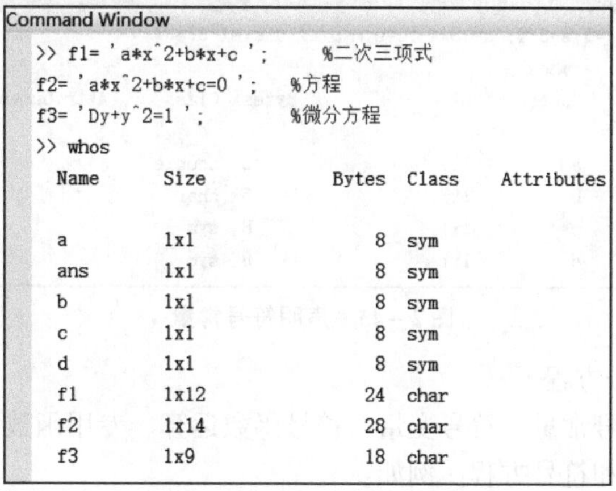

```
Command Window
>> f1= 'a*x^2+b*x+c ';        %二次三项式
f2= 'a*x^2+b*x+c=0 ';         %方程
f3= 'Dy+y^2=1 ';             %微分方程
>> whos
  Name        Size          Bytes  Class      Attributes

  a           1x1               8  sym
  ans         1x1               8  sym
  b           1x1               8  sym
  c           1x1               8  sym
  d           1x1               8  sym
  f1          1x12             24  char
  f2          1x14             28  char
  f3          1x9              18  char
```

图 2 - 41　声明字符串表达式

　　对于这种方式定义的表达式或方程，在 MATLAB 工作空间中仍然显示为字符格式，目前仅有部分符号运算函数支持这种格式。因此，不建议用这种方式定义符号表达式或方程。

　　2）符号变量

　　符号变量是内容可变的符号对象，它通常是指一个或几个特定的字符，还可以将一个符号表达式赋值给一个符号变量。符号变量有时也称自由变量，它的命名规则和数值变量的命名规则相同。相关指令为 sym() 和 syms()，sym 是 symbolic 的缩写，用于定义符号变量。

　　例如：用函数命令 sym() 和 syms() 来创建符号对象并检测数据类型，程序如下：

```
sym('a'); b = sym('c');    % 定义单个符号变量
syms a b c d;              % 同时定义多个符号变量
```

　　从上述比较来看，当需要同时定义多个符号变量时，使用 syms() 更简洁一些，可以用 whos 来查看所有变量的类型，具体如图 2 - 42 所示。

　　3）符号常量

　　当数值常量作为 sym() 的输入参量时，就建立了一个符号对象——符号常量。符号常量虽然看上去是一个数值量，但已经是一个符号对象了。

　　例如：a = 3/4；b = '3/4'；c = sym(3/4)；d = sym('3/4')；

　　用 whos 来查看所有变量类型：a 为实双精度浮点数值类型；b 为字符类型；c 和 d 都是符号对象类型，具体如图 2 - 43 所示。

```
Command Window
>> sym('a'); b=sym('c');    %定义单个符号变量
syms a b c d;               %同时定义多个符号变量
>> whos
  Name        Size             Bytes  Class    Attributes

  a           1x1                  8  sym
  ans         1x1                  8  sym
  b           1x1                  8  sym
  c           1x1                  8  sym
  d           1x1                  8  sym
```

图 2 – 42　声明符号变量

```
Command Window
>> a=3/4; b='3/4';c=sym(3/4);d=sym('3/4');
>> whos
  Name        Size             Bytes  Class    Attributes

  a           1x1                  8  double
  b           1x3                  6  char
  c           1x1                  8  sym
  d           1x1                  8  sym
```

图 2 – 43　声明符号常量

4) 符号函数和符号方程

符号表达式是由符号常量、符号变量、符号函数运算、专用函数以及等号连接起来的表达式，它包括符号函数和符号方程。例如：

```
syms x y z;
f1 = x * y/z;f2 = x^2 + y^2 + x^2; B = f1/f2;    % 符号函数
e1 = sym('a * x^2 + b * x + c');                 % 符号函数
e2 = sym('sin(x)^2 + 2 * cos(x) = 1');           % 符号方程
e3 = sym('Dy - y = x');                          % 符号方程
```

2. 符号运算

在 MATLAB 中，符号运算表达式的运算符和基本函数在形状、名称以及使用方法上都与数值计算几乎完全相同。这给用户带来了极大的方便。在数值运算中，所有的矩阵运算操作指令都比较直观、简单。例如：$a = b + e$；$a = a * b$；$A = 2 * a2 + 3 * a - 5$ 等。而在符号运算中，很多运算操作在形式上同数值计算都是相同的，因此符号运算可参见数值运算。下面主要介绍与符号计算相关的一些常用函数，如表 2 – 9 所示。

表 2 – 9　MATLAB 中常用的符号计算函数

函数	含义
collect(f)	以 x 为默认变量，返回系数整理后的多项式
expand(f)	对符号表达式中的每个因式的乘积展开计算
factor(f)	将系数为有理数的多项式表示成低阶多项式相乘的形式

函数	含义
simple(f)	符号表达式的化简
limit(f, a)	当自变量趋于 a 时，求取符号表达式的极限
diff(f)	求取符号表达式的微分
int(f)	求取符号表达式的积分
taylor(f, n, v)	符号函数的 Taylor 级数展开
fourier(f)	对变量进行傅里叶变换
ifourier(f)	对变量进行逆傅里叶变换
laplace(f)	对变量进行拉普拉斯变换

2.6　其他运算

2.6.1　关系运算

关系运算可以是标量之间的运算，也可以是标量与矩阵之间的运算，还可以是相同长度的矩阵之间的运算。

MATLAB 提供的用于两个量之间进行比较的关系运算符如表 2 – 10 所示。

表 2 – 10　MATLAB 中常用的关系运算符

运算符	含义	对应函数名
==	等于	eq
~=	不等于	ne
<	小于	lt
>	大于	gt
<=	小于等于	le
>=	大于等于	ge

2.6.2　逻辑运算

逻辑运算可以是标量之间的运算，也可以是标量与矩阵之间的运算，还可以是相同长度的矩阵之间的运算，逻辑 ~ 是单个量的运算。

MATLAB 中常用逻辑运算符如表 2 – 11 所示。

表 2 - 11　MATLAB 中常用逻辑运算符

运算符	含义	对应函数名
&	逻辑与	eq
|	逻辑或	ne
~	逻辑非	lt
&&	标量间的逻辑与	gt
||	标量间的逻辑或	le

"&&" 和 "‖" 被称为 "&" 和 "｜" 的 short circuit 形式。其区别在于，执行 A&B 时，首先判断 A 的值，然后判断 B 的值，再进行逻辑与的计算。而执行 A&&B 时，首先判断 A 的值，如果 A 为假，就可以判断整个表达式的值为假，而不再判断 B 的值。同理，执行 A｜B 时，也是首先判断 A 的值，然后判断 B 的值，再进行逻辑或的计算，而执行 A‖B 时，首先判断 A 的值，如果 A 为真，就可以判断整个表达式的值为真，而不再判断 B 的值。

2.7　MATLAB 语言程序设计

MATLAB 作为一种高级语言，它不仅可以如前面介绍的以一种人机交互的命令行的方式工作，还可以像 C 语言一样进行控制流的程序设计，编制一种以 ".m" 为扩展名的 MATLAB 程序（简称为 M 文件）。

2.7.1　M 文件编辑器

M 文件就是由 MATLAB 语言编写的可在 MATLAB 环境下运行的代码文件，通常在 MATLAB 环境下的脚本编辑器中进行编写，也可以在其他的文本编辑器中编辑，以 ".m" 为扩展名加以存储即可。

1. M 文件编辑器

通过如下方法可以打开 MATLAB 的 M 文件编辑器。

（1）在 MATLAB 主界面的 HOME→NEW 菜单下，选择 Script。

（2）在 MATLAB 环境下，直接按 < Ctrl + N > 快捷键。

（3）在 MATLAB 的命令窗口输入 edit。

M 文件编辑器的界面如图 2 - 44 所示。

2. 程序编辑

如图 2 - 44 所示，MATLAB 程序的基本组成结构如下：

```
% 程序的说明性语句
清除命令          % 清除 MATLAB 工作空间中的变量
定义变量          % 包括全局变量的声明及参数值的设定
逐行执行的命令     % MATLAB 提供的运算指令或自己编写的语句
控制循环          % 包含 for,if,switch,while 等语句
逐行执行的命令     % MATLAB 提供的运算指令或自己编写的语句
```

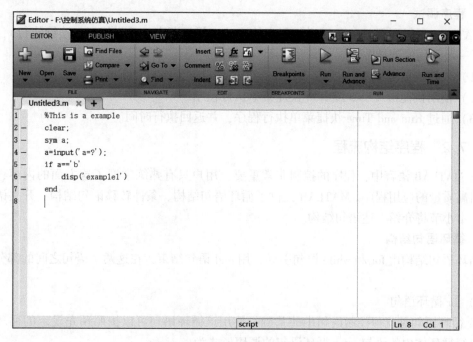

图 2 - 44　M 文件编辑器的界面

在编辑环境中, 所输入的文字通过不同颜色显示以表明文字的不同属性。绿色表示注解, 黑色表示程序主体, 紫色表示字符, 蓝色表示控制流程。

MATLAB 程序中, "％" 后面的内容是程序的注解, 一般会在 M 程序的开始部分编写注解性文字, 说明程序的作用、使用方法等, 使程序更具可读性。

在主程序开头用 clear 指令清除变量, 以消除工作空间中其他变量对程序运行的影响, 但注意在子程序中不要用 clear。

变量的定义要集中放在程序的开始部分, 便于维护。

要充分利用 MATLAB 工具箱提供的指令来执行所要进行的运算, 在语句行之后输入分号使中间结果不在屏幕上显示, 以提高执行速度。

input 指令可以用来输入一些临时的数据, 而对于大量参数, 则可建立一个存储参数的子程序, 在主程序中用子程序的名称来调用。

程序尽量模块化, 当然更复杂程序还需要调用子程序, 或与 Simulink 以及其他应用程序结合起来。

3. 程序保存及工作路径设置

程序编辑完毕后, 可以选择工具栏上的快捷方式进行保存, 也可以选择 File 菜单下的 save 选项或者 save as 选项进行保存。

在运行程序之前, 必须设置好 MATLAB 的工作路径, 使所要运行的程序及运行程序所需要的其他文件处在当前目录之下, 只有这样才可以使程序得以正常运行。否则可能导致无法读取某些系统文件或数据, 从而导致程序无法执行。更改 MATLAB 的工作路径常用以下两种方法: 一是通过 cd 指令在命令窗口中可以更改、显示当前工作路径; 二是通过路径浏览器 (path browser) 进行设置。

4. 程序调试

MATLAB 可以利用 Debugger 进行程序的调试（设置断点、单步执行、连续执行），下面列出了一些常用的调试方法。

（1）使用快捷键 <F12> 或 Breakpoints 快捷菜单设置或清除断点。

（2）使用快捷键 <F5> 或 Run 快捷菜单执行程序。

（3）通过 Run and Time 快捷菜单执行程序，并返回执行时间。

2.7.2 程序结构流程

在 MATLAB 语言中，程序的控制非常重要，用户只有熟练掌握了这方面的内容，才能编写出高质量的应用程序。MATLAB 提供了循环语句结构、条件转移语句结构、开关语句结构等，本小节将介绍上述语句结构。

1. 循环语句结构

循环语句结构由 for 和 while 语句引导，用 end 语句结束，在这两个语句之间的部分则为循环体。

1）for 循环语句

for 循环语句是流程控制语句中的基础，使用该循环语句可以按照预先设定的循环次数重复执行循环体内的语句。for 循环语句的调用形式为

```
for 循环控制变量 = (循环次数设定)
        循环体；
end
```

由于 for 循环语句使用一个向量来控制循环，因此循环次数由向量的长度来决定，而每次循环都依次从向量中取值。这使 MATLAB 循环更灵活多样，其循环变量取值可以不按照特定的规律。

在 for 循环中，当次循环中改变循环变量赋值，不会代入下次循环，除非在其中用 break 提前退出。如图 2-45 的示例中，for i = 1：2：6，将循环 3 次，i 的取值依次是 1，3，5。另一个示例中 for i = [1 5 3]，这个循环将被执行 3 次，循环控制变量 i 的取值依次为 1，5，3。for 循环允许嵌套使用。

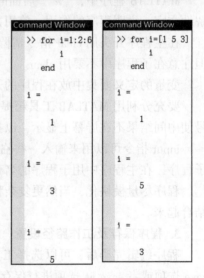

2）while 循环语句

while 循环语句与 for 循环语句不同的是，前者是以条件的满足与否来判断循环是否结束的，其循环次数不预先指定。而后者则是以执行次数是否达到指定值为判断的。while 循环语句的一般形式为

图 2-45　for 循环

```
whie(循环判断的语句)
        循环体
end
```

其中，循环判断语句为某种形式的逻辑判断表达式，当该表达式的值为真时，就执行循环体内的语句；当表达式的逻辑值为假时，就退出当前的循环体。如果循环判断语句为矩阵，当且仅当所有的矩阵元素非零时，逻辑表达式的值为真。

while 语句后面的判断条件要求循环判断语句的表达式或者变量值为一个逻辑型标量，每次循环之前，while 语句会判断这个条件是否满足，如果满足则开始循环模块，否则跳过整个循环语句。

图 2 - 46 所示为 while 循环的示例。

在 while 循环语句中，必须有可以修改循环控制变量的命令，否则该循环将陷入死循环中，除非循环语句中有控制退出循环的命令，程序将直接退出循环，常用的有 break 语句或 continue 语句，但使用 break 语句只能退出一层循环，执行循环后的其他语句，假如有内外两层循环，在内层循环中执行 break 只会退出内层的循环，通常 break 常和判断语句一起使用。continue 语句的作用是在循环块中，跳过当次循环中该语句之后的其他语句，继续下一次循环，它和 break 的不同之处是 break 是彻底退出循环，而 continue 只是跳过本次循环中该语句之后的那些语句，下一次循环照常执行。

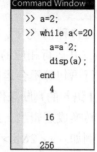

图 2 - 46　while 循环

2. 条件转移语句结构

条件转移语句结构也是程序设计语言中流程控制语句之一，使用该语句，可以选择执行指定的命令。

1）MATLAB 语言提供的条件语句最简单的格式是由关键词 if 引导的，其格式为

```
if 逻辑表达式
    执行语句
end
```

当逻辑表达式为"真"时，将直接运行执行语句，运行完之后继续向下执行；当逻辑表达式为"假"时，则跳过执行语句而直接向下执行。

2）当 if 语句有两种选择条件时，它的程序结构为

```
if 逻辑表达式
    执行语句 1
else
    执行语句 2
end
```

当逻辑表达式为"真"时，将运行执行语句 1，运行完之后将跳出条件转移结构继续向下执行；当逻辑表达式为"假"时，则运行执行语句 2。

3）当 if 语句有三种或者更多种选择条件时，它的程序结构为

```
if 逻辑表达式 1
    执行语句 1
elseif 逻辑表达式 2
```

```
        执行语句 2
...
else 逻辑表达式 n
        执行语句 n
end
```

在这种情况下，程序将逐条检查逻辑表达式的值，直至某一条逻辑表达式的值为"真"，并运行相应的执行语句，执行完毕后跳出该条件转移结构。如果都为"假"，则每一条执行语句都不会运行。

if 语句的判断条件要求是一个逻辑型标量，如果是数值型标量，MATLAB 自动用 logical( ) 函数转换成逻辑型，这个逻辑型标量可以来自比较表达式，例如：a<2；也可以来自逻辑运算，例如：a<2&b>6（注：这里先执行了两个比较运算，比较 a 和 2，b 和 6 大小关系，得到两个逻辑型标量，然后对这两个逻辑型标量取逻辑与）；当然也可以是返回逻辑型变量值的函数，如可以采用 isequal(a，b) 来判断两个变量是否相等。

例如：通过 MATLAB 编写一个程序，实现下面的条件计算：

$$F(x) = \begin{cases} \sin x & x \leq 0 \\ x^2 - 1 & 0 < x \leq 3 \\ 2x + 6 & x > 3 \end{cases}$$

```
x = -2;              % 为 x 赋值
if x < =0            % 逻辑达式 1
    y = sin(x);      % 执行语句 1
elseif x < =3        % 逻辑表达式 2
    y = x.^2 -1;     % 执行语句 2
else                 % 默认条件
    y =2 * x +6;     % 执行语句 3
end                  % 结束标志
```

3. 开关语句结构

如上所述，if 语句可以完成多重的条件判断。MATLAB 中也提供了另外一种多分支判断选择语句：switch – case 开关结构，其一般的表达形式如下：

```
switch 条件变量
    case 条件值 1
        执行语句 1
    case 条件值 2
        执行语句 2
    ...
    otherwise
        默认执行语句
end
```

开关结构语句执行时，根据条件变量的值，判断符合哪一个 case 语句中的条件，然后运行相应的执行语句，如果所有条件都不符合，则执行 otherwise 所对应的语句。与其他高级语言的 switch－case 语句不同，在 MATLAB 中，当其中一个 case 语句的条件符合时，就不再对后续的进行判断，即使后续还有符合条件的 case 语句。而 C 语言要实现这一功能，必须在每一条 case 语句执行完毕后加一条 break 跳出语句。

例如：利用 switch－case 语句编写一个判断季节的程序。

```
month =5;                    % 为变量 month 赋值
switch  month                % 规定条件变量
    case{3,4,5}              % 条件值 1
        season ='spring'    % 执行语句 1
    case{6,7,8}              % 条件值 2
        season ='summer'    % 执行语句 2
    case {9,10,11}          % 条件值 3
        season ='autumn'    % 执行语句 3
    otherwise               % 默认条件值
        season ='winter'    % 默认执行语句
end
```

2.7.3　M 文件编程

M 文件根据调用方式的不同分为命令（Script）文件和函数（Function）文件两类。命令文件不需要用户输入任何参数，也不会输出任何参数，它只是各种命令的集合，有点像过去的 DOS 批处理文件，运行时系统按照顺序去执行文件中的各个语句。函数文件一般需要用户输入参数，也可以输出用户需要的参数。在格式上，函数文件必须以 function 语句作为引导。在功能上，函数文件主要解决参数传递和调用的问题。在作用对象上，命令文件的作用对象是工作空间中的变量，因此命令文件中的变量一般不需要预先定义，而且所产生的所有变量均为全局变量，直到用户执行 clear 命令清除。而函数文件中的变量除特殊声明外均是局部变量，除了输入/输出的变量会驻留工作空间外，其他变量不会驻留在工作空间中。

1. 命令式文件

命令式文件，又称文本文件，是由许多 MATLAB 代码按照顺序组成的命令序列集合而成的，因此其运行相当于在命令窗口中逐行输入并运行命令。命令式 M 文件可以通过调用文件名来执行，会在 MATLAB 工作空间中产生和调用变量。

命令式 M 文件可以通过调用文件名来执行。运行时只是简单地按顺序从文件中逐条读取命令，并送到 MATLAB 命令窗口中去执行。命令式文件中的命令格式和前后位置，与在命令窗口中输入的没有任何区别。

例如：编写一个命令式文件，求 $\sin(1)$，$\sin(2)$，$\cdots$，$\sin(10)$ 的值。

在 MATLAB 的命令窗口中输入 edit 命令打开 M 文件编辑器，并按顺序输入下面的命令语句：

```
% 该文件用于顺次求出从 sin(1) 到 sin(10) 的值
for i =1:10
    a =sin(i);
    fprintf('sin(%d) =',i);
    fprintf('%12.4f\n',a);
end
```

将该命令式文件以文件名 sinvalue. m 保存在 MATLAB 的当前工作路径下，然后在命令窗口输入 sinvalue 即可运行 sinvalue. m 文件，结果为

```
sin(1) =0.8415
sin(2) =0.9093
...
sin(10) =0.5440
```

2. 函数文件

在计算中为了实现参数传递或者程序的模块化调用，需要用到函数式文件。函数式文件的标志是第一行为 function。函数式文件可以有返回值，也可以只执行操作而无返回值。函数式文件在 MATLAB 中应用十分广泛，MATLAB 提供的绝大多数功能函数都是由函数文件实现的。函数式文件执行后只保留最后结果，不在工作空间中保留任何中间过程，所定义的变量也只在函数内部起作用，并随着调用的结束而被清除。M 函数必须由其他语句调用，不能直接键入文件名来运行一个 M 函数。

MATLAB 语言的函数文件包含以下几个部分。

（1）函数题头。函数题头是指函数的定义行，是函数语句的第一行，在该行中定义函数名和输入输出变量。函数文件的第一行总是以 function 引导的函数声明行，一般格式为

```
function[返回值1,返回值2,…] =函数名(输入变量1,输入变量2,…)
```

题头的定义有严格的格式要求，返回值超过一个时，需要由中括号标识，而输入变量是由小括号标识的，变量间用逗号间隔。

（2）帮助信息。帮助信息指的是从函数文本的第二行至第一个可执行语句中间的所有注释语句，内容为该函数功能的大致描述，当在 MATLAB 命令窗口中使用 help 命令查看该函数的帮助时，显示该信息。

（3）函数体。函数体是指函数代码段，是函数的主体部分。

（4）注释部分。注释部分是对函数体中各语句的解释和说明文本。注释语句以英文输入状态下的"%"引导。

例如：编写一个函数文件，求一个向量的平均值。在 MATLAB 的 M 文件编辑器中输入如下内容：

```
function y =myaverage(x)   % 函数题头
% MYAVERAGE Mean of vector elements.
% MYAVERAGE(X),where X is a veclor, is the mean of
```

```
% vector elements, Nonvector input results in an error
[m,n] = size(x); % 函数主体,判断输入参数的维数
if( ~((m ==1)|(n ==1))) % m、n 为临时变量,判断输入参数是否合理
    disp("输入必须是向量!"); % 判断输入变量为矩阵时,显示提示信息
end
y = sum(x)/length(x); % 计算返回值
```

在本例的函数题头中，myaverage 为函数名，x 为输入变量，y 为输出变量。将该函数文件以 myaverage. m 为文件名保存在 MATLAB 的当前工作路径下，在命令窗口输入 "a = myaverage（[1 2 3 4 5 6 7 8 9 10]）"，则可调用该函数文件，完成向量 1 到 10 的平均值计算，返回结果 a = 5.5000。若在命令窗口输入 "myaverage（[1 2 3 4 5；6 7 8 9 10]）"，调用该函数文件时，由于输入参数不符合要求，会输出提示信息："输入必须是向量!"。

注意，函数文件的命名必须和 function 后面的函数名完全一致，因为在 MATLAB 调用该函数时，系统查询的是函数文件的文件名，而不是文件中 function 后面跟随的函数名。

2.8　MATLBA 的图形绘制

MATLAB 语言丰富的图形表现方法使数学计算结果可以方便地、多样性地实现可视化，这是其他编程语言所不能比拟的。MATLAB 包括各种各样的图形功能函数，在命令窗口键入 help graph2d 可以列出所有与二维绘图相关的命令，键入 help graph3d 可以列出所有与三维绘图相关的命令。

2.8.1　二维图形绘制

二维图形的绘制是 MATLAB 语言图形处理的基础，MATLAB 提供了多个函数用于二维图形的绘制，其中最常用的绘图命令是 plot( )。plot 命令自动打开一个图形窗口 figure，根据图形坐标大小自动设置坐标轴比例，将数据标尺及单位标注自动加到两个坐标轴上。plot 命令既可以单窗口单曲线绘图，也可以单窗口多曲线绘图。

1. 单曲线绘图

绘制单条曲线的语句格式为

```
plot(x,y)或 plot(y)
```

其中 x 和 y 为长度相同的向量，分别代表 X 坐标轴和 Y 坐标轴的数据。参数 x 可以省略，此时 X 坐标轴的数据默认为向量 y 各个元素的序号。x、y 这两个参数还可以是一个运算表达式的形式，如：

```
x =0:0.1:1;
y = x.^2;
plot(y,' - +');
```

可生成图 2 - 47 所示的曲线，其 X 轴坐标就是向量 y 各个元素的序号。

将上述的 plot 指令写成 plot(x, 2 * y - 1)，则可以得到图 2 - 48 所示的曲线。

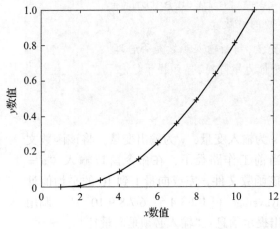

图 2 - 47　单曲线绘图实例 1

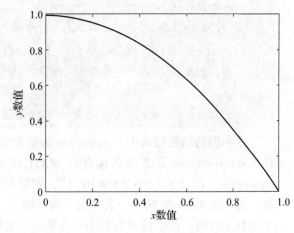

图 2 - 48　单曲线绘图实例 2

2. 单窗口多曲线绘图

在 MATLAB 的同一个 figure 上，可以绘制多条曲线，也就是说多条曲线共用同一套坐标轴，便于具有相同性质的曲线进行直观的比较。有两种方式可以实现上述功能。

（1）方法 1 的语句格式为

```
plot(x1,y1,x2,y2,…,xn,yn);
```

其中，x1 和 y1 为一组数据，x2 和 y2 为一组数据，以此类推，如：

```
t =0:0.1:2*pi;
y1 =sin(t);
y2 = sin(2*t) +1;
y3 =2*cos(t);
plot(t,y1,t,y2,t,y3)
```

可生成如图 2 - 49 所示的曲线。

（2）方法 2 则是利用 hold 指令，在已经存在某一图形的基础上，通过 hold on 指令，使后续 plot 指令绘制的曲线都绘制在已有的图形上，通过 hold off 则可以结束上述设置，如：

```
x = -3:0.1:3;
y1 =x.^2;
y2 = -x.^2 +1;
y3 =2*x +5;
hold on;
plot(x,y1);
plot(x,y2);
plot(x,y3);
hold off;
```

可生成如图 2 - 50 所示的曲线。

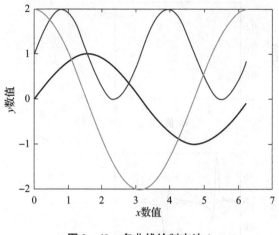

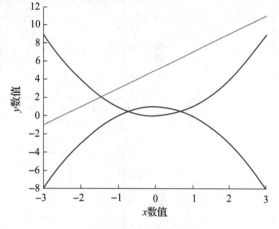

图 2 – 49   多曲线绘制方法 1   图 2 – 50   多曲线绘制方法 2

3. 多窗口绘图

可以在同一个画面即 figure 上建立多个坐标系，以适应不同性质的曲线显示。其具体方法是首先通过 subplot 函数，将一个画面分割成多个区域，每一个区域都对应一组坐标轴和一个或一组曲线。subplot 函数的使用格式为

```
subplot(m,n,p),plot();
```

其中，参数 m 和 n 是指将一幅画面分割成 m×n 部分，并且从序号 1 开始，按照从左到右、从上至下的方式进行编号，p 为当前绘图的序号，如：

```
x = linspace(0,2 * pi,30);
y1 = sin(x);
y2 = cos(x);
y3 = 2 * sin(x). * cos(x);
y4 = sin(x). /cos(x);
subplot(2,2,1),plot(x,y1);
subplot(2,2,2),plot(x,y2);
subplot(2,2,3),plot(x,y3);
subplot(2,2,4),plot(x,y1,x,y2,x,y3,x,y4);
```

可得到如图 2 – 51 所示的曲线。

4. 绘图曲线属性设置

在 plot 绘图函数中还有绘图属性设置参数，可以对绘图曲线的颜色、线型、数据点标记进行设置。具体的使用格式为

```
plot(x1,y1,'CLM',x2,y2,'CLM',…,xn,yn,'CLM')
```

其中，单引号中的 C、L、M 三个字符分别代表颜色、线型、数据点标记三个可设置的属性。这三个属性是可选项，不一定非要进行设置，如果不进行设置，MATLAB 会按照系统默认的设置进行绘图，而且这三个属性的排列顺序是不固定的，可以按照任意的顺序进行设置。

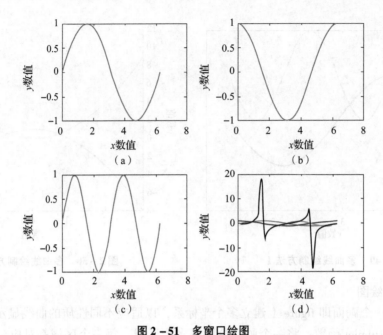

图 2 – 51 多窗口绘图

(a) subplot(2,2,1); (b) subplot(2,2,2); (c) subplot(2,2,3); (d) subplot(2,2,4)

1）颜色设置

在 MATLAB 中可以按照表 2 – 12 所列出的 8 个字符指定绘图曲线的颜色。如果同一窗口内有多条曲线，且用户不指定颜色，MATLAB 会按照一定的顺序指定颜色进行绘图，如果曲线超过默认的颜色种类，则会依次重复这些颜色。

表 2 – 12 颜色设置字符

字符	颜色	字符	颜色
b	蓝色	m	紫红色
c	青色	r	红色
g	绿色	w	白色
k	黑色	y	黄色

如指令

```
t =0:0.1:2 *pi;
subplot(1,2,1);plot(t,sin(t)./cos(t),'r');% 指定为红色
subplot(1,2,2);
hold on
for i =1:12
    plot(t,sin(t) +i *0.5);% 未指定颜色
end
```

可以得到如图 2 – 52 所示的曲线。

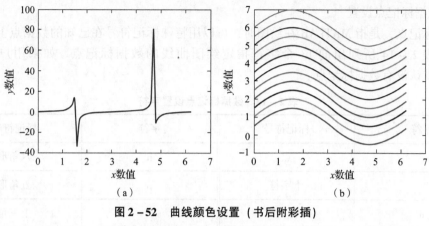

图 2 - 52　曲线颜色设置（书后附彩插）

（a）subplot(1,2,1)；（b）subplot(1,2,2)

2）线型设置

在 MATLAB 中可以按照表 2 - 13 所列出的 4 个字符指定绘图曲线的线型。如果用户不指定线型，MATLAB 会默认采用实线进行绘图。

表 2 - 13　线型设置字符

字符	线型
-	实线
-.	点画线
:	点连线
—	虚线

如指令

```
t = 0:0.1:2 * pi;
plot(t,sin(t),'-',t,2 * sin(t),'-.',t,3 * sin(t),':',t,4 * sin(t),'—');
```

可得到如图 2 - 53 所示的具有不同线型的曲线。

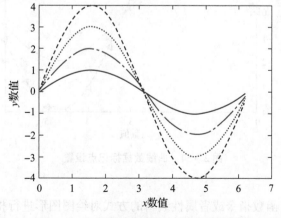

图 2 - 53　曲线线型设置（书后附彩插）

3）数据标记点设置

数据标记点，是指 MATLAB 在绘图时，可以用特殊标记符号在已知的数据点上做标记，可以按照表 2 – 14 所列出的 13 个字符指定绘图曲线的数据标记点。如果用户不指定，MATLAB 默认没有数据标记点。

表 2 – 14　数据标记点设置字符

字符	标记符号	字符	标记符号
.	点	h	六角形
+	十字符	p	五角形
o	圆圈	^	上三角
*	星号	v	下三角
x	叉号	<	左三角
s	正方形	>	右三角
d	菱形		

如指令

```
t = 0:0.1:2 * pi;
plot(t,sin(t),'-o',t,2 * sin(t),'-.x',t,3 * sin(t),':s',t,4 * sin(t),'-->');
```

可得到如图 2 – 54 所示的具有不同数据标记点的曲线。

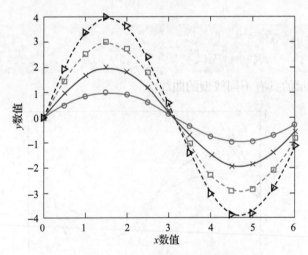

图 2 – 54　曲线数据标记点设置

5. 图形参数设置

在绘图时可以通过函数指令或者属性编辑的方式对绘图图形进行相应的参数设置，如图形标题、坐标轴标记、网格线、文字注释等。比较常用的函数如表 2 – 15 所示。

表 2 – 15　常用的图形参数设置指令

函数	作用
grid on	在绘图界面画出网格
grid off	取消网格
box on	画出图形四周的边框
box off	取消图形四周的边框
title（'str'）	设置图形的标题
xlabel（'str'）	设置 X 坐标轴的标记
ylabel（'str'）	设置 Y 坐标轴的标记
zlabel（'str'）	设置 Z 坐标轴的标记
legend（'str1','str2',…）	为同一图形内的多条曲线设置说明
text（x, y,'str'）	在指定的 x, y 坐标处添加标注文字
xlim（[min, max]）	设置 X 坐标轴的范围
ylim（[min, max]）	设置 Y 坐标轴的范围
zlim（[min, max]）	设置 Z 坐标轴的范围
axis（[xmin, xmax, ymin, ymax]）	设置 X、Y 坐标轴的范围
axis on	显示坐标轴的标记和标注
axis off	关闭坐标轴的标记和标注
axis auto	将坐标轴的设置恢复为默认值

如指令

```
t = 0:0.5:2 * pi;
plot(t,sin(t),'-o',t,2 * sin(t),'-.x');
xlim([0,8]);
ylim([-2.5,2.5]);
grid on;
xlabel('x/rad');
ylabel('y/Value');
title('This is an example');
legend('sin(t)','2sin(t)');
text(2.9,0.6,'2 * sin(t)');
```

可得到如图 2 – 55 所示的图形。

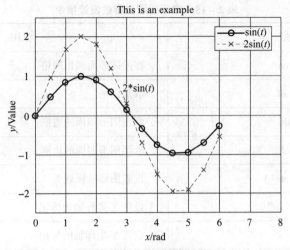

图 2 - 55　图形参数设置

6. 其他的二维绘图函数

1）fplot 函数图形绘图

可对剧烈变化处进行较密集的取样绘图，函数的调用格式为

```
fplot('fun',lims,'corline');
ezplot(fun',lims)
```

其中，fun 为函数表达式，lims = [min, max] 为函数自变量的取值范围，corline 为指定的线型和颜色。如指令

```
subplot(1,2,1),fplot('[sin(x),cos(x)]',[0,2*pi],'r');
title('fplot');
subplot(1,2,2),ezplot('sin(x)+cos(x)',[0,2*pi]);
title('ezplot');
```

可得到如图 2 - 56 所示的绘图曲线。

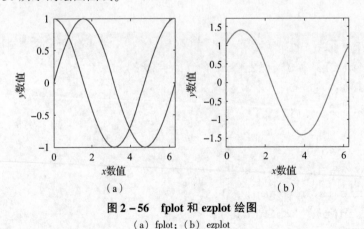

图 2 - 56　fplot 和 ezplot 绘图
（a）fplot；（b）ezplot

2）errorbar 绘图

在曲线上加误差范围，其调用格式为 errorbar(x，y，e)。其中，x 和 y 分别为横轴和纵

轴的坐标向量，e 为误差值。如指令

```
x = 0:0.5:2 * pi;
y = 2 * cos(x);
e = y * 0.2;
errorbar(x,y,e);
```

可得到如图 2 - 57 所示的绘图曲线。

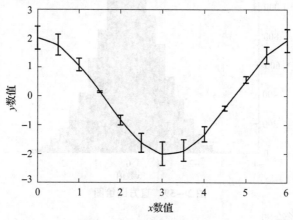

图 2 - 57　errorbar 绘图

3）polar 极坐标绘图

其调用格式为 polar(theta, r)。其中，theta 为角度向量，r 为长度向量。如指令

```
theta = linspace(0,4 * pi);
r = sin(4 * theta);
polar(theta,r);
```

可得到如图 2 - 58 所示的绘图曲线。

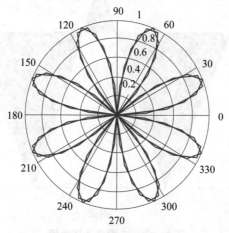

图 2 - 58　极坐标绘图

4）hist 直方图绘图

其调用格式为 hist(y, n)。其中，y 为数据向量，n 为分堆的数量。如指令

```
x = randn(10000,1);
hist(x,25);
```

可得到如图 2-59 所示的绘图曲线。

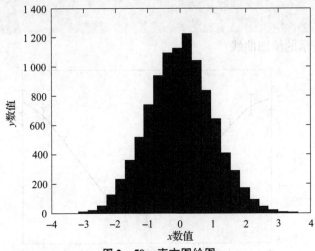

图 2-59　直方图绘图

5）fill 二维多边形绘图

其调用格式为 fill(x,y,'r')。其中，x、y 为数据向量，r 为填充的颜色。如指令

```
x = [1 2 3 4 5];
y = [4 1 5 1 4];
fill(x,y,'r');
```

可得到如图 2-60 所示的绘图曲线。

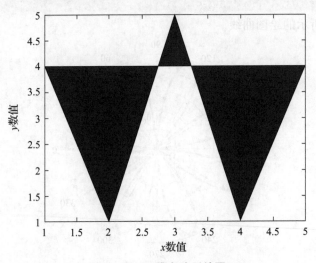

图 2-60　二维多边形绘图

6）stairs 阶梯曲线绘图

其调用格式为 stairs(x, y)。其中，x、y 为数据向量。如指令

```
x = 0:pi/20:6;
y = sin(x);
stairs(x,y);
```

可得到如图 2-61 所示的绘图曲线。

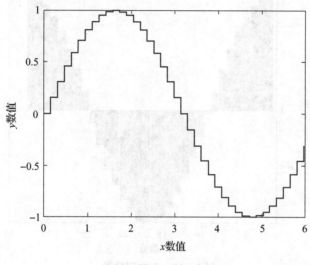

图 2-61　阶梯绘图

7）pie 饼图绘图

其调用格式为 pie(x)。其中，x 为数据向量。如指令

```
x = [1 2 3 4 5 6 7];
y = pie(x);
```

可得到如图 2-62 所示的绘图曲线。

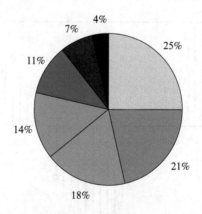

图 2-62　饼图绘图

8）bar 直方图绘图

其调用格式为 bar(x)。其中，x 为数据向量。如指令

```
t = 0:0.2:2 * pi;
y = cos(t);
bar(y);
```

可得到如图 2 - 63 所示的绘图曲线。

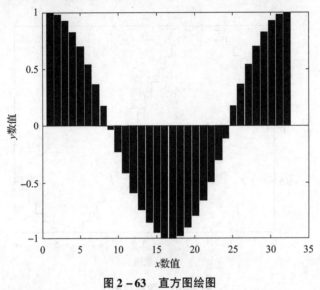

图 2 - 63 直方图绘图

9）stem 火柴杆图形绘图

其调用格式为 stem(x)。其中，x 为数据向量。如指令

```
t = 0:0.2:2 * pi;
y = cos(t);
stem(y);
```

可得到如图 2 - 64 所示的绘图曲线。

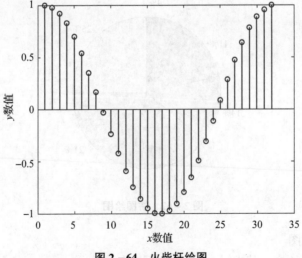

图 2 - 64 火柴杆绘图

2.8.2　三维图形绘制

MATLAB 提供了一些用于将二维矩阵、三维标量或向量数据可视化的绘图函数。可以使用这些函数可视化结构复杂的多维数据，便于对结果的形象理解。MATLAB 中提供的三维绘图函数包括曲面图、轮廓和网状图、成像图、锥形图、切割图、流程图以及等值面图等。其中常用的三维绘图函数包括如下几种。

1. 三维曲线绘图 plot3( )

其调用格式可以参考二维绘图函数 plot2( )；其中最简捷的调用方法为 plot3(x, y, z)。其中，x、y、z 为数据向量。如指令

```
t =0:0.01:10 * pi;
plot3(t,sin(t),cos(t),'r');
```

可得到如图 2 – 65 所示的绘图曲线。

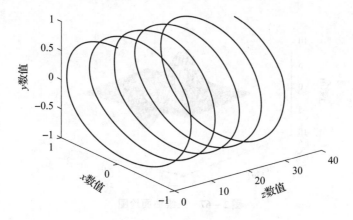

图 2 – 65　三维曲线绘图

2. 网格曲面绘图 mesh( )

其调用格式为 mesh(x, y, z)。其中，x、y、z 为数据向量。如指令

```
[x,y] =meshgrid(0:0.25:4);
z =5.998 +17.438 * x +29.787 * y –3.558 * x.^2 +0.357 * x. * y –8.07 *y.^2;
```

mesh(x, y, z) 可以对如下方程描述的二次趋势面进行拟合绘图，得到如图 2 – 66 所示的绘图曲面。

$$z = 5.998 + 17.438x + 29.787y - 3.558x^2 + 0.357xy - 8.07y^2$$

3. 三维曲面绘图 surf( )

其调用格式为 surf(x, y, z)。其中，x、y、z 为数据向量。如指令

```
[x,y,z] =peaks(30);
surf(x,y,z);
```

可得到如图 2 – 67 所示的绘图曲面。

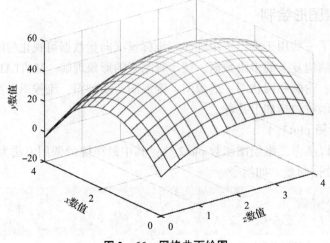

图 2 – 66　网格曲面绘图

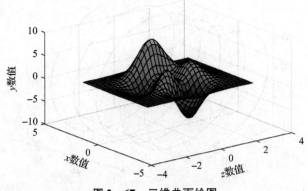

图 2 – 67　三维曲面绘图

2.8.3　图形的输出

MATLAB 生成的图形默认的保存格式为 . fig 文件，同时也可以生成为其他格式的文件，如 gif、jpeg、bmp、eps、tiff、png、avi 等。

其中最简单的方式是通过绘图窗口上的 File→Save As…菜单进行选择，在保存路径及文件名设置框中选择相应的文件格式，如图 2 – 68 所示。

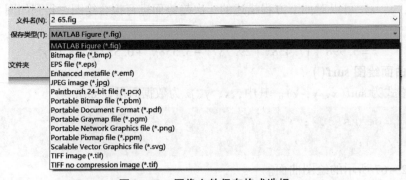

图 2 – 68　图像文件保存格式选择

还可以通过 File→Export Setup…菜单进行文件的导出，图 2 – 69 所示为图像文件导出设置界面，相比文件另存为的方式，图像导出的方法更为灵活，可以对所导出图像的大小、字体格式、曲线样式等进行设置。

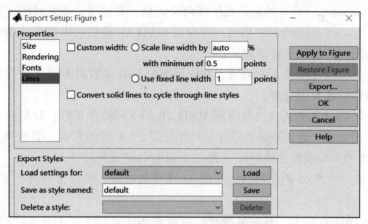

图 2 – 69　图像文件导出设置界面

2.9　本章小结

本章主要对 MATLAB 语言的一些基础知识进行了介绍，由于 MATLAB 语言包含的内容非常丰富，功能也非常强大，因此本章的讲述主要立足于本书后续可能用到的相关知识，如 MATLAB 的数值计算、矩阵操作、M 语言编程、绘图等，并通过一些简单的使用示例加深读者的印象。

习　　题

1. 根据所用的 MATLAB 版本，熟悉 MATLAB 的基本操作和各个主要功能模块的使用，如菜单栏、命令窗口、当前工作空间的使用。

2. 熟悉 MATLAB 帮助系统的几种打开和使用方式。

3. 找到 MATLAB 的当前工作路径，了解当前工作路径的作用，并学习如何改变 MATLAB 的当前路径。

4. 写出 MATLAB 中存在哪些数据类型，对于一些基本数据类型，说出其各占用多大的内存空间。

5. 列举出几个 MATLAB 中系统默认的常量，并说明其代表的含义。

6. 熟悉 MATLAB 中的运算符及其运算规则，并掌握其运算的优先级。

7. 请说明：点乘和普通乘法、左除和右除运算符的区别。

8. 生成一个 4 × 4 的单位矩阵 A 和一个任意矩阵 B，并进行如下的逻辑运算：A&B、A == B、A | B，~ A。

9. 列举出 MATALB 中提供的几种对浮点数进行圆整的函数，并举例说明它们的不同之处。

10. 列举出矩阵生成的四种方法，并进行实际操作演示。

11. 生成两个不同的 3×3 的非奇异矩阵 A 和 B，并进行如下的计算操作：A + B、A − B、A * B、A/B、A\B、A^2、A. ^2、A. * B、A. /B、A. \B。

12. 分别用 linspace( )、冒号表达式生成两个向量，并比较二者之间的差异。

13. 生成一个 4×4 的非奇异矩阵 A，并应用 MATLAB 函数求出矩阵 A 的转置、逆矩阵、矩阵的秩、矩阵行列式的值、特征向量。

14. 生成一个 4×4 的非奇异矩阵 A，并应用 MATLAB 函数对矩阵 A 进行 LU 分解、正交分解、特征值分解、奇异值分解。

15. 生成一个 4×4 的矩阵 A，并应用 MATLAB 的下标操作函数，分别完成如下的操作：返回矩阵的第 2 行元素、返回矩阵的第 1 ~ 3 行且第 2 ~ 4 列的元素、对矩阵 A 进行上下翻转、用一个 2×2 的单位矩阵替换矩阵 A 最右下角的对应元素。

16. 任意生成一个 5×5 的矩阵 A，并用 for 循环的形式，编写 M 程序，实现矩阵 A 所有元素的求和。

17. 用 while 循环的形式，编写 M 程序，计算表达式 $1 + 2 + 2^2 + \cdots + 2^{20}$ 的值。

18. 按照 M 函数的格式，编写一个 M 函数，求出一个矩阵的元素中的最大值、最小值以及所有矩阵元素的平均值，并在 MATLAB 命令窗口调用该 M 函数，验证其正确性。

19. 已知向量 $x = [1\ 2\ 3\ 4\ 5]$，$y = [7\ 11\ 13\ 15\ 19]$。分别用拟合和插值的方式求出 $x = [1.1\ 2.3\ 3.7\ 4.8\ 5.5]$ 所对应的数值。

20. 用冒号表达式生成一个向量，使用 plot 函数绘制 $\sin(x)$、$\sin(\cos(x))$、$\log(x)$、x^2 的曲线，对于每一条曲线，分别指定一种颜色、线型和数据标记点。

第3章

Simulink 基础与应用

Simulink 是 MathWorks 公司开发的用于动态系统和嵌入式系统的多领域仿真和基于模型的设计工具，它是作为 MATLAB 的一个重要组件出现的。最早推出的商业化版本是 Simulink 2.0，集成于 MATLAB 5.1 版本中。随着 MATLAB 软件版本的更新，Simulink 软件包也不断更新，增加新的功能。本章所讲述的内容和实例都是以 MATLAB R2017a 为基础进行的，除了对 Simulink 的基本操作、工作原理、具体应用等进行介绍外，还将对 Simulink 与其他仿真建模工具的联合应用进行介绍。

3.1 Simulink 基本操作

3.1.1 Simulink 介绍

Simulink 是 MATLAB 面向结构系统仿真的一个软件包，可以进行动态系统建模、仿真和综合分析。它可以处理的系统包括：线性、非线性系统；离散、连续系统；单任务、多任务离散事件系统。用户无须编写大量程序，而只需要通过简单直观的鼠标操作，选取适当的模块，就可以构造出复杂的仿真模型。它与 MATLAB 语言最大的区别在于其与用户的接口是基于 Windows 的模型化图形输入，用户可以把更多的精力投入系统模型的构建中，而非语言编程与算法实现上。模型化图形输入是指 Simulink 提供了一些按功能分类的基本系统模块，用户只需要知道这些模块的功能和输入输出参数的设置，而不必关心模块内部是如何实现的，通过对这些基本模块的调用，再将它们连接起来就可以构成所需要的系统模型，进而进行仿真与分析。总结起来，Simulink 具有以下的优点。

（1）具有丰富的模块可供调用。

（2）用户可以通过 S 函数编程，扩充模块库。

（3）可以根据系统模型功能进行分级分层设计，便于模块化设计，实现对复杂系统的管理。

（4）可以根据仿真需要设置相关参数，如仿真算法、仿真步长等。

（5）与 MATLAB 仿真环境无缝集成，可在 MATLAB 中对仿真结果进行分析。

（6）可与 M 程序联合应用，通过编程调用 Simulink 所建的模型。

（7）可以构建桌面实时系统 Desktop Realtime System 以及嵌入式 RealTime System。

（8）可以与信号输入输出等硬件一起，构成半实物仿真系统，便于模型与算法的验证。

（9）采用 Model Explorer 导航、创建、配置、搜索模型中的任意信号、参数、属性，并可生成模型代码。

3.1.2 Simulink 启动与基本操作

由于 Simulink 是集成在 MATLAB 下的，因此启动 Simulink 之前，需要先运行 MATLAB，然后在 MATLAB 环境下，可以通过以下方式来启动 Simulink。

（1）在 MATLAB 的命令窗口中，输入 simulink 进入。

（2）在 MATLAB 主界面的 HOME 菜单栏中，通过快捷按钮 ![icon] 进入。

启动完毕后，进入如图 3 - 1 所示的 Simulink 工作环境。其包含左、右两个部分，其中左侧的列表可以打开已有的模型，Simulink 模型是以 .mdl 或 .slx 为后缀的文件。右侧部分又分别包含两个页面，分别为 New 和 Examples。其中在 Examples 页面中，有各种 Simulink 模型的建模实例，可供用户进行学习。在 New 页面中，Simulink 提供了各种模型文件模板，如 Blank Model、Blank Library、Blank Project 等。

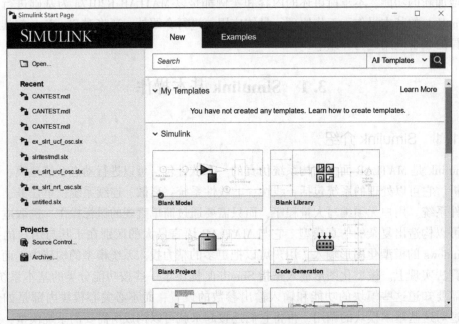

图 3 - 1　Simulink 工作环境

在图 3 - 1 中，单击 Blank Model 后进入如图 3 - 2 所示的建模人机交互界面。其中，最上方为菜单栏，可以进行文件的保存、打开，仿真参数的设置、结果分析等操作。下方的空白处则为模块搭建空间，用户可以从模块库中选择相应的模块，在此空间搭建所需要的模型。

前面所述的模块库可以通过如下方式打开，在图 3 - 2 所示的界面中，在 "View" 菜单栏中，选择 Library Browser 则可进入如图 3 - 3 所示的模块库。

3.1.3 Simulink 的帮助与学习系统

如同 MATLAB 一样，Simulink 也提供了比较完善的帮助系统。一般可以通过如下的几种方式获取 Simulink 的帮助与学习系统。

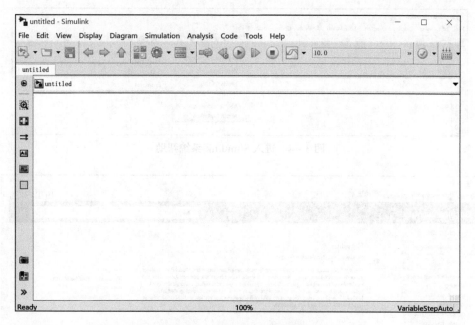

图 3 - 2　Simulink 建模窗口

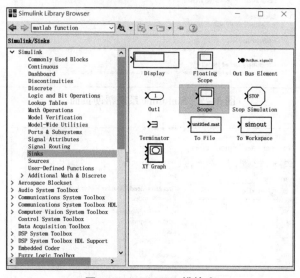

图 3 - 3　Simulink 模块库

1. Simulink 系统帮助

在图 3 - 4 所示的 Simulink 建模操作界面，单击菜单栏最右侧的 Help 菜单，并选择 Simulink→Simulink Help，即可进入如图 3 - 5 所示的 Simulink 系统帮助页面。用户可以根据情况通过搜索关键词获得帮助文档。

2. 单个模型的帮助

在如图 3 - 6 所示的建模界面中，在某一个特定的模型上右击，选择 Help 栏，则可以获得该模型的帮助文档，如图 3 - 7 所示。

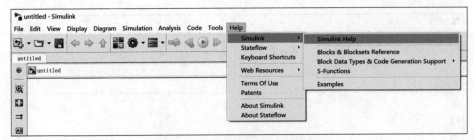

图 3 – 4　进入 Simulink 系统帮助

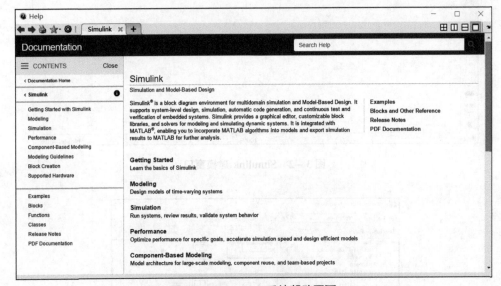

图 3 – 5　Simulink 系统帮助页面

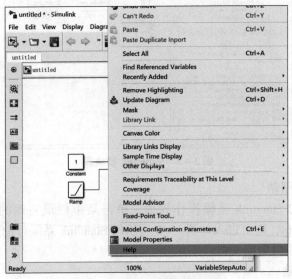

图 3 – 6　进入单个模型帮助

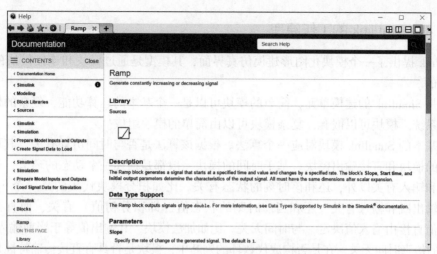

图 3 - 7　单个模型的帮助页面

3. Simulink 的示例学习

在图 3 - 8 所示的 Simulink 建模操作界面，单击菜单栏最右侧的 Help 菜单，并选择 Simulink→Examples，即可进入如图 3 - 9 所示的 Simulink 示例页面。用户可以选择与所要建立的系统模型相近的示例进行学习。

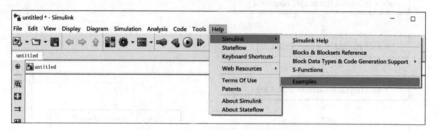

图 3 - 8　进入 Simulink 示例页面

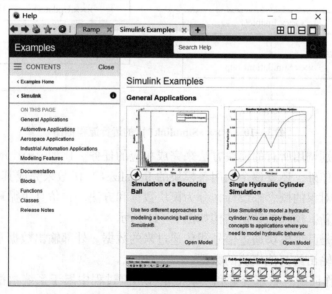

图 3 - 9　Simulink 的示例页面

3.1.4 Simulink 的工作原理

Simulink 提供了一个模块化图形建模仿真界面，其模型是通过模块和连接模块的"信号线"组成的。

模块是 Simulink 的建模单元，简单的模块可以是一个基本的运算功能，复杂的模块可以代表一个系统。模块可以嵌套，复杂模块可以由简单的模块组成。

一个基本的 Simulink 模块对应一个算法。根据该算法是否与时间历程有关，其可以分为基于时间的模块和直接输出模块。基于时间的模块一般都是描述一个动态的环节，该环节的输出除了和输入有关以外，还和该时刻的状态有关。比如积分模块代表的是一个积分环节，该环节的输出既和输入有关，还和当前时刻的状态值（即积分初值）有关。而直接输出模块的输出值直接由输入值决定，与时间无关。比如加法模块，其输出值等于当前输入值的和，而与当前的仿真时间无关。在是否构成代数环的判断中，模块是否具有直接传输特性是关键。

Simulink 是通过仿真方法来控制整个仿真运行的。例如，一个×××.mdl 文件描述的模型由×××.Simulate( ) 来处理仿真运行。×××.Simulate( ) 的运行流程框图如图 3 – 10 所示。

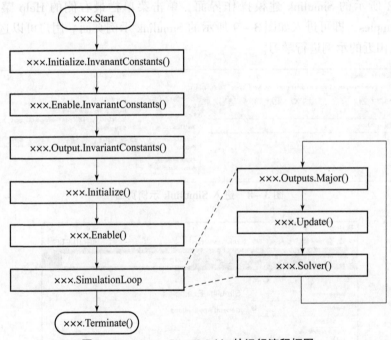

图 3 – 10　×××.Simulink( ) 的远行流程框图

模型方法会分别调用所有的模块方法来完成相应的任务。比如×××.Initialize( ) 除了完成系统的初始化工作外，还要逐个调用各模块的 Initialize( ) 函数来完成其初始化工作。

模块按照面向对象的概念来设计，分为模块数据和方法。在仿真主循环中会调用各模块方法对数据进行更新。模块的数据结构如图 3 – 11 所示。

外部输入数据是其他模块通过信号线传递过来的数据。外部输出数据是模块经过当前步运算后通过信号线输出给其他模块的数据。

状态 I/O、工作向量、状态变量和模块变量在仿真过程中属于系统数据、模块内部数据或仿真环境数据等。这些参数的每步仿真更新都是通过调用模块方法来实现的。每个模块只

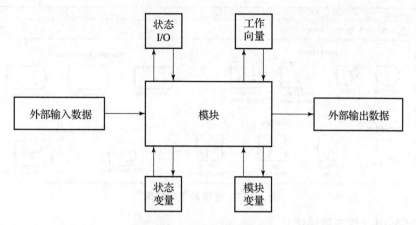

图 3 - 11　模块的数据结构

要通过自己提供的方法维护好数据更新来实现指定功能，Simulink 就可以控制整个系统完成仿真。了解 Simulink 的工作原理，就可以通过 S - 函数来实现对 Simulink 模块库的扩充。这部分内容将在后面 S - 函数部分进行详细讲述。

3.2　Simulink 模型的建立

建立 Simulink 仿真模型时，主要借助其提供的模块库进行拖曳搭建。模块库的打开方法在 3.1 节中已经介绍。

3.2.1　Simulink 模块库

Simulink 模块库提供的模块按功能可以分为以下几大类。

1. Commonly Used Blocks（常用模块库）

该模块库中保存了使用频率较高的各种模块，这些模块分属于其他各个模块库。其主要目的就是便于查找，方便用户的使用，如图 3 - 12 所示。

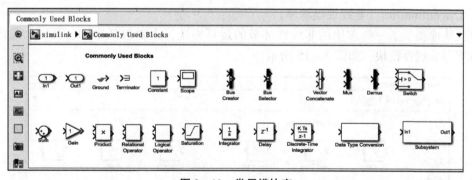

图 3 - 12　常用模块库

2. Continuous（连续系统模块库）

该模块库提供了用以构建线性系统模型的仿真模块，主要包含积分模块、微分模块、时间延迟模块、传递函数模块、PID 控制器模块等，如图 3 - 13 所示。

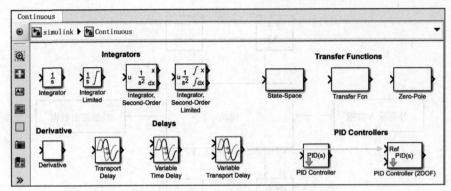

图 3 - 13　连续系统模块库

3. Dashboard（仪表模块库）

该模块库提供了各种仪表模块，用以对仿真模型中的输入输出数据进行形象的显示。其主要包含仪表模块、按钮模块等，如图 3 - 14 所示。

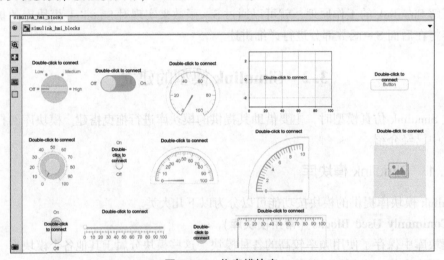

图 3 - 14　仪表模块库

4. Discontinuities（非线性模块库）

该模块库提供了一些常用的非线性环节的运算模块，主要包括饱和、死区、滞环、继电、摩擦等非线性模块，如图 3 - 15 所示。

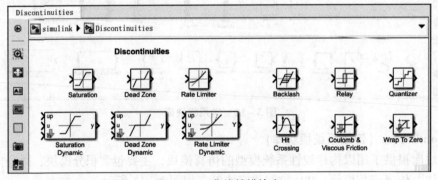

图 3 - 15　非线性模块库

5. Discrete（离散系统模块库）

该模块库提供了用于构建离散系统的模块，主要包括离散时间的积分和微分模块、离散时间传递函数及状态空间模型模块、离散时间延迟模块、采样保持模块、离散时间 PID 控制模块等，如图 3 – 16 所示。

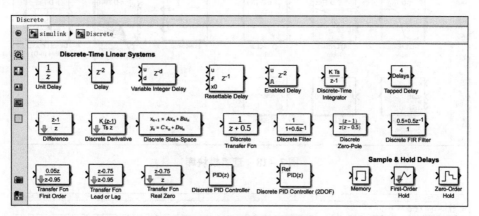

图 3 – 16　离散系统模块库

6. Logic and Bit Operations（逻辑与位操作模块库）

该模块库提供了各种用于实现逻辑和位操作的模块，主要包括：与、或等逻辑操作模块，置位、移位等位操作模块，上升沿、下降沿检测等边沿捕捉模块，如图 3 – 17 所示。

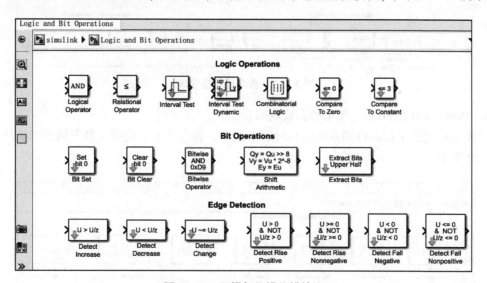

图 3 – 17　逻辑与位操作模块库

7. Lookup Tables（查表模块库）

该模块库提供了用以实现查表操作的仿真模块，主要包括一维、二维及多维查表模块及正余弦函数的查表模块，如图 3 – 18 所示。

8. Math Operations（数学运算模块库）

该模块库提供了各种数学运算的模块，主要包括：常规的加、减、乘、除等运算模块，向量与矩阵的数学运算模块，复数的数学运算模块，如图 3 – 19 所示。

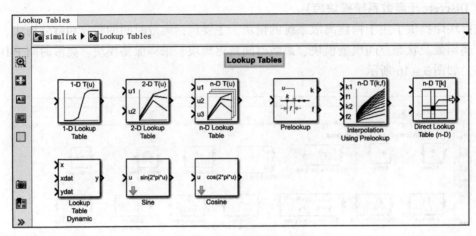

图 3 - 18　查表模块库

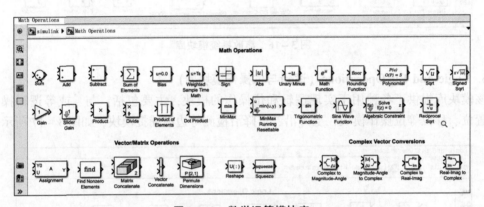

图 3 - 19　数学运算模块库

9. Model Verification（模型检测模块库）

该模块库提供了用以检测系统仿真过程中的动、静态的上下波动及静态偏差的模块，如图 3 - 20 所示。

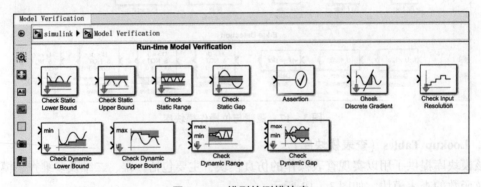

图 3 - 20　模型检测模块库

10. Model - Wide Utilities（模型扩展模块库）

该模块库提供了用以实现系统仿真的线性化等扩展功能模块，如图 3 - 21 所示。

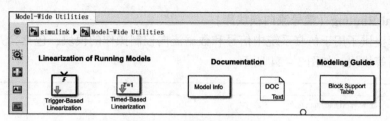

图 3 – 21　模型扩展模块库

11. Ports & Subsystems（端口与子系统模块库）

该模块库提供了用以构建系统的端口及多种类型的控制子系统的模块，如图 3 – 22 所示。

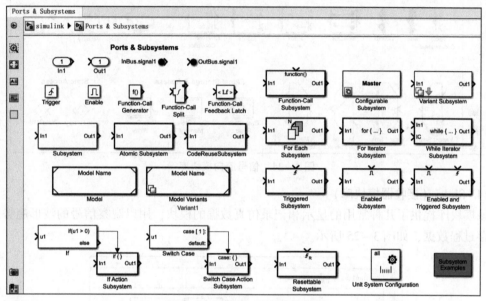

图 3 – 22　端口与子系统模块库

12. Signal Attributes（信号属性模块库）

该模块库提供了实现信号属性的修改、复制、继承等操作的模块，如图 3 – 23 所示。

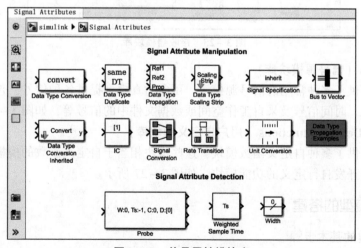

图 3 – 23　信号属性模块库

13. Signal Routing（信号流向模块库）

该模块库提供了用于仿真系统中信号和数据流向控制操作的模块，包括合并、分离、选择、数据读写等模块，如图 3 – 24 所示。

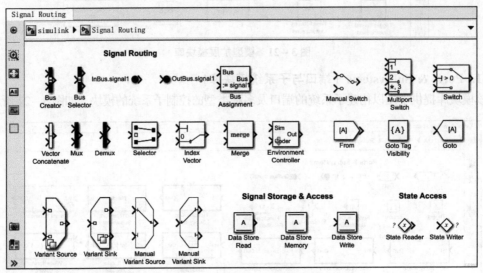

图 3 – 24　信号流向模块库

14. Sinks（接收器模块库）

该模块库提供了几种常用的显示和记录仿真数据的模块，用以观察信号的波形趋势或记录保存过程数据，如图 3 – 25 所示。

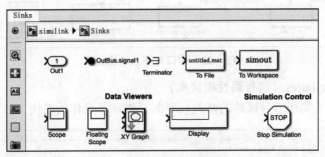

图 3 – 25　接收器模块库

15. Sources（信号源模块库）

该模块库提供了多种常用的信号源模块，可向仿真模型提供各种信号，包括常用的波形信号、随机信号、时间信号及来自工作空间或数据文件中的信号等，如图 3 – 26 所示。

16. User – Defined Functions（用户自定义模块库）

该模块库提供了多种自定义函数模块，这些模块相当于自定义函数的模板，用户可在这些模板的基础上开发自行定义的功能模块，如图 3 – 27 所示。

3.2.2　模型的搭建

1. 模型搭建的基本步骤

进行仿真模型搭建的基本步骤如下。

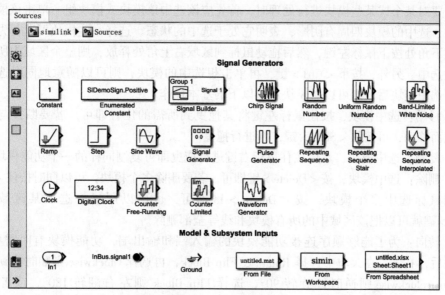

图 3 - 26　信号源模块库

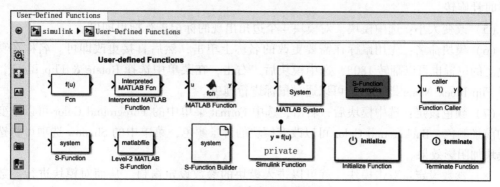

图 3 - 27　用户自定义模块库

（1）新建一个如图 3 - 2 所示的建模文件，打开如图 3 - 3 所示的模块库。

（2）为文件命名，并进行保存。

（3）从模块库中选择合适的功能模块，将其拖曳到图 3 - 2 所示的建模窗口中。

（4）对各个模块进行连线，形成一个完成的仿真模型。

2. 模块的操作

在选择构建系统模型所需的所有模块后，按照系统的信号流程将各系统模块正确连接起来。单击并移动所需功能模块至合适位置，将光标指向起始块的输出端口，此时光标变成"＋"，单击并拖动到目标模块的输入端口，这时松开鼠标键，则 Simulink 会自动将两个模块连接起来。如果想快速进行两个模块的连接，还可以先单击选中源模块，按下 < Ctrl > 键，再单击目标模块，这样将直接建立起两个模块的可靠连接。完成后在连接点处出现一个箭头，表示系统中信号的流向。

有时候为了布线的美观和易读，经常需要对某个或某些模块进行一些处理。在 Simulink 中对功能模块的基本操作包括模块的移动、复制、删除、转向、改变大小、模块命名、颜色设定、参数设定、属性设定、模块输入输出信号等。

在需要对某个或某些模块进行处理时，首先应该选中该模块或模块组。单击该模块就可以选中它，选中的模块四周有阴影，表明它处于选中的状态。选择一些模块可以首先在选择区域的左下角处按下鼠标左键，然后拖动鼠标到区域右上角处释放，则整个区域内所有的模块将均被选中。另外，按下 <Ctrl> 键，再单击想选中的模块，则可以随意地同时选择多个模块。当选中模块后，则可以对模块进行以下的基本操作。

（1）移动：选中模块，按住鼠标左键将其拖曳到所需的位置即可。若要断开与之连接的信号线而移动，可按住 <Shift> 键，再进行拖曳。

（2）复制：选中模块，然后按住鼠标右键进行拖曳即可复制同样的一个功能模块。

（3）删除：选中模块，按 <Delete> 键即可。若要删除多个模块，可以同时按住 <Shift> 键，再用鼠标选中多个模块，按 <Delete> 键即可，也可以用鼠标选取某区域，再按 <Delete> 键就可以把该区域中的所有模块和线等全部删除。

（4）转向：为了能够顺序连接功能模块的输入端和输出端，功能模块有时需要转向，选中模块后，右击，在菜单中选择 Rotate & Flip Block，再选择 Clockwise 则顺时针旋转 90°，选择 Counterclockwise 则逆时针旋转 90°，选择 Flip Block 则左右翻转 180°，或者直接按 <Ctrl + I> 键执行 Flip Block，按 <Ctrl + R> 键执行顺时针旋转，按 <Ctrl + Shift + R> 键执行逆时针旋转。

（5）改变大小：选中模块，对模块 4 个边角出现的标记进行拖曳即可。

（6）模块命名：先用鼠标在需要更改的名称上单击，然后直接更改即可。名称在功能模块上的位置也可以翻转 180°，选中模块后，右击，在菜单中选择 Rotate & Flip Block，再选择 Flip Block Name 即可，也可以通过鼠标进行拖曳。

（7）颜色设定：选中模块后，右击，选中 Format 菜单中的 Foreground Color 可以改变模块的前景颜色，Background Color 可以改变模块的背景颜色，菜单中的 Shadow 选项可将选中的模块加阴影效果。

（8）参数设定：双击模块，就可以进入模块的参数设定窗口，从而对模块进行参数设定，参数设定窗口包含该模块的基本功能帮助。

（9）属性设定：选中模块后，右击，选中 Properties 可以对模块进行属性设定，包括 Description 属性、Priority 优先级属性、Tag 属性。其中 Callback 页面是一个很有用的设置，通过它指定一个函数名，则当该模块被双击之后，Simulink 就会调用该函数执行，这种函数在 MATLAB 中称为回调函数。

（10）模块的输入输出信号：模块处理的信号包括标量信号和向量信号。标量信号是一种单一信号，而向量信号为一种复合信号，是多个信号的集合，它对应着系统中几条连线的合成。默认情况下，大多数模块的输出都为标量信号。对于输入信号，模块都具有一种"智能"的识别功能，能自动进行匹配。某些模块通过对参数的设定，可以使模块输出向量信号。

（11）字体设定：选中模块后，右击，选择 Format 菜单中的 Font Style for Selection 选项，则将出现标准的字体设置对话框，可以通过不同的字体选项得到不同的字体显示效果。

3. 模块的连接

Simulink 模型是通过用线将各种功能模块进行连接而构建的，用鼠标可以在功能模块的输入端与输出端之间直接连线，连接线可传输标量或向量信号，Simulink 模型中的连接线可以改变粗细、设定标签，也可以折弯、分支。

（1）设定标签：只要在线上双击鼠标，即可输入该线的说明标签。也可以通过选中线然后右击，选中 Properties 菜单进行设定，其中 Signal Name 属性的作用是标明信号的名称，设置这个名称反映在模型上的直接效果就是与该信号有关的端口相连的所有直线附近都会出现写有信号名称的标签。

（2）线的折弯：在用鼠标连线的过程中，按住 <Shift> 键，再用鼠标在要折弯的线处单击，就会出现圆圈，表示折点，利用折点就可以改变线的形状。

（3）线的分支：按住鼠标右键，在需要分支的地方拉出即可。或者按住 <Ctr1> 键，并在要建立分支的地方用鼠标拉出即可。

在某些情况下，一个系统模块的输出同时作为多个其他模块的输入，这时需要从此模块中引出若干连线，以连接多个其他模块。对信号连线进行分支的操作方式为：右击需要分支的信号连线（光标变成 "+"），然后拖动到目标模块。

如果用户需要在信号连线上插入一个模块，只需将这个模块移到线上就可以自动连接。注意这个功能只支持单输入单输出模块。对于其他的模块，只能先删除连线，放置模块，然后再重新连线。

4. 参数的修改

Simulink 在绘制模块时，只能给出带有默认参数的模块模型，这经常和想要输入的模块参数不同，所以进行 Simulink 仿真时需对模块的内部参数进行必要的修改。例如传递函数模块的默认模型为 $\dfrac{1}{s+1}$，而实际仿真系统模型参数为

$$G(s) = \frac{2s+1}{s^3 + 7s^2 - 5s + 1}$$

在这种情况下需修改模块的参数，具体操作如下：双击该传递函数模块，打开如图 3-28 所示的参数设置对话框，分别在分子输入编辑框和分母输入编辑框中输入实际传递函数的分子和分母参数向量，则可以最终获得修改后的系统模型。

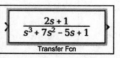

图 3-28　模块参数设置

还可以用变量的形式表示这个模块，如在对话框的两个编辑框中分别键入 mum 和 den，则将会自动把模块的参数和 MATLAB 工作空间中的 mum 和 den 两个变量建立起联系，这时模块的显示如图 3 – 29 所示。应该注意，在运行仿真之前，一定要在 MATLAB 的工作空间中给这两个变量赋值，否则将不能进行仿真运行。

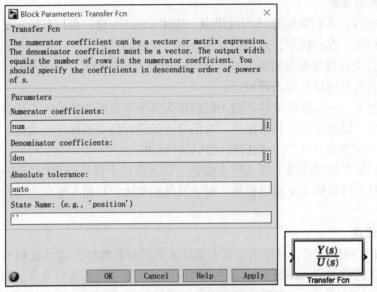

图 3 – 29　以变量的形式设置模块参数

对于其他一些模块，双击该模块，打开相应的参数修改对话框，同样可进行内部参数的修改。

3.3　Simulink 仿真

3.3.1　仿真设置

完成仿真模型的构建后，还需要对仿真环境进行设置。仿真环境设置窗口可以通过菜单栏中的 Simulation→Model Configuration Parameters 选项打开，也可通过快捷菜单 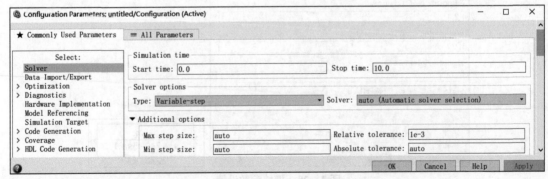 打开，如图 3 – 30 所示。

图 3 – 30　仿真设置窗口

仿真环境的设置被划分为几大类，通过单击左边树状视图选择类别控件，可以在对话框右侧显示该类别的设置面板。

1. 求解器设置

在图 3-30 的左侧树状视图中单击 Solver 按钮，进入求解器设置面板，可以进行的设置主要包括：选择仿真开始和结束的时间，选择求解器，并设定它的参数，如图 3-31 所示。

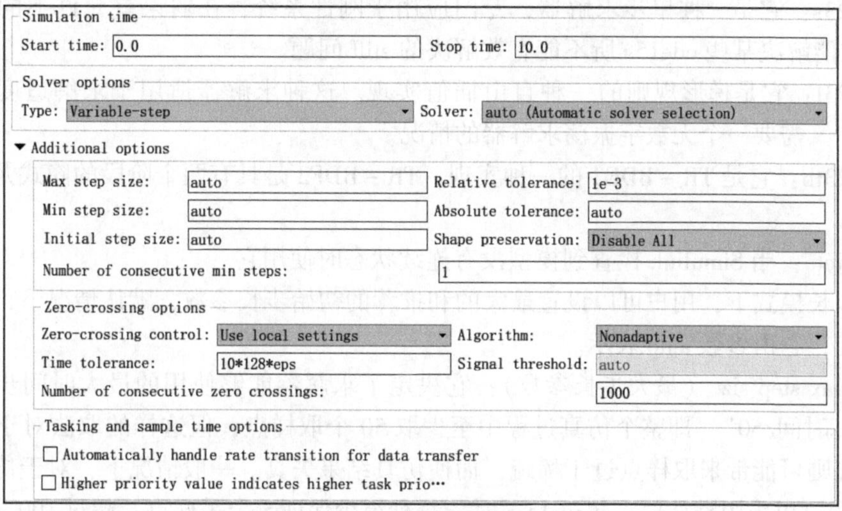

```
┌─ Simulation time ──────────────────────────────────────────────┐
│ Start time: 0.0                    Stop time: 10.0              │
├─ Solver options ───────────────────────────────────────────────┤
│ Type: Variable-step        ▼   Solver: auto (Automatic solver selection)  ▼│
│ ▼ Additional options                                            │
│   Max step size:     auto          Relative tolerance: 1e-3     │
│   Min step size:     auto          Absolute tolerance: auto     │
│   Initial step size: auto          Shape preservation: Disable All  ▼│
│   Number of consecutive min steps:      1                       │
│   ┌─ Zero-crossing options ─────────────────────────────────┐  │
│   │ Zero-crossing control: Use local settings  ▼  Algorithm:  Nonadaptive  ▼│
│   │ Time tolerance:  10*128*eps        Signal threshold: auto │  │
│   │ Number of consecutive zero crossings:    1000            │  │
│   └──────────────────────────────────────────────────────────┘ │
│   ┌─ Tasking and sample time options ───────────────────────┐  │
│   │ ☐ Automatically handle rate transition for data transfer │  │
│   │ ☐ Higher priority value indicates higher task prio···    │  │
│   └──────────────────────────────────────────────────────────┘ │
└────────────────────────────────────────────────────────────────┘
```

图 3-31　求解器设置面板

1）仿真时间

注意这里的时间概念与真实的时间并不一样，只是计算机仿真中对时间的一种表示，比如 10 s 的仿真时间，如果采样步长定为 0.1，则需要执行 100 步，若把步长减小，则采样点数增加，那么实际的执行时间就会增加。一般仿真开始时间设为 0，而结束时间视不同的因素而定。总的说来，执行一次仿真要耗费的时间依赖于很多因素，包括模型的复杂程度、求解器及其步长的选择、计算机时钟的速度等。

2）求解器选项

（1）Type：该下拉选项框中可以指定仿真的步长选取方式，可供选择的有 Variable - step（变步长）和 Fixed - step（固定步长）模式。变步长模式可以在仿真的过程中改变步长，提供误差控制和过零检测。固定步长模式在仿真过程中提供固定的步长，不提供误差控制和过零检测。

在变步长模式下，设置面板有如下设置选项。

（2）Solver：该下拉选项框可以指定对应步长模式下仿真所采用的算法。在变步长模式下的求解器有 ode45、ode23、ode113、ode15s、ode23s、ode23t、ode23tb 和 discrete。

①ode45：四/五阶龙格 - 库塔法（Runge - Kutta），该求解器是默认选项，适用于大多数连续或离散系统，但不适用于刚性系统。它是单步求解器，即在计算 $y(t_n)$ 时仅需要前一时刻的结果 $y(t_{n-1})$。

②ode23：二/三阶龙格 - 库塔法，它在误差限要求不高和求解的问题不太难的情况下，可能会比 ode45 更有效，该算法也是一个单步求解器。

③ode113：它是一种阶数可变的求解器，它在误差容许要求严格的情况下通常比 ode45

有效。ode113 是一种多步求解器，也就是在计算当前时刻输出时，它需要前面多个仿真步的解。该求解器比较适合对刚性系统的求解。

④ode15s：它是一种基于数字微分公式的求解器（NDFs），也是一种多步求解器。适用于刚性系统，当仿真要解决的问题是比较困难的，或者不能使用 ode45，又或者使用效果不佳时，可以使用 ode15s。

⑤ode23s：它是一种单步求解器，专门应用于刚性系统，在弱误差允许下的效果好于 ode15s，它能解决某些 ode15s 所不能有效解决的 stiff 问题。

⑥ode23t：它是梯形规则的一种自由插值实现。这种求解器适用于求解适度 stiff 的问题，而用户又需要一个无数字振荡求解器的情况。

⑦ode23tb：它是 TR – BDE2 的一种实现，TR – BDF2 是具有两个阶段的隐式龙格 – 库塔公式。

⑧discrete：当 Simulink 检查到模型没有连续状态时使用它。

在变步长模式下，用户可以设置最大的和推荐的初始步长参数，默认情况下，步长由系统自动确定，它由参数 auto 表示。

（3）Max step size（最大步长参数）：它决定了求解器能够使用的最大时间步长，默认值为"仿真时间/50"，即整个仿真过程中至少取 50 个取样点，但这样的取法对于仿真时间较长的系统则可能带来取样点过于稀疏，而使仿真结果失真。一般情况下，对于仿真时间不超过 15 s 的可以采用默认值；超过 15 s 时，每秒至少保证 5 个采样点；超过 100 s 时，每秒至少保证 3 个采样点。

（4）Min step size（最小步长参数）：它决定了求解器能够使用的最小时间步长。在变步长模式下，系统根据误差控制和过零检测来调整步长，但其变化值受最大最小步长参数限制。

（5）Initial step size（初始步长参数）：指定开始仿真的初始步长。一般建议使用 auto 默认值即可。

对于变步长模式仿真精度的定义：

（1）Relative tolerance（相对误差）：它是指误差相对于状态的值，是一个百分比，默认值为 1e – 3，表示状态的计算值要精确到 0.1%。

（2）Absolute tolerance（绝对误差）：表示误差值的门限，或者说在状态值为零的情况下可以接受的误差。如果它被设成了 auto，那么 Simulink 为每一个状态设置的初始绝对误差为 1e – 6。

在固定步长模式下，可选的求解器有 ode5、ode4、ode3、ode2、ode1、ode14x 和 discrete。

（1）ode5：默认值是 ode45 的固定步长版本，适用于大多数连续或离散系统，不适用于刚性系统。

（2）ode4：四阶龙格 – 库塔法，具有一定的计算精度。

（3）ode3：固定步长的二/三阶龙格 – 库塔法。

（4）ode2：改进的欧拉法。

（5）ode1：欧拉法。

（6）ode14x：隐式外推求解器，在某些需要使用非常小的步长来求解的刚性系统中，比其他显式定步长的求解器要快。

（7）discrete：它是一个实现积分的固定步长求解器，适合于离散无连续状态的系统。

2. 数据导入导出设置

在图 3-30 的左侧树状视图中单击 Data Import/Export 按钮，进入数据导入导出设置面板，可以进行的设置主要包括数据的导入设置、数据的导出设置、数据查看与保存设置等，如图 3-32 所示。

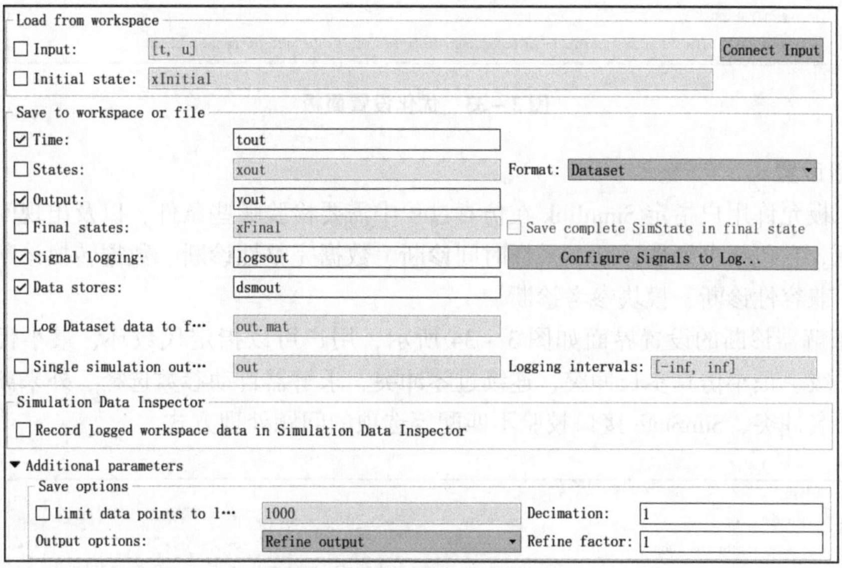

图 3-32　数据导入/导出面板

1）Load from workspace（从工作空间导入数据）

可设置的参数包括：

Input：从 MATLAB 工作空间导入的变量名称。

Initial state：从 MATLAB 工作空间导入状态初始值。

2）Save to workspace（将数据导入工作空间）

可设置的主要参数包括：

Time：将仿真过程中的时间以变量的形式导入 MATLAB 工作空间中。

States：将仿真模型中的状态值以变量的形式导入 MATLAB 工作空间中。

Format：状态变量在工作空间中的数据格式，可选择的选项有 Array、Structure、Structure with time Dataset。

Output：将仿真模型的输出值以变量的形式导入 MATLAB 工作空间中。

3）Simulation Data Inspector

将导入工作空间中的数据添加到 Simulation Data Inspector 中。

4）Additional parameters

Limit data points to 1…：设置保存到 MATLAB 工作空间的数据长度。

Decimation：设置保存数据的抽取率。

3. 仿真优化设置

通过对优化选项进行设置，可以提高仿真性能以及通过模型产生的代码性能，设置界面如图 3 - 33 所示。可进行设置的选项包括默认的数据类型、计算 net slope 的默认方法、生成代码时对于数据类型转换出错的处理方法等。

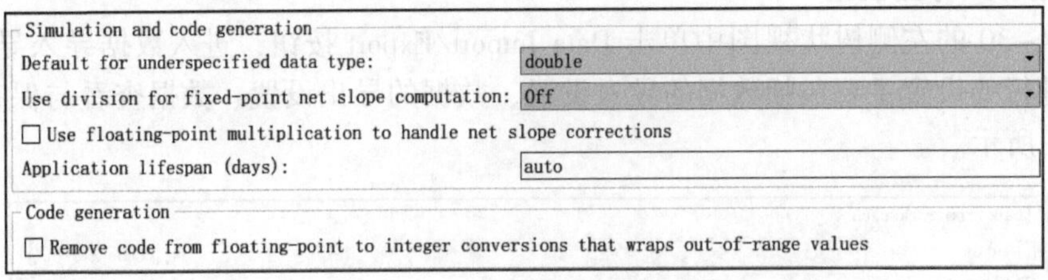

图 3 - 33　优化设置面板

4. 诊断设置

诊断面板允许用户指定 Simulink 在仿真过程中需要检验哪些条件，以及出现问题时如何处理该问题。它包括求解器诊断、采样时间诊断、数据完整性诊断、数据转换诊断、模块连通性诊断、兼容性诊断、模块参考诊断。

（1）求解器诊断的设置界面如图 3 - 34 所示，用户可以指定代数环、最小代数环、模块冲突优先级、最小仿真步长冲突、连续过零冲突、求解器自动参数选择、外来离散微分信号、状态命名冲突、SimState 接口校验不匹配等选项的问题处理方式。

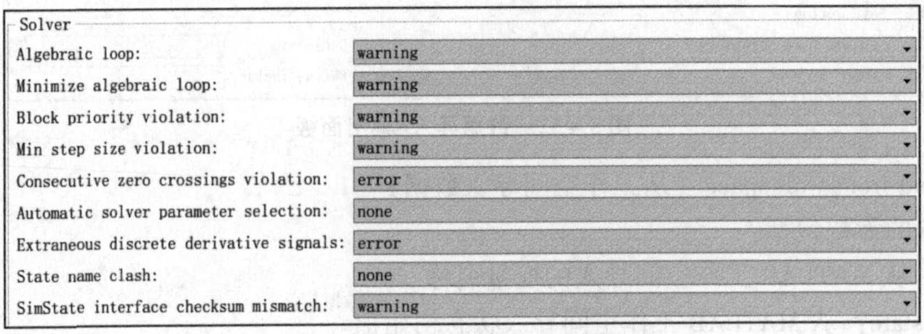

图 3 - 34　求解器诊断的设置界面

（2）采样时间诊断的设置界面如图 3 - 35 所示，用户可以对与采样时间相关的问题进行设置，主要包括信号源模块采样时间设置为 -1、多任务采样率转换、单任务采样率转换、多任务条件执行子系统、具有相同优先级任务、根据信号规范模块强制采样时间、采样到达时间调整、未指定集成性的采样时间。

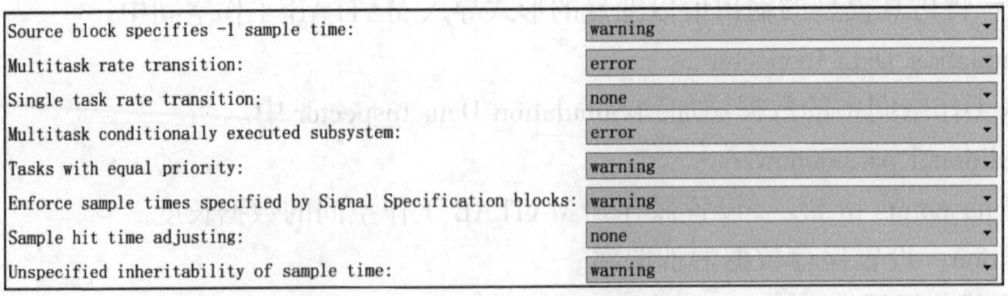

图 3 - 35　采样时间诊断的设置界面

对于其他的诊断设置选项，其设置基本类似，就不再赘述。

3.3.2　仿真运行

建模完成后，按照 3.3.1 小节的内容对仿真环境进行简单的设置后，就可以通过 Simulation 菜单下的 Run 选项运行模型得到仿真结果了。当然，也可以通过快捷菜单 ▶ 或者快捷键 < Ctrl + T > 运行仿真模型。本小节将通过几个示例的说明，演示如何建立 Simulink 模型，并得到仿真结果。

【示例 3 – 1】　Lorenz 方程的建模仿真，Lorenz 方程表达形式如下式所示：

$$\dot{x}_1(t) = -8x_1(t)/3 + x_2(t)x_3(t)$$
$$\dot{x}_2(t) = -10x_2(t) + 10x_3(t)$$
$$\dot{x}_3(t) = -x_1(t)x_2(t) + 28x_2(t) - x_3(t)$$

运用 Simulink 可以得到如图 3 – 36 所示的建模结果，采用默认的仿真时间、求解器设置，可以从 Scope 模块中得到如图 3 – 37 所示的仿真结果。

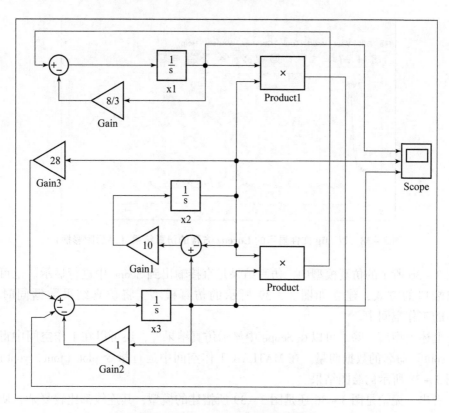

图 3 – 36　Lorenz 方程的仿真模型

对于 Scope 模块得到的仿真图像，用户可以通过 "View" 菜单或者通过 ▣▾ 下拉快捷菜单对图像的显示风格、布局、曲线的线型、颜色等属性进行重新设置。还可以通过 File 菜单下的 Print to Figure 将其另存为如图 3 – 38 所示的以 .fig 为后缀的 MATLAB 画图文件，从而更加方便用户对曲线进行编辑和输出。

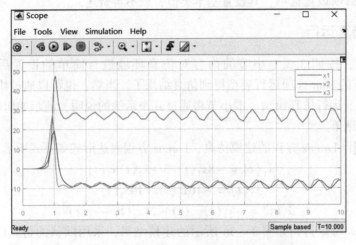

图 3 - 37　Lorenz 方程的仿真结果（书后附彩插）

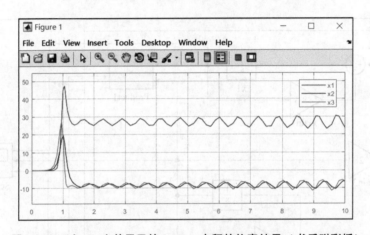

图 3 - 38　以 . fig 文件显示的 Lorenz 方程的仿真结果（书后附彩插）

在图 3 - 36 所示的仿真模型中，仿真结果是直接输出到 Scope 中进行显示。也可以通过添加输出端口的方式，建立如图 3 - 39 所示的仿真模型，将仿真结果数据同时输出到 MATLAB 的工作空间中。

运行上述模型后，除了可以在 Scope 中显示仿真结果外，还可以在工作空间中得到一组以「tout yout」命名的数据向量。在 MATLAB 工作空间中运行指令 plot（tout，yout），可以得到如图 3 - 38 所示的绘图结果。

可以看出，无论是图 3 - 36 还是图 3 - 39 所搭建的模型，其连线都比较复杂，所用的数学运算模块很多，这样很容易出错，且不易检查错误。对于类似的情况，可以考虑使用 Simulink 模块库中的 "User - Defined Functions" 进行简化处理。

通过使用 模块，可以将复杂的数学运算简化成一个函数表达式的形式，最终得到如图 3 - 40 所示的建模结果。

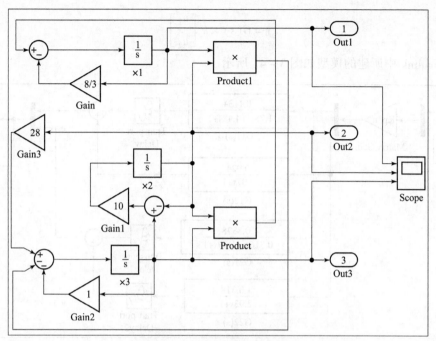

图 3 - 39　Lorenz 方程建模二

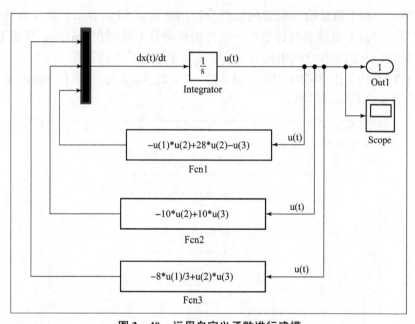

图 3 - 40　运用自定义函数进行建模

【**示例 3 - 2**】　具有延迟环节的多输入多输出系统建模仿真，系统的传递函数如下式所示，通过 Simulink 对该系统对于阶跃输入信号的响应进行建模分析。

$$G(s) = \begin{bmatrix} \dfrac{0.1134e^{-0.72s}}{1.78s^2 + 4.48s + 1} & \dfrac{0.924}{2.07s + 1} \\ \dfrac{0.3378e^{-0.3s}}{0.361s^2 + 1.09s + 1} & \dfrac{0.318e^{-1.29s}}{2.93s + 1} \end{bmatrix}$$

$$y = G(s) \times k_p \begin{bmatrix} u_1 \\ u_2 \end{bmatrix}$$

在 Simulink 中所建的模型如图 3-41 所示。

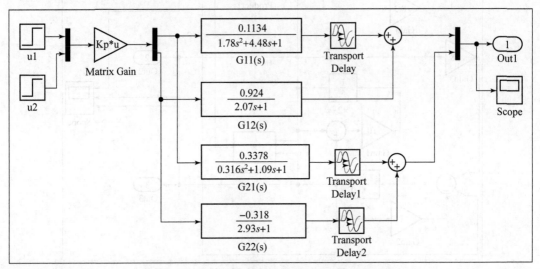

图 3-41　具有延迟环节的多输入多输出系统建模

在该模型中，两个阶跃输入信号的幅值分别用变量 u_1 和 u_2 表示，并没有具体的数值，而且输入信号的增益 k_p 也没有具体数值。这样的模型是不可能在 Simulink 环境下直接运行的，需要在 MATLAB 的工作空间中提前为 u_1、u_2 及 k_p 赋值后才能运行。

如在 MATLAB 的工作空间内，输入 u1 = 1；u2 = 2；Kp = 2；再运行 Simulink 仿真模型，可以得到如图 3-42 所示的结果。

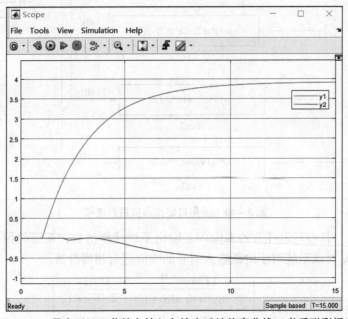

图 3-42　具有延迟环节的多输入多输出系统仿真曲线（书后附彩插）

除了上述运行方式外，还可以通过 MATLAB 命令行的方式，在 M 程序中调用所建立的仿真模型，这种方式更为灵活。其调用的指令为 sim( )，具体的使用方法为

```
[t,x,y] = sim('MODEL',time);
```

其中，t、x、y 分别为仿真过程返回的时间、状态和输出变量，MODEL 为所搭建的仿真模型的路径及文件名，time 为仿真时间。例如，对于本例，设置仿真时长为 25 s：

```
u1 =1;
u2 =1.5;
Kp =2;
[t,x,y] = sim('Example3_2',25);
plot(t,y);
```

就可以得到如图 3 - 43 所示的仿真曲线。

【示例 3 - 3】　被控对象传递函数为

$G(s) = \dfrac{0.1}{s(s+1)}$，数字控制器的离散传函为

$D(z) = \dfrac{1 - e^{-T}}{1 - e^{-0.1T}} \dfrac{z - e^{-0.1T}}{z - e^{-T}}$，其中，$T$ 为数字

控制器的采样时间，由此构成的 Simulink 模型如图 3 - 44 所示。

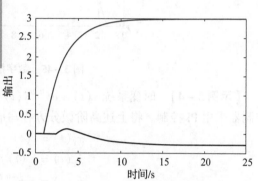

图 3 - 43　通过指令调用得到的仿真结果

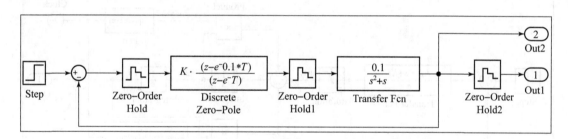

图 3 - 44　数字控制系统仿真

由于采用数字控制系统，因此在模型中，控制器的输入和输出都加入了一个保持器，本例中采用的是零阶保持器，在模型中，存在两个未知参数，分别是控制器的增益 k 和采样时间 T。在 MATLAB 中输入如下的指令：

```
T =1;
k =(1 - exp( -T))/(1 - exp( -0.1 * T));
[t,x,y] = sim('Example3_3',20);
plot(t,y(:,1),t,y(:,2))
```

可得到如图 3 - 45 所示的仿真结果，其中分别显示了经过采样保持器和未经过采样保持器的信号。

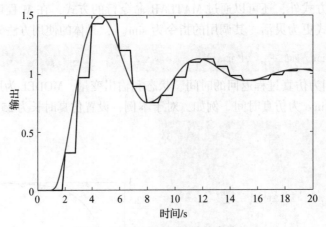

图 3 - 45　数字控制系统仿真结果

【示例 3 - 4】　时变系统 $\ddot{y}(t) + \mathrm{e}^{-0.2t}\dot{y}(t) + \mathrm{e}^{-5t}\sin(2t+6)y(t) = u(t)$ 的控制建模仿真，控制器采用 PI 控制。将上述高阶微分方程写成一阶微分方程组的形式，有

$$x_1(t) = y(t) \qquad x_2(t) = \dot{y}(t)$$
$$\dot{x}_1(t) = x_2(t)$$
$$\dot{x}_2(t) = -\mathrm{e}^{-0.2t}x_2(t) - \mathrm{e}^{-5t}\sin(2t+6)x_1(t) + u(t)$$

据此，可建立如图 3 - 46 所示的 Simulink 仿真模型。

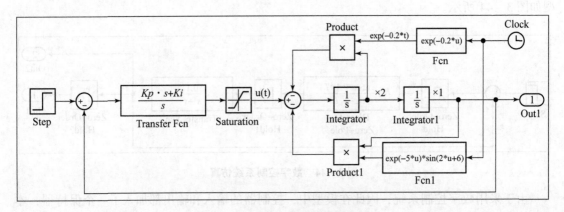

图 3 - 46　时变系统的建模仿真

从模型中可以看出，采用了时间模块来实现模型参数的时变特性，因为一般控制器的输出能量是受限制的，所以在 PI 控制器的输出端还增加了一个饱和非线性模块，其饱和幅值为 -u 到 +u，控制的两个参数分别为 Kp 和 Ki。通过在 MATLAB 中输入如下的指令：

```
u = 0.5;
Kp = 200;
Ki = 10;
[t,x,y] = sim('Example3_4',10);
plot(t,y)
```

可以得到如图 3 - 47 所示的仿真结果。

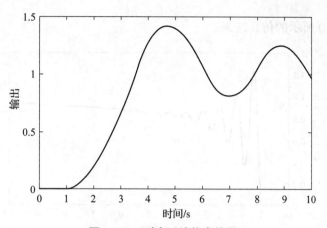

图 3 - 47　时变系统仿真结果

【示例 3 - 5】　多采样率系统仿真，图 3 - 48 所示的电机双环控制系统，内环为电流环，外环为速度环，其内外环的采样率不一致，内环采样周期为 T1，外环采样周期为 T2。内环和外环控制器的离散传递函数为

$$D_1(z) = (0.0976z - 0.0965)/(z - 1)$$
$$D_2(z) = (5.2812z - 5.2725)/(z - 1)$$

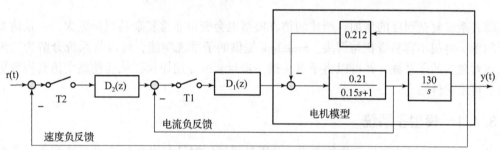

图 3 - 48　电机双环控制系统原理框图

据此，可建立如图 3 - 49 所示的仿真模型。

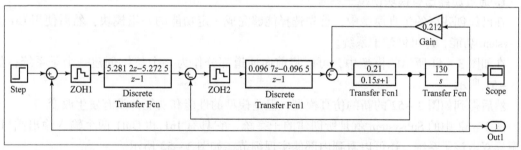

图 3 - 49　电机双环控制系统仿真模型

在 MATLAB 中运行如下的语句：

```
T1 = 0.1;
T2 = 0.01;
[t,x,y] = sim('Example3_5',10);
plot(t,y)
```

即可得到如图 3－50 所示的仿真结果。

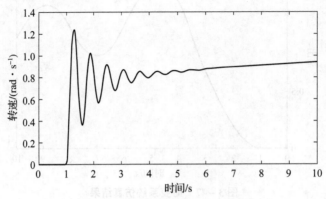

图 3－50　电机双环控制系统仿真结果

需要注意的是，本示例中的内外环采样率之间是整数倍的关系，如果不能满足整数倍关系，还需要在两个采样率之间加入 Rate Transition 模块，以协调两个控制器之间的采样周期。

3.4　子系统与模块封装

随着系统复杂程度的增加，所建的仿真模型也会变得非常复杂甚至是庞大，一旦仿真中出现问题，将很不容易查找与解决。Simulink 提供的子系统功能，可以将系统分解为若干个功能相对独立的子系统，并可以将子系统进一步封装成专用模块，从而使整个仿真模型更加简洁、可维护性强。

3.4.1　模型子系统

Simulink 子系统的创建有两种方式，分别是通过压缩已有模块创建子系统和通过子系统模块创建子系统。

1. 通过压缩已有模块创建子系统

在已经创建好的仿真模型中，首先选择能够完成一定功能的一组模块，然后使用 Create Subsystem 功能，即可创建子系统。

在如图 3－44 所示的模型中，可以将前向通道部分作为一个整体创建一个子系统，如图 3－51 所示。

然后得到如图 3－52 的新的仿真模型，但是模型的性能和功能并没有发生改变。

图 3－52 中的 Subsystem 就是所创建的子系统，它具有 In1 和 Out1 两个输入输出端口。用鼠标双击该子系统，还可以看到内部的实现细节，如图 3－53 所示。

2. 通过子系统模块创建子系统

此方法是使用 Port & Subsystem（端口和子系统模块库）中的进行创建。

双击该模块后，会打开一个新的子模型，如图 3－54 所示，该模型只有一个输入端口和一个输出端口，用户可以在输入端口和输出端口之间添加相应的模块，构建成新的子系统。

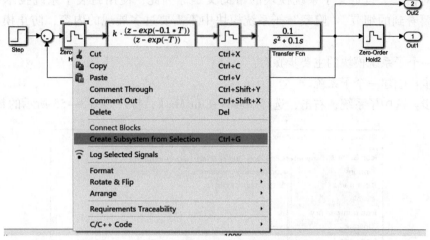

图 3 – 51　选择已有模块进行压缩

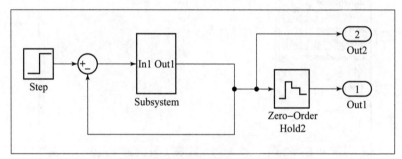

图 3 – 52　压缩后的仿真模型

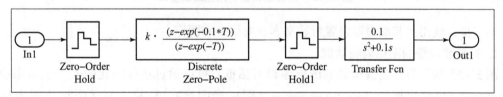

图 3 – 53　子系统的内部细节

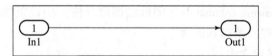

图 3 – 54　Subsystem 模块内部结构

3.4.2　子系统封装

子系统封装（Mask）指的是将已经建立好的具有一定功能的子系统"包装"成一个模块。通常的子系统可以视为 MATLAB 脚本文件，没有输入参数，可以直接使用 MATLAB 工作空间中的变量，而封装后的子系统可以视为 MATLAB 的函数，提供参数设置对话框输入参数，不能直接使用 MATLAB 工作空间中的变量，拥有独立的模块工作区（工作空间），可以像 Simulink 内部模块一样被调用。子系统封装后可以自定义模块及其图标，拥有子系统参数设置对话框，自定义子系统模块的帮助文档。因此，使用封装子系统技术可以屏蔽用户不需要看到的细节，"隐藏"子系统模块中不需要过多展现的内容，防止模块被随意篡改。

封装一个子系统模块的主要步骤有：

第一步：创建一个子系统。

第二步：选中子系统，右击，选择 Mask→Edit Mask，打开如图 3–55 所示的封装界面。

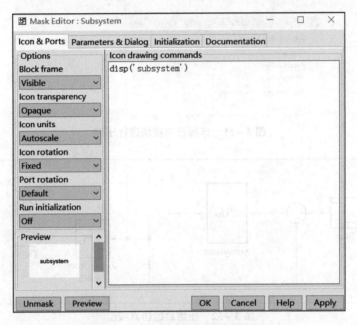

图 3–55　封装编辑器的图标编辑窗口

第三步：使用封装编辑器设置封装文本、对话框和图标。

1. 封装编辑器的图标编辑功能

图 5–55 所示为封装编辑器的图标编辑对话框，可以通过选择固化的若干选项来设置 Block frame（模块边框）、Icon transparency（图标透明度）、Icon units（图标绘图坐标）、Icon rotation（图标旋转）、Port rotation（端口旋转）、Run initialization（运行初始化）等图标属性，然后在 Icon drawing commands（图标绘制命令栏）中设置绘图命令，显示封装后模块图标的文本、状态方程、图形和图像。

1）在模块图标中显示文本

若想在模块图标中显示文本，可以使用如下的命令：

```
disp('text')                % 在图标中央显示文本 text
disp(variable name)         % 在图标中央显示字符串变量 variable name 的值
text(x,y,'text')            % 在图标指定位置(x,y)显示文本 text
text(x,y,string)            % 在图标指定位置(x,y)显示字符串变量 string 的值
```

在以上命令中的变量，要在 MATLAB 工作空间中事先定义，若要显示多行文本，可以使用"\n"表示换行符。

2）在模块图标中显示传递函数

使用 dpoly 命令可以将封装后子系统模块的图标设置为系统传递函数，或采用 droots 命令设置为系统零极点传递函数，其命令格式为

```
dpoly(num,den)
dpoly(num,den,'character')
droly(z,p,k)
```

其中，num、den 分别为分子与分母多项式；'character'（如 s 或是 z）为系统频率变量；z、p、k 分别为零点、极点与系统增益。需要注意的是，mum、den、z、p、k 均为 MATLAB 工作空间中已经存在的变量，否则绘制命令的执行将出现错误。

3）在模块图标中显示图形

使用 plot 命令与 Image 命令可以将封装后子系统模块的图标设置为图形或图像。尽管一般的 MATLAB 命令不能在图标绘制命令栏中直接使用，但它们的返回值可以作为图标绘制命令的参数。

如果封装模块的图标中出现符号"??"，并显示警告信息，说明封装过程中所使用的参数、命令不正确，或者所使用的变量在工作空间中不存在。

2. 封装编辑器的参数设置功能

参数设置功能用于定义封装模块参数设置的内容及提示信息，如图 3－56 所示，主要有 Prompt（定义某一参数的提示信息）、Name（指定参数值的保存变量）和 Type（控件类型）等内容。

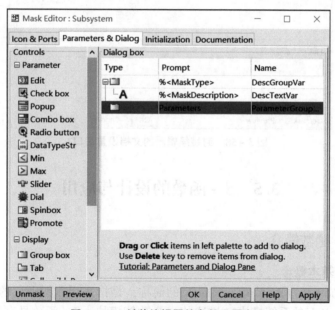

图 3－56　封装编辑器的参数设置窗口

3. 封装编辑器的初始化功能

Initialization（初始化）选项卡如图 3－57 所示，可以添加用户定义的初始化指令，当模型文件被载入、框图被更新或模块被旋转时，Simulink 开始执行这些初始化命令。

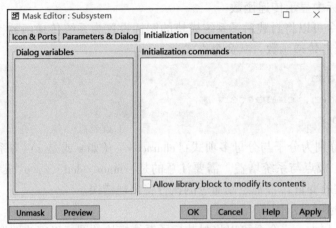

图 3 - 57　封装编辑器的初始化设置窗口

4. 封装编辑器的文档编辑功能

Documentation（文档）选项卡如图 3 - 58 所示，对于用户自己封装的模块，Simulink 提供的文档编辑功能可供用户建立自定义模块的描述及帮助文档。

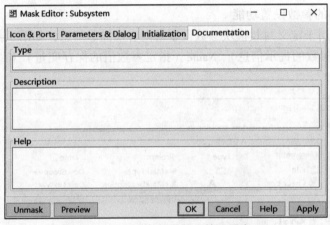

图 3 - 58　封装编辑器的文档设置窗口

3. 5　S - 函数的设计与应用

3. 5. 1　S - 函数简介

1. S - 函数的基本概念

S - 函数是系统函数（System Function）的简称，是指采用非图形化的方式（即计算机语言，区别于 Simulink 的系统模块）描述的一个功能模块。S - 函数具有特定的语法结构，能够接收来自 Simulink 求解器的相关信息，并对求解器发出的命令做出适当的响应，这种交互作用非常类似于 Simulink 系统模块与求解器的交互作用。

S - 函数作为与其他语言相结合的接口，可以使用这个语言所提供的强大能力。例如 MATLAB 语言编写的 S - 函数可以充分利用 MATLAB 所提供的丰富资源，方便地调用各种工具箱函数和图形函数；使用 C 语言编写的 S – 函数可以实现对操作系统的访问，如实现与其他进程的通信和同步等。另外，由于 S – 函数可以使用多种语言编写，因此可以将已有的代码结合进来，而不需要在 Simulink 中重新实现算法，从而在某种程度上实现了代码移植。此外，在 S – 函数中使用文本方式输入公式、方程，非常适合复杂动态系统的数学描述，并且在仿真过程中可以对仿真进行更精确的控制。

简单地说，用户可以从如下几个角度来理解 S – 函数。

（1）S – 函数为 Simulink 的"系统"函数。

（2）能够响应 Simulink 求解器命令的函数。

（3）采用非图形化的方法实现一个动态系统。

（4）可以开发新的 Simulink 模块。

（5）可以与已有的代码相结合进行仿真。

（6）采用文本方式输入复杂的系统方程。

（7）扩展 Simulink 功能。M 文件 S – 函数可以扩展图形能力，C MEX S – 函数可以提供与操作系统的接口。

（8）S – 函数的语法结构是为实现一个动态系统而设计的（默认用法），其他 S – 函数的用法是默认用法的特例（如用于显示目的）。

2. 与 S – 函数相关的术语

1）仿真例程（Routines）

Simulink 在仿真的特定阶段调用对应的 S – 函数功能模块（函数）来完成不同的任务，如初始化、计算输出、更新离散状态、计算导数和结束仿真等，这些功能模块（函数）称为仿真例程或者回调函数（Call Back Functions）。S – 函数中的例程函数有 mdlInitialization（初始化函数）、mdlGetTimeofNextVarHit（计算下一个采样点函数）、mdlOutput（计算输出函数）、mdlUpdate（离散状态更新函数）、mdlDerivatives（计算导数函数）和 mdlTerminate（结束仿真函数）。

2）直接馈通（Direct Feedthrough）

直接馈通是指输出直接受输入端口的影响，或可变采样时间直接受输入端口的控制（变采样时间模块）。当系统在某一时刻的输出 y 中包含某一时刻的系统输入 u，或系统是一个变采样时间系统（Variable Sample Time System）且采样时间计算与输入 u 相关时，需要直接馈通。

3）动态输入（Dynamically Sized Inputs）

S – 函数支持动态可变维数的输入。S 函数的输入变量 u 的维数决定于驱动 S – 函数模块的输入信号的维数。

3.5.2　S – 函数的工作原理

理解 S – 函数的工作原理和工作过程，对于编写和应用 S – 函数有非常重要的帮助，实际上 Simulink 模块也可以被理解为一个个的 S – 函数，因此下面通过描述 Simulink 模块的工作原理，来加深对 S – 函数的理解。

1. Simulink 模块的数学意义

Simulink 中模块的输入、状态和输出之间存在一定的数学关系，模块输出是采样时间、输入和模块状态的函数，Simulink 将状态向量分为两部分：连续时间状态和离散时间状态。连续时间状态占据了状态向量的第一部分，离散时间状态占据了状态向量的第二部分。对于没有状态的模块，状态 x 是一个空的向量。图 3 - 59 描述了 Simulink 模块中输入和输出的流程关系。

下面的方程表示了模块输入、状态和输出之间的数学关系。

输出方程：$y = f_o(t, x, u)$

连续状态方程：$x_c = f_d(t, x, u)$

离散状态方程：$x_{d,i+1} = f_u(t, x, u)$

其中，$x = x_c + x_d$

图 3 - 59 Simulink 模块信号流

2. Simulink 仿真的工作过程

Simulink 的仿真过程包含两个主要阶段：第一个阶段是初始化，初始化所有的模块，这时模块的所有参数都已确定下来；第二个阶段是仿真运行阶段。

上述仿真过程是由求解器和 Simulink 引擎交互控制的。求解器的作用是传递模块的输出，对状态导数进行积分，并确定采样时间。Simulink 引擎的作用是计算模块的输出，对状态进行更新，计算状态的导数，产生过零事件。从求解器传递给 Simulink 引擎的信息包括时间、输入和当前状态；反过来，Simulink 引擎为求解器提供模块的输出、状态的更新和状态的导数。

计算连续时间状态包含两个步骤：首先，求解器为待更新的系统提供当前状态、时间和输出值，Simulink 引擎计算状态导数，传递给求解器；然后求解器对状态的导数进行积分，计算新的状态的值。状态计算完成后，再进行一次模块的输出更新。这时，一些模块可能会发出过零警告，促使求解器探测出发生过零的准确时间。实际上求解器和 Simulink 引擎之间的对话是通过不同的标志来控制的。求解器在给 Simulink 引擎发送标志的同时也发送数据。Simulink 引擎使用这个标志来确定所要执行的操作，并确定所要返回的变量的值。

S - 函数是 Simulink 的重要组成部分，由于它同样是 Simulink 的一个模块，所以说它的仿真过程与 Simulink 的仿真过程完全一样。即 S - 函数的仿真过程也包括初始化阶段和运行阶段。当初始化工作完成以后，在每一个仿真步长（step）内完成一次求解，如此反复，形成一个仿真循环，直到仿真结束。

在一次仿真过程中，Simulink 在以下的每个仿真阶段调用相应的函数子程序。S - 函数的仿真过程，可以概括如下。

（1）初始化：在仿真开始前，Simulink 在这个阶段初始化 S - 函数。

①初始化结构体 SimStruct，它包含了 S - 函数的所有信息。

②设置输入/输出端口数。

③设置采样时间。

④分配存储空间。

（2）数值积分：用于连续时间状态的求解和非采样过零点。如果 S - 函数存在连续时间状态，Simulink 就在 minor step time 内调用 mdlDerivatives（ ）和 mdlOutput（ ）两个 S - 函数的子函数。如果存在非采样过零点，Simulink 将调用 mdlOutput（ ）和 mdlZeroCrossing（ ）子函数（过零点检测子函数），以定位过零点。

（3）更新离散状态：此步骤在每个步长处都要执行一次，可以在这个子函数中添加每个仿真步都需要更新的内容，如离散时间状态的更新。

（4）计算输出：计算所有输出端口的输出值。

（5）计算下一个采样时间点：只有在使用变步长求解器进行仿真时，才需要计算下一个采样时间点，即计算下一步的仿真步长。

（6）仿真结束：在仿真结束时调用，可以在此完成结束仿真所需的工作。

3. S – 函数工作方式

S – 函数的引导语句为 function [sys, x0, str, ts] = s _ name (t, x, u, flag, p1, p2, …) 其中 s_name 为 S – 函数的函数名，t、x、u 分别为时间、状态和输入信号，flag 为标志位。S – 函数的调用顺序是通过 flag 标志来控制的。在仿真初始化阶段，通过设置 flag 标志位为 0 调用 S – 函数，并请求提供包括连续时间状态个数、离散时间状态个数、输入和输出的个数、初始状态和采样时间等信息。然后，仿真开始，设置 flag 标志位为 4，请求 S – 函数计算下一个采样时间，并提供采样时间。接下来设置 flag 标志位为 3，S – 函数计算模块的输出。然后设置 flag 标志位为 2，更新离散时间状态。当用户还需要计算状态导数时，设置 flag 标志位为 1，求解器使用积分算法计算状态的值。计算状态导数和更新离散时间状态之后，通过设置 flag 标志位为 3，计算模块的输出，这样就结束了一个时间步的仿真，当到达仿真结束时间时，设置 flag 标志位为 9，做结束的处理工作。flag 各选项的作用如表 3 – 1 所示。

表 3 – 1 flag 各选项的作用

flag	调用的函数名	函数的作用
0	mdlInitializeSizes	定义 S – 函数模块的基本特性，包括采样时间、连续或者离散时间状态的初始条件和 sizes 数组
1	mdlDerivatives	计算连续时间状态变量的微分方程
2	mdlUpdate	更新离散时间状态、采样时间
3	mdlOutput	计算 S – 函数的输出
4	mdlGetTimeOfNextVarHit	计算下一个采样点的绝对时间，这个步骤仅仅是用户在 mdlInitializeSizes 设置了可变的离散采样时间时才调用
9		完成仿真任务结束时的工作

3.5.3 S – 函数的编写

用户可以采用 MATLAB 的 M 程序、C、C ++、FORTRAN 或 Ada 等语言编写 S – 函数。在较高版本的 Simulink 中，将 S – 函数分成了 Level – 1 S – Function 和 Level – 2 S – Function，Level – 1 S – 函数提供了一个简单的 M 文件接口，可以与少部分的 API 交互。Level – 2 S – 函数则支持访问更多的 API。Simulink 对于 Level – 1 S – 函数的支持更多的是为了保持与以前版本的兼容，现在推荐采用的是 Level – 2 S – 函数。鉴于大部分用户习惯于编写 Level – 1 S – 函数，因此本书在后面的例程中也将以 Level – 1 为主。

下面主要介绍采用 M 程序和 C 语言两种方法编写 S – 函数的方法。

1. S – 函数构建方法

在 Simulink 的 "User – Defined Functions" 模块库中提供了如下的两种 S – 函数编构造方式。

1）通过 Level – 1 S – 函数模块 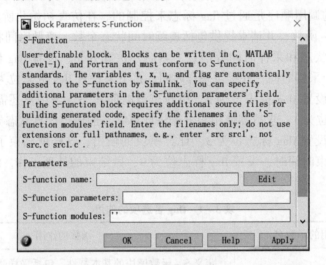 构造 S – 函数

S – Function 模块用来构造 Level – 1 S – 函数，将模块拖曳到建模窗口中后，双击该模块可以打开如图 3 – 60 所示的 S – 函数构造界面。

图 3 – 60　通过 S – Function 模块构建 Level – 1 S – 函数

其中需要填写的内容包括：

S – functions name：填写描述 S – 函数的文本文件名，可以是采用 M 程序、C 语言、C ++ 等语法编写的文本文件，该文件名也是 S – 函数的名称。需要注意，文件所在路径应与 MATLAB 的当前工作路径一致。

S – functions parameters：如果所编写的 S – 函数需要有输入参数，则在此处输入。

S – functions modules：只有采用 C 语言编写 S – 函数，且需要用到其他的源文件时，才在此填写文件名。

2）通过 Level – 2 S – 函数模块 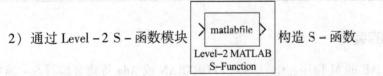 构造 S – 函数

Level – 2 MATLAB S – Function 模块用来构造 Level – 2 S – 函数，将模块拖曳到建模窗口中后，双击该模块可以打开如图 3 – 61 所示的 S – 函数构造界面。

其中需要填写的内容包括：

S – functions name：填写描述 S – 函数的文本文件名，该文件名也是 S – 函数的名称。需要主要文件所在路径与 MATLAB 的当前工作路径一致。

Parameters：如果所编写的 S – 函数需要有输入参数，则在此处输入。

Block Parameters: Level-2 MATLAB S-Function　　✕

M-S-Function

User-definable block written using the MATLAB S-Function API.
Specify the name of a MATLAB S-Function below. Use the
Parameters field to specify a comma-separated list of
parameters for this block.

Parameters

S-function name:　[|　　　　　　　　　　　　　]　[Edit]

Parameters　　　[　　　　　　　　　　　　　　　　]

[OK]　　[Cancel]　　[Help]　　[Apply]

图 3 - 61　构建 Level - 2 S - 函数

2. S - 函数编写模板

前面讲述了如何利用 Simulink 模块构造 S - 函数，在构造过程中，需要编写相应的源文件，用户既可以通过单击模块上的 Edit 按钮自己编写文本文件，也可以利用 Simulink 的 "User - Defined Functions" 模块库中提供的 S - 函数模板编写。Simulink 所提供的文本编辑模板包括以下两种。

1）S - Function Builder 模板

将 S - Function Builder 模块拖曳到建模窗口中后，双击该模块可以打开如图 3 - 62 所示的 S - 函数编写界面，通过该方法，用户不需要关心 S - 函数的程序框架结构，而只需要在相应的地方填写功能实现代码即可。

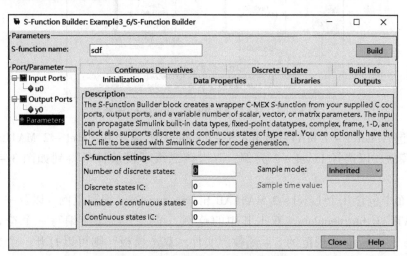

图 3 - 62　S - Function Builder 模块

该模块主要用来创建用 C 语言编写的 S - 函数，需要填写的内容包括初始化、包含的头文件、支持的数据类型、连续状态微分、离散状态更新、输出等内容。代码完成后，单击图中右上角的 Build 按钮，即可自动生成 S - 函数的 C 语言文件。

2）S – Function 例程模板

将 S – Function Examples 模块拖曳到建模窗口中后，双击该模块可以打开如图 3 – 63 所示的界面，其中包括 MATLAB file S – functions、C – file S – functions、C ++ S – functions、Fortran S – functions 四种编程模板和编程示例。

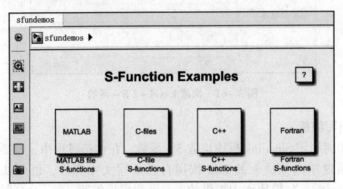

图 3 – 63　S – Function Examples 模块

选择好相应的编程语言后，再双击相应的子模块，以选择 MATLAB 编程为例，双击 MATLAB file S – functions 子模块，则可以得到如图 3 – 64 所示的界面，进入第二级子模块。

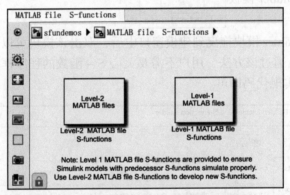

图 3 – 64　MATLAB file S – functions 子模块

其中又包含 Level – 1 MATLAB file S – functions 子模块和 Level – 2 MATLAB file S – functions 子模块，以选择 Level – 2 为例，双击该二级子模块，可得到如图 3 – 65 所示的界面。

在该界面中包含几个 Level – 2 MATLAB file S – functions 编写范例，以及一个文件模板 Level – 2 MATLAB file template。双击其中的范例，可以学习如何编写一个符合 Level – 2 MATLAB file S – functions 规范的 S – 函数源文件。双击模板，则可以打开一个文件编辑模板，该模板已经将源文件的结构编写完整，用户可以将该模板另存为一个文件，根据此模板添加核心功能代码即可。

图 3 – 62 中的其他编程语言模块的结构也是类似，就不再赘述。

3. M 程序编写 Level – 1 S – 函数

S – 函数的引导语句为

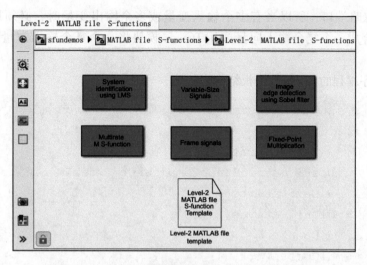

图 3 - 65　Level - 2 MATLAB file S - functions 子模块

```
function[sys,x0,str,ts, simStateCompliance] = s_name(t,x,u,flag,
p1,p2,…)
```

S - 函数默认的 4 个输入参数为 t、x、u 和 flag，5 个返回参数为 sys、x0、str、ts 和 simStateCompliance，它们的次序不能变动，p1、p2…为用户自定义的其他参数，其代表的意义分别如下。

（1）t 代表当前的仿真时间，这个输入参数通常用于决定下一个采样时刻，或者在多采样率系统中，用来区分不同的采样时刻点，并据此进行不同的处理。

（2）x 表示状态向量，这个参数是必需的，甚至在系统中不存在状态时也是如此。它具有很灵活的运用。

（3）u 表示输入向量。

（4）flag 是一个控制在每一个仿真阶段调用哪一个子函数的参数，由 Simulink 在调用时自动取值。

（5）sys 是一个通用的返回变量，它所返回的数值取决于 flag 值。

（6）x0 是初始的状态值（没有状态时是一个空矩阵），这个返回变量只在 flag 值为 0 时才有效，其他时候都会被忽略。

（7）str 这个变量没有意义，是为将来的应用保留的，M 文件 S - function 必须把它设为空矩阵。

（8）ts 为包含模块采样时间和偏差值的两列矩阵，用户可以创建执行多个任务，而且每个任务以不同采样速率执行的 S - 函数，也就是多采样率 S - 函数，这时，应该以采样时间上升的顺序指定用户 S - 函数中使用的所有采样速率。

（9）simStateCompliance 参数规定了当保存或重恢复仿真模块的状态时应该如何处理，其取值包括' DefaultSimState'、' HasNoSimState'、' DisallowSimState'、' UknownSimState'。

在模型仿真过程中，Simulink 会反复调用 S - 函数，同时用 flag 标识需要执行的任务，每次 S - 函数执行任务后会把结果返回到具有标准格式的结构中。需要指出的是，由于

S-function 会忽略端口，所以当有多个输入变量或多个输出变量时，必须用 Mux 模块将多个单一输入合成一个复合输入向量或用 Demux 模块将一个复合输出向量分解为多个单输出。

采用 M 程序编程的 S-函数模板结构为

```
function[sys,x0,str,ts,simStateCompliance] = sfuntmpl(t,x,u,flag)
  switch flag,
    case 0,  % Initialization %
      [sys,x0,str,ts,simStateCompliance] = mdlInitializeSizes;
    case 1,  % Derivatives %
      sys = mdlDerivatives(t,x,u);
    case 2,  % Update %
      sys = mdlUpdate(t,x,u);
    case 3,  % Outputs %
      sys = mdlOutputs(t,x,u);
    case 4,  % GetTimeOfNextVarHit %
      sys = mdlGetTimeOfNextVarHit(t,x,u);
    case 9,  % Terminate %
      sys = mdlTerminate(t,x,u);
    otherwise  % Unexpected flags %
      DAStudio.error('Simulink:blocks:unhandledFlag', num2str
(flag));
  end
```

可以看出，整个 S-函数是一个条件结构语句，通过判断参数 flag 的数值，决定调用哪一个子函数。而用户需要做的工作就是去完善每一个子函数即可。下面就对每一个子函数的含义进行解释说明。

1）初始化子函数 mdlInitializeSizes( )

初始化子函数 mdlInitializeSizes 的作用是向 Simulink 提供必要的说明信息，包括采样时间、连续或者离散时间状态个数等初始条件。该函数中，首先通过 sizes = simsizes 语句获得默认的系统参数变量 sizes。这条语句返回未初始化的 sizes 结构，用户必须装载包含有 S-函数信息的 sizes 结构，其结构属性所包含的信息为：

（1）NumContStates：连续时间状态的个数（状态向量连续部分的宽度）。

（2）NumDiscStates：离散时间状态的个数（状态向量离散部分的宽度）。

（3）NumOutputs：输出变量的个数（输出向量的宽度）。

（4）NumInputs：输入变量的个数（输入向量的宽度）。

（5）DirFeedthrough：有无直接馈入。

（6）NumSampleTimes：采样时间的个数。

初始化 sizes 结构后，再运行 sys = simsizes(sizes) 语句，即可把 sizes 结构中的信息传递给 sys，以备 Simulink 使用。

初始化函数的写法如下所示：

```
function[sys,x0,str,ts,simStateCompliance]=mdlInitializeSizes
    sizes=simsizes;
    sizes.NumContStates   =0;
    sizes.NumDiscStates   =0;
    sizes.NumOutputs      =0;
    sizes.NumInputs       =0;
    sizes.DirFeedthrough  =1;
    sizes.NumSampleTimes  =1;   % at least one sample time is needed
    sys=simsizes(sizes);
    x0  =[];% initialize the initial conditions
    str =[];% str is always an empty matrix
    ts  =[0 0]; % initialize the array of sample times
    simStateCompliance='UnknownSimState';
```

2）连续状态更新子函数 mdlDerivatives(t, x, u)

需要根据连续状态的更新方程，如微分方程，来计算新的状态值，并赋值给 sys。其函数结构如下：

```
function sys=mdlDerivatives(t,x,u)
    "添加计算过程语句"
    sys=[计算结果];
```

3）离散状态更新子函数 mdlUpdate(t, x, u)

需要根据系统离散状态的更新方程，如差分方程，来计算新的状态值，并赋值给 sys。由于该子函数总会执行，因此一些需要在每一步仿真中都执行一次的语句就可以写在这个子函数中，其函数结构如下：

```
function sys=mdlUpdate(t,x,u)
    "添加计算过程描述"
    sys=[计算结果];
```

4）输出信号子函数 mdlOutputs( )

在该子函数中主要计算 S – 函数的输出值，输出结果仍由 sys 变量返回，其函数结构如下：

```
function sys=mdlOutputs(t,x,u)
    "添加计算过程描述"
    sys=[计算结果];
```

5）采样时间计算子函数 mdlGetTimeOfNextVarHit(t, x, u)

在该子函数中计算下一个采样点的绝对时间，其函数结构为

```
function sys = mdlGetTimeOfNextVarHit(t,x,u)
  sampleTime = "采样时间数值";
  sys = t + sampleTime;
```

6）仿真结束子函数 mdlTerminate(t, x, u)

当仿真结束后调用该子函数，一般可以不填写任何代码。

```
function sys = mdlTerminate(t,x,u)
  sys = [ ];
```

4. C 语言编写 Level – 2 S – 函数

采用 C 语言编程的 S – 函数模板结构为：

（1）定义函数信息，包括定义 S – 函数的名称以及 Level。具体语句如下（需要将 sfuntmpl_basic 更改为自行定义的名称）：

```
#define S_FUNCTION_NAME  sfuntmpl_basic /*定义实际的 S – 函数名称 */
#define S_FUNCTION_LEVEL 2 /*定义为 Level – 2 S – 函数 */
```

（2）添加包含的头文件，以下头文件是必需的，其他可根据需要自行添加，如 math. h、stdio. h 等。

```
#include "simstruc.h"
```

（3）编写初始化函数，设置输入、输出参数。程序首先利用 ssSetNumSFcnParams（S，num）设置期望的附加参数的个数，这里的附加参数是指双击 S – function 模块时，如图 3 – 60 所示的 Parameters 栏。之后，类似于 M 程序编程，也需要设置相应输入参数个数、是否馈通、输出参数个数等。其具体程序结构如下：

```
static void mdlInitializeSizes(SimStruct * S)
{
    ssSetNumSFcnParams(S, 0);  /* Number of expected parameters */
    if(ssGetNumSFcnParams(S) != ssGetSFcnParamsCount(S))
      return;/* if number of expected != number of actual parameters */
    ssSetNumContStates(S,0);
    ssSetNumDiscStates(S,0);
    if(!ssSetNumInputPorts(S,1))return;
    ssSetInputPortWidth(S,0,1);
    ssSetInputPortRequiredContinuous(S,0,true);
    ssSetInputPortDirectFeedThrough(S,0,1);
    if(!ssSetNumOutputPorts(S,1))return;
    ssSetOutputPortWidth(S,0,1);
    ssSetNumSampleTimes(S,1);
    ssSetNumRWork(S,0);
    ssSetNumIWork(S,0);
```

```
    ssSetNumPWork(S,0);
    ssSetNumModes(S,0);
    ssSetNumNonsampledZCs(S,0);
    ssSetSimStateCompliance(S,USE_DEFAULT_SIM_STATE);
    ssSetOptions(S,0);
}
```

（4）编写采样时间函数，包括连续采样时间、采样时间的偏移量。其具体程序结构如下：

```
static void mdlInitializeSampleTimes(SimStruct *S)
{
    ssSetSampleTime(S,0,CONTINUOUS_SAMPLE_TIME);
    ssSetOffsetTime(S,0,0.0);
}
```

（5）编写条件初始化函数，如果不需要这部分程序，则可以将程序第一行中的#define改为#undef。其具体程序结构如下：

```
#define MDL_INITIALIZE_CONDITIONS
#if defined(MDL_INITIALIZE_CONDITIONS)
static void mdlInitializeConditions(SimStruct *S)
{
}
#endif /* MDL_INITIALIZE_CONDITIONS */
```

（6）编写开始函数，如果不需要这部分程序，同样可以将程序第一行中的#define 改为#undef。其具体程序结构如下：

```
#define MDL_START   /* Change to #undef to remove function */
#if defined(MDL_START)
static void mdlStart(SimStruct *S)
{
}
#endif /*   MDL_START */
```

（7）编写输出函数，其具体程序结构如下：

```
static void mdlOutputs(SimStruct *S, int_T tid)
{
    const real_T *u = (const real_T *)ssGetInputPortSignal(S,0);
    real_T       *y = ssGetOutputPortSignal(S,0);
    y[0] = u[0];
}
```

（8）编写离散状态更新函数，如果不需要这部分程序，同样可以将程序第一行中的 #define 改为#undef。其具体程序结构如下：

```
define MDL_UPDATE
#if defined(MDL_UPDATE)
static void mdlUpdate(SimStruct * S, int_T tid)
{
}
#endif /* MDL_UPDATE */
```

（9）编写连续状态更新函数，如果不需要这部分程序，同样可以将程序第一行中的 #define 改为#undef。其具体程序结构如下：

```
#define MDL_DERIVATIVES
#if defined(MDL_DERIVATIVES)
static void mdlDerivatives(SimStruct * S)
{
}
#endif /* MDL_DERIVATIVES */
```

（10）编写仿真结束函数，其具体程序结构如下：

```
static void mdlTerminate(SimStruct * S)
{
}
```

（11）必要的程序结束部分，其具体程序结构如下：

```
#ifdef  MATLAB_MEX_FILE  /* Is this file being compiled as a MEX-file? */
#include "simulink.c"  /* MEX-file interface mechanism */
#else
#include "cg_sfun.h"  /* Code generation registration function */
#endif
```

C 语言程序编写完成后，还需要对其进行编译，生成 dll 文件，才能够最终使用。进行程序编译的步骤为：

（1）对 MATLAB 的编译环境进行设置，在 MATLAB 的命令窗口输入：

```
mex - setup
```

根据所安装的软件版本的不同，MATLAB 可能会给出如下的提示语句：

```
MEX configured to use 'Microsoft Visual C ++ 2015 Professional(C)'
for C language compilation.
Warning: The MATLAB C and Fortran API has changed to support MATLAB
    variables with more than 2^32 -1 elements. You will be required
```

```
to update your code to utilize the new API.
    You can find more information about this at:
    http:// www.mathworks.com/ help/ matlab/ matlab _ external/
upgrading -mex -files -to -use -64 -bit -api.html.
To choose a different language, select one from the following:
mex -setup C ++
mex -setup FORTRAN
```

（2）程序编译。在 MATLAB 的工作空间中，输入 mex sfuntmpl_ basic. c 就可以进行程序的编译了，编译完成后，会生成相应的 dll 文件。

（3）程序的使用。在如图 3 -61 所示的界面中，输入文件名即可使用。

3.5.4　S -函数的应用

本小节将通过几个示例，演示如何编写和应用 S -函数。

【示例 3 -6】　利用 M 程序，编写 S -函数，实现 Lorenz 常微分方程的求解。Lorenz 常微分方程的表达式为

$$\dot{x}_1 = -\frac{8}{3}x_1 + x_2 x_3$$
$$\dot{x}_2 = -10(x_2 - x_3)$$
$$\dot{x}_3 = -x_1 x_2 + 28 x_2 - x_3$$

微分方程的初值为 $x_1(0) = 0$，$x_2(0) = 0$，$x_3(0) = 0.001$。

利用 Level -1 S -function 模板所编写的程序文本如下：

```
function [sys,x0,str,ts,simStateCompliance] = Examp36(t,x,u,flag)
switch flag,
  case 0,
    [sys,x0,str,ts,simStateCompliance] =mdlInitializeSizes;
  case 1,
    sys =mdlDerivatives(t,x,u);
  case 2,
    sys =mdlUpdate(t,x,u);
  case 3,
    sys =mdlOutputs(t,x,u);
  case 4,
    sys =mdlGetTimeOfNextVarHit(t,x,u);
  case 9,
    sys =mdlTerminate(t,x,u);
  otherwise
    error(['Unhandled flag = ',num2str(flag)]);
end
```

```
function [sys,x0,str,ts,ts,simStateCompliance] =mdlInitializeSizes
    sizes =simsizes;
    sizes.NumContStates   =3;
    sizes.NumDiscStates   =0;
    sizes.NumOutputs      =3;
    sizes.NumInputs       =0;
    sizes.DirFeedthrough =0;
    sizes.NumSampleTimes =1;  % at least one sample time is needed
    sys =simsizes(sizes);
    x0  =[0,0,0.001];
    str =[];
    ts  =[0 0];
    simStateCompliance ='UnknownSimState';
```

在初始化函数中，定义本 S – 函数有 3 个连续状态变量、0 个离散状态变量、3 个输出量，没有外部输入，也没有直接馈通，其状态向量的初值为 $[0, 0, 0.001]$。

```
function sys =mdlDerivatives(t,x,u)
    sys =[ -8/3 * x(1) +x(2) * x(3); -10 * (x(2) -x(3)); -x(1) * x(2) +28
* x(2) -x(3)];
```

在连续状态的更新函数中，直接将微分方程的表达式写出即可。由于要求解的微分方程组中有三个状态，因此可以用向量的形式来表示。

```
function sys =mdlUpdate(t,x,u)
    sys =[];
```

没有需要更新的离散状态，所以此函数为空即可。

```
function sys =mdlOutputs(t,x,u)
    sys =[x(1),x(2),x(3)];
```

直接将 3 个状态变量作为输出。

```
function sys =mdlGetTimeOfNextVarHit(t,x,u)
    sampleTime =1;
    sys =t +sampleTime;
```

因为该 S – 函数没有定义变步长仿真，实际这段程序并不执行。

```
function sys =mdlTerminate(t,x,u)
    sys =[];
```

仿真结束时调用，本程序中直接为空，不执行任何操作。

建立如图 3 – 66 所示的仿真模型，在其中输入 S – 函数名称和参数，运行后可以得到如图 3 – 67 所示的结果。

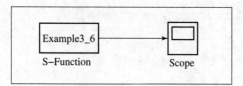

图 3 - 66　Lorenz 方程 S - 函数建模仿真

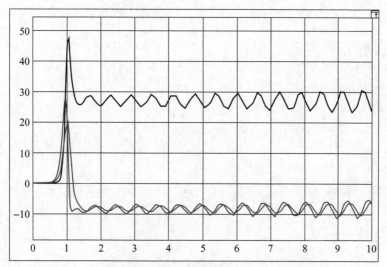

图 3 - 67　Lorenz 方程 S - 函数仿真结果（书后附彩插）

【示例 3 - 7】　利用 M 程序，编写 S - 函数，实现常微分方程组的求解。常微分方程组的表达式为

$$\dot{x}_1(t) = -x_1(t) + x_2(t)$$
$$\dot{x}_2(t) = -x_2(t) - 3x_3(t)$$
$$\dot{x}_3 = -x_1(t) - 5x_2(t) - 3x_3(t) + u(t)$$
$$y = -x_2(t)$$

相比之前的 Lorenz 常微分方程，该微分方程具有外部输入 $\pmb{u}(t)$。

利用 Level - 1 S - function 模板所编写的程序文本如下：

```
function[sys,x0,str,ts,simStateCompliance] = Examp37(t,x,u,flag)
switch flag,
  case 0,
    [sys,x0,str,ts,simStateCompliance] =mdlInitializeSizes;
  case 1,
    sys =mdlDerivatives(t,x,u);
  case 2,
    sys =mdlUpdate(t,x,u);
  case 3,
    sys =mdlOutputs(t,x,u);
  case 4,
```

```
        sys = mdlGetTimeOfNextVarHit(t,x,u);
    case 9,
        sys = mdlTerminate(t,x,u);
    otherwise
        error(['Unhandled flag = ',num2str(flag)]);
end

function[sys,x0,str,ts,ts,simStateCompliance] = mdlInitializeSizes
    sizes = simsizes;
    sizes.NumContStates  = 3;
    sizes.NumDiscStates  = 0;
    sizes.NumOutputs     = 1;
    sizes.NumInputs      = 1;
    sizes.DirFeedthrough = 0;
    sizes.NumSampleTimes = 1;  % at least one sample time is needed
    sys = simsizes(sizes);
    x0  = [0,0,0];
    str = [];
    ts  = [0 0];
    simStateCompliance = 'UnknownSimState';
```

在初始化函数中，定义本 S - 函数有 3 个连续状态变量、0 个离散状态变量、1 个输出量、1 个外部输入，也没有直接馈通，其状态向量的初值为 [0，0，0]。

```
function sys = mdlDerivatives(t,x,u)
    sys = [x(1) - 2 * x(2) + 3 * x(3);9 * x(1) - 5 * x(2) + 6 * x(3);4 * x(1) -
8 * x(2) - 2 * x(3) + u];

function sys = mdlUpdate(t,x,u)
    sys = [];

function sys = mdlOutputs(t,x,u)
    sys = [ - x(2)];

function sys = mdlGetTimeOfNextVarHit(t,x,u)
    sampleTime = 1;
    sys = t + sampleTime;

function sys = mdlTerminate(t,x,u)
    sys = [];
```

建立如图 3 – 68 所示的仿真模型, 在其中输入 S – 函数名称和参数, 运行后可以得到如图 3 – 69 所示的结果。

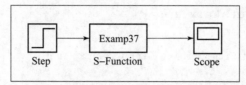

图 3 – 68　具有阶跃输入的常微分方程组 S – 函数建模仿真

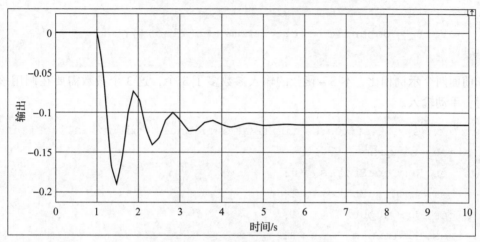

图 3 – 69　单位阶跃输入下的仿真结果

【**示例 3 – 8**】　利用 M 程序, 编写 S – 函数, 实现自抗扰控制中的跟踪微分器建模仿真, 跟踪微分器的数学表达式为

$$x_1(k+1) = x_1(k) + Tx_2(k)$$
$$x_2(k+1) = x_2(k) + T\mathrm{fst}(x_1(k),\ x_2(k),\ u(k),\ r,\ h)$$

其中 $\mathrm{fst} = \begin{cases} -ra/\delta,\ |a| \leqslant \delta \\ -r\mathrm{sign}(a),\ |a| > \delta \end{cases}$, $\delta = rh$, $\delta_0 = \delta h$, $a_0 = \sqrt{\delta^2 + 8r|y|}$

$$a = \begin{cases} x_2 + \dfrac{\gamma}{h},\ |y| \leqslant \delta_0 \\ x_2 + 0.5(a_0 - \delta)\mathrm{sign}(y),\ |y| > \delta_0 \end{cases}$$

据此, 可以编写出如下所示的 S – 函数程序代码:

```
function[sys,x0,str,ts,simStateCompliance] = sfuntmpl(t,x,u,flag,
r,h,T)
switch flag,
  case 0,
    [sys,x0,str,ts,simStateCompliance] = mdlInitializeSizes(T);
  case 1,
    sys = mdlDerivatives(t,x,u);
  case 2,
```

```
      sys = mdlUpdate(t,x,u,r,h,T);
   case 3,
      sys = mdlOutputs(t,x,u);
   % case 4,
      % sys = mdlGetTimeOfNextVarHit(t,x,u);
   case 9,
      sys = mdlTerminate(t,x,u);
   otherwise
      error(['Unhandled flag = ',num2str(flag)]);
end
```

和前面两个示例相比，本 S – 函数的输入参数多了 3 个，这 3 个参数需要在调用该 S – 函数时，手动输入。

```
function[sys,x0,str,ts,ts,simStateCompliance] = mdlInitializeSizes(T)
   sizes = simsizes;
   sizes.NumContStates  = 0;
   sizes.NumDiscStates  = 2;
   sizes.NumOutputs     = 2;
   sizes.NumInputs      = 1;
   sizes.DirFeedthrough = 0;
   sizes.NumSampleTimes = 1;  % at least one sample time is needed
   sys = simsizes(sizes);
   x0  = [0,0];
   str = [];
   ts  = [T 0];
   simStateCompliance = 'UnknownSimState';
```

在初始化函数中，定义本 S – 函数没有连续状态变量，2 个离散状态变量，2 个输出量，1 个外部输入，没有直接馈通，其采样时间为 T，其状态向量的初值为 [0，0]。

```
function sys = mdlDerivatives(t,x,u)
   sys = [];


function sys = mdlUpdate(t,x,u,r,h,T)
   sys(1,1) = x(1) + T * x(2);
   sys(2,1) = x(2) + T * fst2(x,u,r,h)
```

在离散状态更新函数中，将跟踪微分器的数学表达式写出，注意，在该表达式中有一个 fst2（ ）函数，这个函数并不是 MATLAB 的系统函数，之前也并没有定义，需要在后面的代码中自行写出其具体实现。

```
function sys = mdlOutputs(t,x,u)
  sys = x;


function sys = mdlGetTimeOfNextVarHit(t,x,u,T)
  sampleTime = T;
  sys = t + sampleTime;


function sys = mdlTerminate(t,x,u)
  sys = [];
```

fst2( ) 函数的具体实现代码如下：

```
function f = fst2(x,u,r,h)
  delta = r * h;
  delta0 = delta * h;
  y = x(1) - u + h * x(2);
  a0 = sqrt(delta^2 + 8 * r * abs(y));
  if abs(y) <= delta0
      a = x(2) + y / h;
  else
      a = x(2) + 0.5 * (a0 - delta) * sign(y);
  end
  if abs(a) <= delta
      f = - r * a / delta;
  else
      f = - r * sign(a);
  end
```

3.6　Simulink 中硬件板卡的使用

在一个仿真系统中，涉及很多的信号，其中有的信号在系统模型内部流转。除此之外，还有仿真模型与实际物理系统之间交互的信号，如通过传感器获取实际物理系统的状态信号、产生对实际物理系统的操纵控制信号等。对于一个虚拟模型而言，要和实际的物理系统进行信息交互就需要借助硬件接口板卡，如模拟量采集板卡 A/D、模拟量输出板卡 D/A、开关量输入板卡 D/I、开关量输出板卡 D/O 以及各种通信接口卡。本节主要介绍一种在 Simulink 中能够完成实际物理信号采集与输出的操作方式。

3.6.1　Data Acquisition Toolbox 工具箱

在 Simulink 的模块库中，有一个 Data Acquisition Toolbox 工具箱，其内部的模块如

图 3 - 70 所示，包括模拟量输入模块 A/D、模拟量输出模块 D/A、单采样的模拟量输入和输出模块、单采样的数字量输入输出模块。

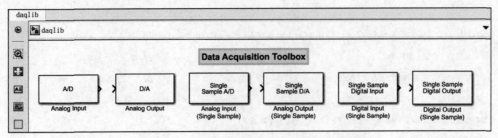

图 3 - 70　Data Acquisition Toolbox 工具箱

其中单采样是指在每一个仿真步长中，所指定的通道只进行一次采样。而常规的模拟量输入或输出模块，则是按照指定的采样率进行采样，每个仿真步长会有多个采样数据。

Simulink 可以对一些知名公司的硬件接口板卡进行支持，包括：

（1）Analog Devices（ADALM1000）。

（2）Digilent（Analog Discovery）。

（3）Measurement Computing。

（4）Microsoft（Windows Sound cards）。

（5）National Instruments（NI – DAQmx）。

用户还可以通过 MATLAB 主界面中的 HOME 菜单栏中的快捷菜单 ，从 MATLAB 的官网上向本地软件添加其他厂商的硬件支持包。

3.6.2　应用示例

本小节中，利用 NI USB – 6002 多功能接口板卡演示一个模拟量信号的产生与采集。要使用该板卡，需要在计算机中安装 NI DAQMAX 驱动程序支持包。安装成功后，将 USB – 6002 板卡的 USB（通用串行总线）连接线插入计算机中，然后在 DAQMAX 软件的硬件和接口列表中，就会看到该硬件，如图 3 – 71 所示。

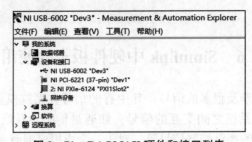

图 3 – 71　DAQMAX 硬件和接口列表

打开 Simulink，并新建一个模型文件，将 Single Sample A/D 和 Single Sample D/A 模块拖入模型文件中，建立一个如图 3 – 72 所示的仿真模型，用该模块的模拟量输出通道 ao0 输出一个正弦波，并用该模块的 ai0 通道将该正弦波信号采集显示到示波器上。

双击每一个模块，都可以对模块的参数进行设置，图 3 – 73 所示为对模拟量的输出通道进行设置的界面。可以设置的参数包括：

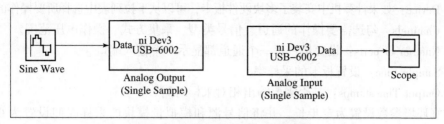

图 3 - 72　模拟量输出与采集模型

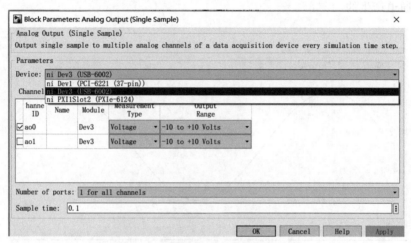

图 3 - 73　模拟量输出通道参数设置

（1）Device：如果计算机中安装了多块硬件板卡，可以从下拉列表中选择所要操作的板卡。

（2）Channels：勾选需要操作的通道、信号类型、操作电压范围。

（3）Number of ports：设置是否每一个通道都显示一个输入端口。

（4）Sample time：设置采样的时间。

图 3 - 74 所示为对模拟量的输入通道进行设置的界面。可以设置的参数包括：

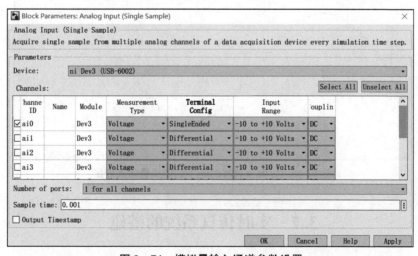

图 3 - 74　模拟量输入通道参数设置

（1）Device：如果计算机中安装了多块硬件板卡，可以从下拉列表中选择所要操作的板卡。

（2）Channels：勾选需要操作的通道、信号类型、采集方式、操作电压范围。

（3）Number of ports：设置是否每一个通道都显示一个输入端口。

（4）Sample time：设置板卡的采样率。

（5）Output Timestamps：是否需要输出相对采样时间。

将仿真环境参数设置为定步长，并将信号源和模拟量模块的采样时间设置为 0.001 s，运行该仿真模型，可以得到如图 3-75 所示的模拟量采集结果，该波形实际上是由板卡上的模拟量输出通道产生的。

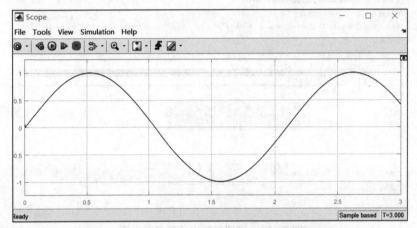

图 3-75　0.001 s 采样时间下的模拟量输入波形

将信号源和模拟量模块的采样时间设置为 0.05 s，运行该仿真模型，可以得到如图 3-76 所示的模拟量采集结果，可以看出，由于采样率变小，信号的输出和采集变得不平滑，有较大的台阶。

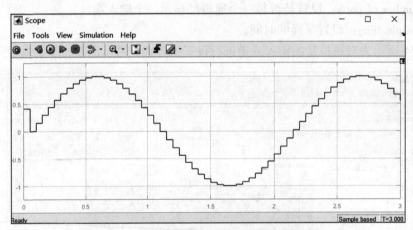

图 3-76　0.05 s 采样时间下的模拟量输入波形

3.7　实时仿真系统的搭建

对控制系统的建模与仿真而言，在完成整个控制器+被控对象的建模仿真后，在投入实际运行前，往往还希望能够用所设计的控制算法在实际的物理系统上运行，进一步验证控制算法的效果。Simulink 提供了能够构建半实物实时仿真系统的工具箱，可以实现上述目标。Simulink 将半实物实时仿真系统的实时性分成了两个等级，分别是桌面实时系统 Desktop Real–Time 和高实时性实时系统 Real–Time，并分别提供了相应的工具箱。二者之间的区别在于，桌面实时系统是运行于 Windows 环境下的，并没有脱离 MATLAB/Simulink 环境，其实时性并不能得到很好的保证。而高性能实时系统则脱离了 Windows 操作系统环境，需要在目标机上构建一套实时系统，其实时性可以得到很好的保证。

在详细讲述实时系统的构建前，需要明确两个基本概念。

（1）Targetcomputer，即目标计算机，是指运行 Simulink 实时仿真模型的计算机，该计算机上具有各种硬件 I/O 接口，可以和实际的物理系统进行信息交互。

（2）Host computer，即主机，是指开发调试 Simulink 实时仿真模型的计算机，该计算机安装了 MATLAB/Simulink，主要用来构建实时仿真模型并进行编译，生成可以应用的仿真模型。

3.7.1　桌面实时系统 Simulink Desktop Real–Time

Simulink Desktop Real–Time 是一种目标计算机和主机为同一台计算机的实时仿真系统。Simulink Desktop Real–Time 工具箱可以在常规的 Windows 环境下为 Simulink 仿真模型提供一个实时内核，并且该工具箱中提供了很多硬件 I/O 接口，用于仿真模型和外部实际物理系统的连接。

概括而言，Simulink Desktop Real–Time 的主要特点如下。

（1）可以实时地对闭环模型进行仿真。

（2）分为正常模式、加速模式、外部模式三种运行方式。

（3）模型运行过程中，信号可实时显示，并且可以调节参数。

（4）正常模式下，其实时性可达到 1 kHz 采样率。

（5）在外部模式下，通过 Simulink Coder 的支持，其实时性可达到 20 kHz 采样率。

（6）多达 250 多种 I/O 接口的驱动支持。

1. 运行环境安装与配置

1）运行环境

需要的运行环境如下。

（1）MATLAB，可能用到的 MATLAB 环境下的组件包括 Importing and Exporting Data 和 Plotting Data。

（2）Simulink，主要通过 Simulink 环境下的各种模块搭建桌面实时系统，此时可以将仿真模型中的物理系统模型移除，而使用相应的硬件 I/O 接口卡替代。关于 Simulink Desktop Real–Time Toolbox 工具箱中支持的硬件 I/O 接口卡，可以从相应的模块列表中查看。

（3）Simulink Coder，该组件的作用是将 Simulink 模型转换成 C 语言文件，并进一步编译成可执行的实时仿真程序。该组件并不需要专门安装，而是随着 MATLAB/Simulink 一起集成安装。

2）实时内核安装

要运行 Simulink Desktop Real–Time，必须要安装实时内核，该内核会在计算机的后台运行。其安装方法如下。

在 MATLAB 的命令窗口输入指令 sldrtkernel – install 或者 sldrtkernel – setup。则会出现如下的提示信息：

You are going to install the Simulink Desktop Real – Time kernel. Do you want to proceed? [y]:

输入"y"，则会将内核安装到计算机中，并出现如下提示信息：

The Simulink Desktop Real – Time kernel has been successfully installed。

当然，也可以通过 sldrtkernel – uninstall 卸载该实时内核。

2. 条件限制

1）外部模式下的条件限制

（1）不支持 Simscape 或 Simscape Driveline 模块。

（2）不支持 To File blocks 模块。

2）运行 Simulink Coder code generation 时的条件限制

（1）在外部模式下，不支持 S – 函数的编译。

（2）对于连续时间系统，必须设置为定步长仿真。

（3）对于目标机参数设置为 sldrt. tlc 或 sldrtert. tlc 的仿真模型，不支持并行编译。

3. 实时模型构建

在 Simulink 中提供了很多例程，演示如何用 Desktop Real – Time Toolbox 工具箱构建桌面

实时仿真系统。这些例程可以通过该工具箱中的 Examples 模块 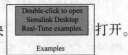 打开。

在 Desktop Real – Time Toolbox 工具箱中，有如图 3 – 77 所示的模块，主要包括模拟量的输入/输出模块、数字量的输入/输出模块、计数器模块、编码器模块、通信模块等。通过选择合适的模块就可以构建出和实际的物理系统进行数据交换的实时仿真模型。

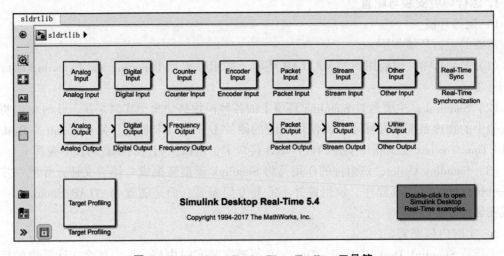

图 3 – 77　Desktop Real – Time Toolbox 工具箱

工具箱中模块的使用方法，同前面 Data Acquisition Toolbox 工具箱中的类似，以 Analog Input 模块为例，将模块拖曳到建模界面后，双击相应的模块，就会弹出如图 3-78 所示的设置界面。

通过 Install new board 可以列出该工具箱中所支持的硬件 I/O 接口卡的生产厂商，然后再选择具体的厂家后，就会列出相应的板卡型号。板卡选择完毕后，还需要根据具体的板卡特性，进行相应的参数设置。

【示例 3-9】 建立一个如图 3-79 所示的 Simulink Desktop Real-Time 仿真模型，在该模型实现一个信号滤波输出功能，将滤波后的信号通过一块多功能信号卡进行输出。

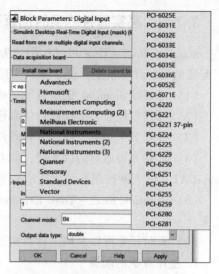

图 3-78 Analog Input 模块设置

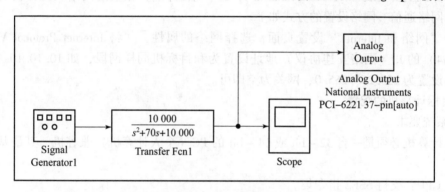

图 3-79 实现信号滤波功能的 Desktop Real-Time 仿真模型

在 Simulink 的 Model Configuration Parameters 中，对仿真环境进行设置，将仿真步长设置为固定步长，求解算法为 Ode5。在 Simuliation→Mode 中，将运行方式设置为 Normal，运行该模型后便可以得到如图 3-80 所示的结果，同时在硬件板卡的模拟量输出端口也可以观察到同样的信号。

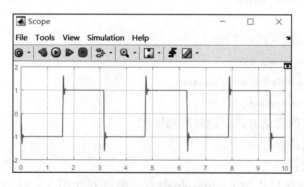

图 3-80 信号输出结果

3.7.2 高实时性的实时仿真系统 Simulink Real – Time

Simulink Real – Time 可以让用户为 Simulink 模型创建实时运行的应用例程，并运行在专门配置的目标计算机上，便于用户构建高性能的硬件在环仿真系统。其主要特点如下。

（1）可根据 Simulink 模型自动生成实时仿真应用，并运行在专门的硬件系统上。

（2）可以多任务、多核运行仿真任务。

（3）具有多个知名厂商的多种硬件 I/O 的驱动支持。

（4）具有多种通信协议支持，如 UDP（用户数据报协议）、CAN（控制器局域网总线）、EtherCAT（以太网控制自动化技术）等。

（5）Simulink Real – Time Explorer 可与目标计算机进行高速通信，管理、执行仿真任务。

（6）实时任务可以脱离主计算机独立运行，且具有信号显示功能。

1. 主计算机的配置

主计算机上要安装 MATLAB/Simulink 开发环境，并进行相应的网络设置，实现与目标计算机的网络通信。网络设置的方式如下。

打开"网络和 Internet"设置页面，选择网络的属性，并将 Internet Protocol Version 4（TCP/IPv4）的 IP（网络互连协议）地址设置为和目标机同样网段，如 10.10.10.100，将子网掩码设置为 255.255.255.0，网关为空即可。

2. 目标计算机的配置

1）系统要求

目标计算机必须是一台 32 – bit 或 64 – bit 的 PC（个人计算机）兼容机，其最基本的配置如下。

（1）CPU：支持 SSE2 指令集。

（2）RAM：至少 512M，最优为 2GB。

（3）支持 Advanced Programmable Interrupt Controller 接口。

（4）不能是笔记本电脑。

（5）具有网络接口或者 USB 接口。

（6）网卡必须是兼容 Intel_I8254x、Intel_I82559、R8139、R8168、USBAX772 或 USBAX177。

（7）对存储介质具有写权限。

2）BISO 设置

（1）禁用 Plug – and – Play（PnP）。

（2）禁用 power – saving mode。

（3）禁用 PCI class 0xff board detection。

（4）禁用 hyper – threating。

（5）根据目标机的启动方式，设置启动顺序。

（6）使能多核支持。

3. 实时系统的配置

在 MATLAB 命令窗口中输入 slrtexplr 命令，会打开如图 3 – 81 所示的实时系统配置界面。

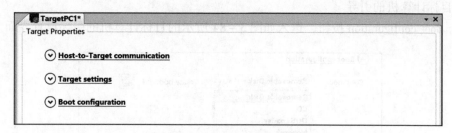

图 3 – 81   实时系统配置界面

其中有三部分需要配置的内容，分别为 Host – to – Target communication（主计算机和目标计算机之间的通信）、Target settings（目标计算机设置）、Boot configuration（目标计算机的引导）。

1）主计算机和目标计算机之间的通信

单击 Host – to – Target communication 按钮，进入如图 3 – 82 所示的通信设置界面。需要进行设置的内容如下。

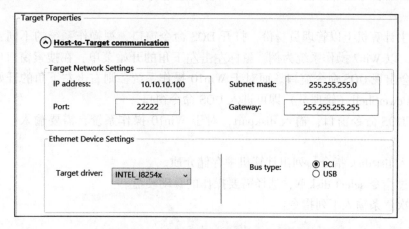

图 3 – 82   目标计算机的通讯设置界面

（1）目标计算机的 IP 地址，要求和主机在同样网段，如 10. 10. 10. 100。

（2）目标计算机的子网掩码，255. 255. 255. 0。

（3）目标计算机的端口，默认为 22222。

（4）目标计算机的网关，255. 255. 255. 255。

（5）目标计算机的网卡芯片。

（6）目标计算机网卡的总线形式。

2）目标计算机设置

单击 Target settings 按钮，进入如图 3 – 83 所示的目标计算机设置界面。需要进行设置的内容包括：

（1）是否支持 USB。

（2）是否为多核 CPU。

（3）是否支持图形模式。

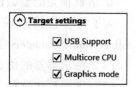

**图 3 – 83   目标计算机
设置界面**

3）目标计算机的引导

单击 Boot configuration 按钮，进入如图 3 – 84 所示的目标计算机的引导设置界面。

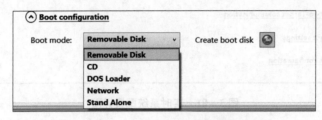

图 3 – 84　目标计算机的引导设置界面

用户可以从 Boot mode 下拉列表中选择合适的引导方法。Simulink Real – Time 支持的引导方式包括 Removable Disk、CD、DOS Loader、Network、Stand Alone，其中比较常用的是 Removable Disk，即移动介质方式。选择移动介质引导时，需要将一个移动硬盘插入主计算机的 USB 接口上，然后单击 Create boot disk 按钮，将引导文件创建到可移动硬盘上。在使用移动硬盘创建引导文件之前，还需要对移动硬盘进行格式设置，创建引导分区，其步骤如下。

（1）在主计算机上以管理员身份，打开 DOS 命令窗口，视操作系统的不同，会有不同的打开方式，以 Win7 操作系统为例，鼠标左击左下角的开始菜单，在搜索窗口中输入 cmd 后回车，就会出现 DOS 命令窗口。而对于 Win10 操作系统，则右击左下角的开始菜单，选择 Windows PowerShell（管理员）即可进入 DOS 命令窗口。

（2）在 DOS 命令窗口，输入 diskpart，对于 Win10 操作系统，需要输入 ". \diskpart" 指令。

（3）输入 list disk 指令，列出计算机中存储介质。

（4）通过指令 select disk N，选择需要操作的移动硬盘。

（5）依次逐条输入下列指令：

```
clean
create partition primary
select partition 1
active
format fs = fat32 quick
exit
```

（6）安全移除可移动硬盘。

4. 仿真模型的参数设置

为了能够将仿真模型编译成可在目标机中执行的应用，需要对仿真模型的 Model Configuration Parameters 参数进行如下的设置。

（1）将求解器的仿真步长设置为 Fixed – step。

（2）求解算法选择为 ode4。

（3）采样时间设置为 0.001s。

（4）将 Target selection 页面中的 System target file 选择为 slrt. tlc，makefile 的模板文件选

择为 slrt_default_tmf。

5. 编译与下载

模型建立完毕，并将仿真参数设置好后，就可以在 Simulink 的模型编辑窗口的工具栏中单击 Build 按钮 进行模型文件的编译，如果没有错误产生，编译完成后，会将生成的仿真应用直接下载到目标计算机中。

同时 Simulink 实时系统会在 MATLAB 的工作空间中创建一个相应的实时目标变量，其默认的名字是 tg。用户可以通过编写 M 程序操纵这个实时目标变量。

6. 运行仿真模型

可以通过两种方式控制仿真模型在目标机中的运行，分别是通过 Simulink 模型编辑界面和 Simulink Real – Time Explorer。

1）通过 Simulink 模型编辑界面

（1）将 Simulation 菜单中的 Mode 设置为外部模式 External。

（2）打开 Code 菜单中 External Mode Control Panel，并单击 Connect 按钮，连接主计算机和目标计算机。

（3）单击运行或停止按钮，控制仿真模型的运行。

2）Simulink Real – Time Explorer

（1）在 MATLAB 的命令窗口中输入 slrtexplr，打开 Simulink Real – Time Explorer。

（2）在 Simulink 模型编辑界面中的菜单 Tools 中，选择 Simulink Real – Time。

（3）在 Simulink Real – Time Explorer 界面中，单击 Connect 按钮，连接主计算机和目标计算机。

（4）在 Application 面板中，选择想要运行的仿真模型，并单击开始或停止按钮，控制仿真程序的运行。

7. 应用实例

【示例 3 – 10】 建立一个如图 3 – 85 所示的仿真模型，并按照上面的步骤配置好目标计算机和主计算机。其中，目标计算机选择了一台工控机，二者之间通过网线进行通信，目标计算机的引导方式为可移动硬盘引导。

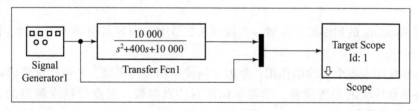

图 3 – 85 仿真模型

建立本实时仿真系统的基本步骤为：

（1）在 Simulink 环境下，建立如图 3 – 85 所示的仿真模型，并设置好每个模块的参数。

（2）通过 Simulink configuration parameters，设置求解器和代码生成器的参数。

（3）在 MATLAB 命令窗口中输入 slrtexplr，打开 Simulink Real – Time Explorer，配置好目标计算机的网络参数，将引导模式设置为可移动硬盘，并创建引导盘。

（4）将可移动硬盘插入目标计算机，并将目标计算机配置为可移动硬盘引导，然后给目标计算机上电。

（5）在 Simulink Real – Time Explorer 中，单击 connect 按钮连接目标计算机和主计算机。

（6）在 Simulink 环境下，编译并下载所建的仿真模型。

（7）通过运行和停止快捷菜单，控制目标机中仿真模型的运行和停止。

最后可得到如图 3 – 86 所示的运行结果。

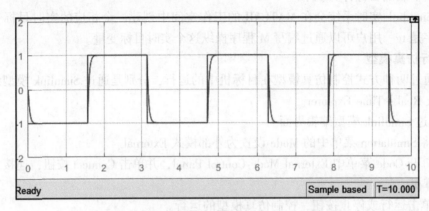

图 3 – 86　实时仿真模型的运行结果（书后附彩插）

3.8　本章小结

本章从 Simulink 的基本操作入手，简要介绍了其基本原理、模型库的构成、模型的搭建以及仿真参数的设置。基于此，读者可以构建一些简单的 Simulink 仿真模型。本章进一步讲述了 S – 函数的作用及其编写方法，通过 S – 函数可以对已有的模型库进行扩充。除此之外，本章还介绍了如何在 Simulink 模型中使用硬件板卡获取外部实际物理系统的信号、如何构建桌面实时仿真系统和高性能实时仿真系统。

习　题

1. 学习 Simulink 的建模操作步骤，并按照 3.2 节中的内容对模块进行翻转、设置颜色、添加标题等操作。

2. 学习模块库中各个模块的作用，掌握如何使用相关的模块，并可以设置模块的参数。

3. 掌握仿真环境的参数设置，学习如何配置仿真参数，重点包括求解器的参数设置、代码生成的参数设置等。

4. 打开 Simulink 中提供的仿真示例，通过示例学习利用 Simulink 进行仿真建模的知识。

5. 已知控制系统的传递函数为 $G(s) = \dfrac{10\ 000}{s^2 + 400s + 10\ 000}$，用 Simulink 建立系统的模型，并将输入信号分别设置为具有时间延迟的阶跃信号、正弦信号，对系统进行仿真，通过图形观察其输出结果。

6. 系统模型为 $G(s) = \dfrac{k}{s(s+a)(s+b)}$，利用 Simulink 建立系统的数学模型，其输入信号

为单位阶跃信号。编写 M 程序，为模型中的未知参数进行赋值，并通过程序指令运行该仿真模型，比较不同参数下，系统的输出响应。

7. 已知二阶微分方程 $\ddot{y}(t) + 3\dot{y}(t) + 2y(t) = u(t)$，其初值为 $y(0) = 0$，编写 S – 函数，实现对该微分方程的求解，并在 Simulink 中应用该 S – 函数。

8. 打开 Simulink 中桌面实时系统 Desktop Real – Time 的建模仿真示例，学习其中的建模方法和仿真参数的设置方法。

第4章

控制系统的数学描述

在第1章中已经讲过，控制系统仿真的三个要素之一是数学模型。数学模型是对被仿真对象的数学描述，关于如何建立系统模型，将在第5章中进行讲述。本章将从连续系统和离散系统两个方面讲述系统模型的几种不同的描述方法，各种描述方法在 MATLAB 仿真软件中的表述方式、不同描述方法间的相互转换等内容。

4.1　连续系统的数学描述

连续系统，是指系统中的状态变量随时间连续变化的系统。一般用来描述连续系统的方式包括微分方程描述、传递函数描述、零极点增益描述、部分分式描述和状态空间描述，下面对其分别进行介绍。

4.1.1　微分方程描述

1. 微分方程表达形式

对于单输入、单输出的线性定常系统，其输入输出之间的动态关系可以描述为如式（4-1）所示的微分方程：

$$a_0 y^{(n)} + a_1 y^{(n-1)} + \cdots + a_{n-1} y^{(1)} + a_n y = b_0 u^{(m)} + \cdots + b_m u \quad (m \leqslant n) \tag{4-1}$$

其中，y 为系统的输出；a_n 为输出系数；u 为系统的输入；b_m 为输入系数。一般可用 $A = [a_0, a_1, \cdots, a_n]$ 表示系统的输出系数向量，用 $B = [b_0, b_1, \cdots, b_m]$ 表示系统的输入系数向量。m 和 n 为输入和输出的阶次，对于一个实际的物理系统而言，有 $m \leqslant n$。

2. 微分方程的列写步骤

（1）分析系统的工作原理和物理过程，将系统分解为具有信号连接的功能模块，确定各个模块的输入、输出及中间变量。

（2）通过分析各个环节的物理特性，根据每个环节所遵循的物理定律（力学、电学、化学、热学、电磁学等）列写出动态微分方程。

（3）将所列写的微分方程联立，消去中间变量，得到只具有系统输入和输出变量的高阶微分方程。

【示例4-1】　图4-1所示为一个 RLC 电路，写出其微分方程描述。

该示例为一个电学问题，由电阻、电感、电容三个元件组成，每个原件的工作原理符合电学定律，可以分别写出每一个元件的微分方程描述，有

$$u_i(t) = L \frac{\mathrm{d}i(t)}{\mathrm{d}t} + u_o(t)$$

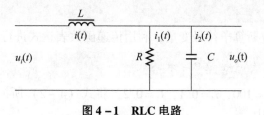

图 4-1 RLC 电路

$$i_2(t) = C\frac{\mathrm{d}u_o(t)}{\mathrm{d}t}$$

$$u_o(t) = Ri_1(t)$$

$$i(t) = i_1(t) + i_2(t)$$

消去其中的中间变量后，可得到一个二阶的微分方程，即为该 RLC 电路的动态模型。

$$LC\frac{\mathrm{d}^2 u_o(t)}{\mathrm{d}t^2} + LR\frac{\mathrm{d}u_o(t)}{\mathrm{d}t} + u_o(t) = u_i(t) \tag{4-2}$$

4.1.2 传递函数描述

对于如式（4-1）所示的高阶微分方程，对其进行拉普拉斯变换，即可将时域（t）动态模型描述转换为复数域（s）的模型描述，即传递函数描述，这是经典控制理论中应用最为广泛的一种动态模型描述方式。

1. 传递函数表达式

线性定常系统在零初始条件下，系统输出量的拉普拉斯变换与输入量的拉普拉斯变换之比，称为该系统的传递函数。这里的零初始条件有两个方面的含义。

（1）输入作用是在 $t=0$ 时刻之后作用于系统，因此输入量及其各阶导数在 $t=0$ 时刻的值为零。

（2）输入信号作用于系统之前，系统是静止的，即 $t=0$ 时刻系统的输出量及各阶导数为零。

对式（4-1）所示的高阶微分方程拉普拉斯变换后，得到式（4-3）所示的传递函数描述形式：

$$G(s) = \frac{Y(s)}{U(s)} = \frac{b_0 s^m + \cdots + b_{m-1}s + b_m}{a_0 s^n + \cdots + a_{n-1}s + a_n} \tag{4-3}$$

对于式（4-3）所描述的传递函数，可以通过分子（numerator）和分母（denominator）两组参数向量进行唯一确定。在 MATLAB 中，也同样可以由分子和分母系数向量进行表示，即

$$\mathrm{num} = [b_0, b_1, \cdots, b_{m-1}, b_m]$$

$$\mathrm{den} = [a_0, a_1, \cdots, a_{n-1}, a_n]$$

分子、分母系数向量中的元素都是按照 s 的降幂顺序进行排列的，缺项补零。MATLAB 中传递函数的输入方法有两种，分别为：

方法 1：利用 tf( ) 命令进行输入，具体格式为

```
G = tf(num,den)
```

方法 2：定义拉普拉斯算子符号变量，利用传递函数表达式进行输入，具体格式为

```
s = tf('s'); G = '传递函数数学表达式'
```

【示例 4-2】 令 $R = 100$，$L = 0.1$，$C = 0.2$，将式（4-2）所描述的微分方程以传递函数的形式输入 MATLAB 中。

方法 1：在 MATLAB 命令窗口中输入

```
num = [1];                % 分子多项式
den = [0.02,10,1];        % 分母多项式
G = tf(num,den)           % 生成传递函数
```

执行后得到如下的结果：

```
G =

              1
      --------------------
      0.02 s^2 +10 s +1
```

方法 2：在 MATLAB 命令窗口中输入

```
s = tf('s');                      % 定义拉普拉斯算子符号变量
G = 1/(0.02 * s^2 +10 * s +1)    % 输入传递函数变量表达式
```

执行后得到如下的结果：

```
G =

              1
      --------------------
      0.02 s^2 +10 s +1
```

【示例 4-3】 已知传递函数模型为 $G(s) = \dfrac{10(s+1)}{s^2(s^2 +7s +13)}$，将其输入 MATLAB 中。

方法 1：在 MATLAB 命令窗口中输入

```
num = conv(10,[2 1]);            % 分子多项式
den = conv([1 0 0],[1 7 13]);    % 分母多项式
G = tf(num,den)                  % 生成传递函数
```

执行后得到如下的结果：

```
G =

          20 s +10
      --------------------
      s^4 +7 s^3 +13 s^2
```

方法2：在 MATLAB 命令窗口中输入

```
s =tf('s');                              % 定义拉普拉斯算子符号变量
G =10 * (s +1)/(s^2 * (s^2 +7 * s +13))   % 输入传递函数变量表达式
```

执行后得到如下的结果：

```
G =

        10 s +10
    ---------------------
    s^4 +7 s^3 +13 s^2
```

【示例4-4】 已知系统传递函数模型为 $G(s) = \dfrac{s-1}{s^3 +4s^2 +2s +6}$，该系统中还有一个时间常数为 0.5 的滞后环节，请在 MATLAB 中进行传递函数的描述。

方法1：在 MATLAB 命令窗口中输入

```
num =[1 -1];                  % 分子多项式
den =[1 4 2 6];               % 分母多项式
G =tf(num,den, 'iodelay',0.5)  % 生成传递函数
```

执行后得到如下的结果：

```
G =

                          s -1
    exp( -0.5 * s) *  ---------------------
                      s^3 +4 s^2 +2 s +6
```

方法2：在 MATLAB 命令窗口中输入

```
s =tf('s');                              % 定义拉普拉斯算子符号变量
G =10 * (s +1)/(s^2 * (s^2 +7 * s +13)); % 输入传递函数变量表达式
set(G,'iodelay',0.5);                    % 加入滞后环节
```

执行后得到如下的结果：

```
G =

                          10 s +10
    exp( -0.5 * s) *  ---------------------
                      s^4 +7 s^3 +13 s^2
```

2. 传递函数性质

(1) 传递函数是复变量 s 的有理分式。

(2) 传递函数适用于描述线性单输入单输出系统。

(3) 传递函数只与系统的结构和参数相关，与输入、输出量无关，只是反应输入输出之间的相互关系，不能反映中间状态。

(4) 传递函数的拉普拉斯反变换为系统的单位脉冲响应 $g(t)$。

4.1.3 零极点增益描述

零极点增益模型其本质是传递函数的一种表现形式，包括后面提到的部分分式形式也是如此。零极点增益描述形式的特点是，传递函数的分子、分母进行因式分解，写成零极点多项式相乘的形式。其表达式如式（4-4）所示。

$$G(s) = K \frac{\prod_{i=1}^{m}(s - z_i)}{\prod_{j=1}^{n}(s - p_j)} = K \frac{(s - z_1)(s - z_2)\cdots(s - z_m)}{(s - p_1)(s - p_2)\cdots(s - p_n)} \qquad (4-4)$$

其中，K 为系统的零极点增益；$z_i(i = 1, 2, \cdots, m)$ 为分子多项式的根，即系统零点；$p_i(i = 1, 2, \cdots, n)$ 为分母多项式的根，即系统极点。

在 MATLAB 中，零极点增益描述用 $[\boldsymbol{Z}, \boldsymbol{P}, \boldsymbol{K}]$ 矢量组表示，称为零极点增益三对组模型参数，其输入方法有两种，分别为：

方法1：利用 zpk( ) 命令进行输入，具体格式为

```
G = zpk(Z,P,K)
```

其中，系统零点向量：$\boldsymbol{Z} = [z_1, z_2, \cdots, z_m]$，系统极点向量：$\boldsymbol{P} = [p_1, p_2, \cdots, p_n]$。

方法2：定义拉普拉斯算子符号变量，利用传递函数表达式进行输入，具体格式为

```
s = zpk('s'); G = '传递函数数学表达式'
```

【示例4-5】 已知系统传递函数模型为 $G(s) = 10 \dfrac{(s+1)(s+5)}{(s+0.5)(s+10)(s+27)}$，请在 MATLAB 中进行传递函数的描述。

方法1：在 MATLAB 命令窗口中输入

```
Z = [ -1, -5];          % 零点
P = [ -0.5  -10  -27];   % 极点
K = 10;                 % 增益
G = zpk(Z,P,K)          % 传递函数
```

执行后得到如下的结果：

```
G =

     10(s +1)(s +5)

   ---------------------

   (s +0.5)(s +10)(s +27)
```

方法2：在 MATLAB 命令窗口中输入

```
s = zpk('s');
G = 10 * (s +1) * (s +5)/((s +0.5) * (s +10) * (s +27))
```

执行后得到如下的结果：

```
G =

        10(s+1)(s+5)
    ---------------------
    (s+0.5)(s+10)(s+27)
```

4.1.4 部分分式描述

控制系统的传递函数还可以用部分分式之和的形式进行描述，便于应用拉普拉斯反变换求出系统的输出响应。部分分式的描述形式如式（4-5）所示。

$$G(s) = \sum_{i=1}^{n} \frac{r_i}{s - p_i} + h(s) \qquad (4-5)$$

其中，$p_i(i=1, 2, \cdots, n)$ 为系统极点；$r_i(i=1, 2, \cdots, n)$ 为对应各极点的留数；$h(s)$ 为传递函数分子多项式除以分母多项式的余式。

在 MATLAB 中，可以利用 $[r, p, k] = \text{residue}(\text{num}, \text{den})$ 得到部分分式表达式的参数。

【示例4-6】 已知系统的传递函数为 $G(s) = \dfrac{s-1}{s^3 + 4s^2 + 2s + 6}$，将其写为部分分式的形式。

在 MATLAB 的命令窗口中输入

```
num = [1  -1];
den = [1 4 2 6];
[r,p,k] = residue(num,den)
```

执行后得到如下的结果：

```
r =
  -0.3020 +0.0000i
   0.1510 +0.0624i
   0.1510 -0.0624i
p =
  -3.8829 +0.0000i
  -0.0586 +1.2417i
  -0.0586 -1.2417i
k =
   []
```

将上述结果代入式（4-5）中即可得到部分分式的表达形式。

4.1.5 状态空间描述

在表征系统动态信息的所有变量中，能够完全描述系统运行的最少数目的一组独立变量称为系统的状态向量，系统的状态向量是不唯一的。由状态向量所表征的系统模型称为状态空间模型。对于一个线性定常系统，其状态空间模型可以通过如式（4-6）所示的状态方程进行描述。

$$\dot{X}(t) = AX(t) + BU(t)$$
$$Y(t) = CX(t) + DU(t) \qquad (4-6)$$
$$X(t_0) = X_0$$

其中，$U(t)$ 为 m 维的输入向量；$Y(t)$ 为 r 维的输出向量；$X(t)$ 为 n 维的状态向量；A、B、C、D 为系数矩阵，系统可记为 (A, B, C, D)。

状态方程是不唯一的，可转换成能控标准型、能观标准型、约当型。在 MATLAB 中，可以用函数 ss( ) 建立系统的状态空间模型。

【示例4-7】 将如下的多输入多输出系统的状态方程输入 MATLAB 中。

$$\dot{X}(t) = \begin{bmatrix} 1 & 6 & 9 \\ 3 & 12 & 6 \\ 4 & 7 & 9 \end{bmatrix} X(t) + \begin{bmatrix} 4 & 6 \\ 2 & 4 \\ 2 & 2 \end{bmatrix} U(t), \quad Y(t) = \begin{bmatrix} 0 & 2 & 1 \\ 8 & 0 & 2 \end{bmatrix} X(t)$$

在 MATLAB 的命令空间中，输入如下的程序：

```
A = [1 6 9;3 12 6;4 7 9];
B = [4 6;2 4;2 2];
C = [0 2 1;8 0 2];
D = 0;
G = ss(A,B,C,D)
```

运行后会得到如下的结果：

```
G =
  A =
       x1   x2   x3
   x1    1    6    9
   x2    3   12    6
   x3    4    7    9
  B =
       u1   u2
   x1    4    6
   x2    2    4
   x3    2    2
  C =
       x1   x2   x3
   y1    0    2    1
   y2    8    0    2
```

```
   D =

       u1   u2
   y1   0    0
   y2   0    0
Continuous - time state - space model.
```

然后在 MATLAB 的命令窗口中输入以下的语句，可以反向获得模型参数：

```
[A,B,C,D] = ssdata(G)
```

运行后得到如下的结果：

```
A =
   1    6    9
   3   12    6
   4    7    9
B =
   4    6
   2    4
   2    2
C =
   0    2    1
   8    0    2
D =
   0    0
   0    0
```

4.2 离散系统的数学描述

离散系统，是指系统中状态变量的变化仅发生在一组离散时刻上的系统。一般用来描述离散系统的方式包括差分方程描述、z 传函描述、离散状态方程描述，下面对其分别进行介绍。

4.2.1 差分方程描述

对于单输入、单输出的线性离散系统，其输入输出之间的动态关系可以描述为如式（4-7）所示的差分方程：

$$a_0 y[(k+n)T] + a_1 y[(k+n-1)T] + \cdots + a_n y(kT) = b_0 u[(k+m)T] + \cdots + b_m u(kT)$$

$$(4-7)$$

其中，T 为离散系统的采样周期；k 为采样序列；y 为系统的输出；a_n 为输出系数；u 为系统的输入；b_m 为输入系数。一般可用 $\boldsymbol{A} = [a_0, a_1, \cdots, a_n]$ 表示系统的输出系数向量，用 $\boldsymbol{B} = [b_0, b_1, \cdots, b_m]$ 表示系统的输入系数向量。m 和 n 为输入和输出的阶次，对于一个实际的物理系统而言，有 $m \leqslant n$。

4.2.2　z 传函描述

对于如式（4-7）所示的差分方程，在零初始条件下，对方程两边同时进行 Z 变换，可得其 z 传函描述形式为

$$G(z) = \frac{\pmb{Y}(z)}{\pmb{U}(z)} = \frac{b_0 z^m + \cdots + b_{m-1} z + b_m}{a_0 z^n + \cdots + a_{n-1} z + a_n} \tag{4-8}$$

对于式（4-8）所描述的 z 传函，可以通过分子和分母两组参数向量进行唯一确定。在 MATLAB 中，也同样可以由分子和分母系数向量进行表示。即

$$\text{num} = [b_0, b_1, \cdots, b_{m-1}, b_m]$$
$$\text{den} = [a_0, a_1, \cdots, a_{n-1}, a_n]$$

分子、分母系数向量中的元素都是按照 z 的降幂顺序进行排列的，缺项补零。MATLAB 中 z 传函的输入方法有两种，分别为

方法 1：利用 tf( ) 命令进行输入，具体格式为

```
G = tf(num,den,'Ts',T,'ioDelay',dt)
```

其中，T 表示离散系统的采样时间，dt 表示离散系统的滞后时间。

方法 2：定义拉普拉斯算子符号变量，利用传递函数表达式进行输入，具体格式为

```
z = tf('z',T); G = 'z 传函数学表达式'
```

【示例 4-8】　将如下的差分方程所描述的离散系统输入 MATLAB 中，离散系统的采样时间为 0.1 s。

$$-7.5y[(k+2)T] + 11.3y[(k+1)T] + 0.75y(kT) = 1.8u[(k+1)T] - 3.74u(kT)$$

方法 1：在 MATLAB 命令窗口中输入

```
num = [1.8 -3.74];
den = [ -7.5 11.3 0.75];
G = tf(num,den,'Ts',0.1)
```

运行后得到如下的结果：

```
G =

          -1.8z +3.74
     ----------------------
     7.5z^2 -11.3z -0.75
Sample time:0.1 seconds
Discrete -time transfer function.
```

方法 2：在 MATLAB 命令窗口中输入

```
z = tf('z',0.1);
G = ( -1.8 * z +3.74)/(7.5 * z^2 -11.3 * z -0.75)
```

运行后得到如下的结果：

```
G =

      -1.8z +3.74

   ----------------------

    7.5z^2 -11.3z -0.75
Sample time: 0.1 seconds
Discrete -time transfer function.
```

4.2.3　离散状态方程描述

对于一个线性定常系统，其离散状态空间模型可以通过如式（4 - 9）所示的离散状态方程进行描述。

$$X[(k+1)T] = AX(kT) + BU(kT)$$
$$Y(kT) = CX(kT) + DU(kT)$$

$$(4 - 9)$$

其中，U 为 m 维的输入向量；Y 为 r 维的输出向量；X 为 n 维的状态向量；A、B、C、D 为系数矩阵，系统可记为（A，B，C，D）。在 MATLAB 中，可以用函数 ss（A，B，C，D，'Ts'，T，'ioDelay'，dt）建立系统的状态空间模型。

【示例 4 - 9】　将如下的多输入多输出离散系统的状态方程输入 MATLAB 中。

$$X(k+1) = \begin{bmatrix} 1 & 3 \\ 2 & -4 \end{bmatrix} X(k) + \begin{bmatrix} 1 \\ 0.2 \end{bmatrix} U(k), \quad Y(k) = \begin{bmatrix} 1 & -1 \end{bmatrix} X(k)$$

在 MATLAB 中输入：

```
A =[1 3;2 -4];
B =[1;0.2];
C =[1 -1];
D =0;
G =ss(A,B,C,D,'Ts',0.1);
```

运行后可得

```
G =
  A =
      x1  x2
  x1   2   3
  x2   1   4
  B =
      u1
  x1   1
  x2   1
  C =
      x1  x2
  y1   2   1
```

```
   D =
        u1
   y1    0
Sample time: 0.1 seconds
Discrete - time state - space model.
```

4.3　系统模型转换及连接

4.3.1　描述模型的转换

同一个控制系统，既可以用微分方程或差分方程进行描述，也可以用传递函数或状态空间模型进行描述，根据控制系统分析与设计的需求，可能需要在不同的描述方式之间进行转换。MATLAB 提供了各种描述方式之间的转换函数，具体包括：

1. 状态方程与传递函数描述之间的转换

对于状态方程所描述的单变量系统

$$\dot{X} = AX + BU$$

$$Y = CX + DU$$

其传函可表示为

$$G(s) = \frac{Y(s)}{U(s)} = C\,(sI - A)^{-1}B + D$$

在 MATLAB 中，可通过 ss2tf( ) 和 tf2ss( ) 两个函数实现状态方程与传递函数之间的转换，其具体格式为

传递函数转换为状态方程描述：[A，B，C，D] = tf2ss(num，den)

状态方程转换为传递函数描述：[num，den] = ss2tf(A，B，C，D)

【示例 4 - 10】已知某系统的传递函数为 $G(s) = \dfrac{s + 0.1}{s^3 - 4s^2 + 2s + 7}$，将其转换为状态方程的描述形式。

在 MATLAB 命令空间中输入

```
num = [1 0.1];
den = [1 -4 2 7];
[A,B,C,D] = tf2ss(num,den)
```

运行后可得

```
A =
    4   -2   -7
    1    0    0
    0    1    0
```

```
B =
    1
    0
    0
C =
        0    1.0000    0.1000
D =
    0
```

继续输入

```
[num,den] = ss2tf(A,B,C,D)
```

可得

```
num =
        0        0    1.0000    0.1000
den =
    1.0   -4.0000    2.0000    7.0000
```

2. 状态方程与零极点增益描述之间的转换

在 MATLAB 中，可通过 ss2zp( ) 和 zp2ss( ) 两个函数实现状态方程与零极点增益之间的转换，其具体格式为

零极点增益转换为状态方程描述：[A, B, C, D] = zp2ss(z, p, k)

状态方程转换为零极点增益描述：[num, den] = ss2zp(A, B, C, D)

【**示例 4 – 11**】 已知系统传递函数模型为 $G(s) = \dfrac{s + 2.3}{(s + 10.7)(s + 12.7)}$，将其转换为状态方程的描述形式。

在 MATLAB 命令空间中输入

```
z = [ -2.3];
p = [ -10.7 -12.7];
k = 1;
[A,B,C,D] = zp2ss(z,p,k)
```

执行后得到如下的结果：

```
A =
  -23.4000   -11.6572
   11.6572          0
B =
    1
    0
```

```
C =
    1.0000    0.1973
D =
  0
```

继续输入

```
[num,den] = ss2zp(A,B,C,D)
```

可得

```
num =
   -2.3000
den =
   -12.7000
   -10.7000
```

3. 传递函数与零极点增益描述之间的转换

传递函数转换为零极点增益，其实质是求取传函分子分母多项式的根，即令

$$b_0 s^m + b_1 s^{m-1} + \cdots + b_{m-1} s + b_m = 0$$
$$a_0 s^n + a_1 s^{n-1} + \cdots + a_{n-1} s + a_n = 0$$

上述两式分别对应 m、n 个根，即系统的 m 个零点和 n 个极点。在 MATLAB 中，可通过函数 tf2zp( ) 和 zp2tf( ) 进行两者之间的转换，其具体格式为

传递函数转换为零极点增益描述：$[Z, P, K] = $ tf2zp(num, den)

零极点增益转换为传递函数描述：$[num, den] = $ zp2tf(Z, P, K)

【示例 4 – 12】 已知系统的传递函数模型为 $G(s) = \dfrac{2s+1}{s^4 + 7s^3 + 12s^2 + 5s + 2}$，将其转换为零极点增益模型。

在 MATLAB 中输入

```
num = [2 1];
den = [1 7 12 5 2];
[Z,P,K] = tf2zp(num,den)
```

运行后可得

```
Z =
   -0.5000
P =
   -4.6135 +0.0000i
   -2.0000 +0.0000i
   -0.1933 +0.4236i
   -0.1933 -0.4236i
```

```
K =
    2
```

继续输入

```
G = tf(num,den);
G1 = zpk(G)
```

可得

```
G1 =
                       2(s + 0.5)
    ---------------------------------------
    (s + 4.613)(s + 2)(s^2 + 0.3865s + 0.2168)
Continuous - time zero/pole/gain model.
```

继续输入

```
[num,den] = zp2tf(Z,P,K)
```

可得

```
num =
    0    0    0    2    1
den =
    1.0  7.0000  12.0000   5.0000   2.0000
```

4. 传递函数与部分分式描述之间的转换

传递函数转换为部分分式描述时，关键在于求取式（4 - 5）各个分式中的待定系数，数学上可以通过极点留数公式求取各个待定系数。在 MATLAB 中，可通过 residue( ) 进行传递函数与部分分式之间的相互转换，其具体格式为

传递函数转换为部分分式描述：$[R, P, H] = residue(num, den)$

部分分式转换为传递函数描述：$[num, den] = residue(R, P, H)$

需要注意的是，这两种描述方式的转换采用的是同一个函数，MATLAB 通过其输入参数数量的不同，决定转换的方向。

【示例 4 - 13】 已知系统的传递函数模型为 $G(s) = \dfrac{s + 9.6}{2s^3 + 11s^2 + 6.55s + 12}$，将其转换为部分分式描述形式。

在 MATLAB 中输入

```
num = [1 9.6];
den = [2 11 6.55 12];
[R,P,H] = residue(num,den)
```

运行后可得

```
R =
   0.0903 +0.0000i
  -0.0452 -0.4413i
  -0.0452 +0.4413i
P =
  -5.0881 +0.0000i
  -0.2059 +1.0662i
  -0.2059 -1.0662i
H =
     []
```

继续输入

```
[num,den] = residue(R,P,H)
```

可得

```
num =
  -0.0000    0.5000    4.8000
den =
    1.0    5.5000    3.2750    6.0000
```

5. 连续传递函数与离散传递函数之间的转换

在采样控制系统中，数字控制器内信号都是离散形式的，而外部的物理系统往往都是连续的，为了分析方便，有必要将系统的描述形式进行统一，通常的做法是将连续的传递函数进行离散化，将整个系统都用离散的传递函数进行描述。

在 MATLAB 中，利用 c2d( ) 函数，可以实现连续传递函数的离散化，具体格式为

```
sys_d = c2d(sys_c,Ts,'method')
```

其中，sys_c 为连续系统的传递函数描述；sys_d 为返回的离散传递函数描述；Ts 为采样时间；'method' 为进行离散化的方法，具体如下。

（1）'zoh'：零阶保持器法。

（2）'foh'：线性插值一阶保持器法。

（3）'imp'：脉冲响应不变法。

（4）'tustin'：双线性变换法。

（5）'prewarp'：修正的双线性变换法。

（6）'matched'：零极点匹配法。

【示例 4 – 14】 已知系统的连续传递函数模型为 $G(s) = \dfrac{2s+10.6}{3.5s^2+16s+7.8}$，令采样时间 $T_s = 0.2$ s，将其转换为离散传函的描述形式。

在 MATLAB 中输入

```
num = [2 10.6];
den = [3.5 16 7.8];
G = tf(num,den);
G_1 = c2d(G,0.2,'zoh')
```

可得

```
G_1  =

      0.1192z - 0.04034

    -----------------------

    z^2 - 1.343z + 0.4008
  Sample time:0.2 seconds
  Discrete - time transfer function.
```

继续输入

```
G_2 = c2d(G,0.2,'foh')
G_3 = c2d(G,0.2,'imp')
G_4 = c2d(G,0.2,'tustin')
G_5 = c2d(G,0.2,'prewarp',10)
G_6 = c2d(G,0.2,'matched')
```

可分别得到

```
G_2 =
    0.05902z^2 + 0.04108z - 0.02128
    -------------------------------
        z^2 - 1.343z + 0.4008
G_3 =
    0.1143z^2 - 0.03224z
    ---------------------
    z^2 - 1.343z + 0.4008
G_4 =
    0.0591z^2 + 0.04094z - 0.01815
    ------------------------------
        z^2 - 1.322z + 0.382
G_5 =
    0.09199z^2 + 0.08319z - 0.008797
    --------------------------------
        z^2 - 1.071z + 0.1937
G_6 =
      0.1206z - 0.04178
    ---------------------
    z^2 - 1.343z + 0.4008
```

可通过阶跃响应比较几种离散化方法在效果上的差异。

在 MATLAB 中输入

```
step(G,G_1,G_2,G_3,G_4,G_6,G_6)
```

可得到如图 4 - 2 所示的结果。

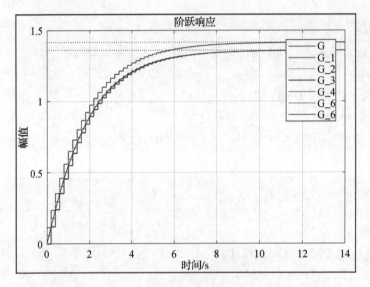

图 4 - 2 不同离散方法阶跃响应对比（书后附彩插）

可以看出，在稳态值方面，除了脉冲响应不变法的结果与其他几种方法有不同外，几种方法的效果基本一致。

4.3.2 传递函数描述模型的简化与连接

在建模的过程中，会根据实际系统的组成、功能等特点，将一个完整的系统划分成多个子模块，并对各个子模块分别建模，得到各个子模块的传递函数描述形式，然后再将各个传递函数根据功能通过信号线连接起来，形成一个完整的传递函数描述。子模块间的连接形式主要有串联连接、并联连接和反馈连接三种。对于复杂的系统，模块间的连接关系可能比较复杂，需要对其进行化简。

在 MATLAB 中提供了 3 个函数可以用于进行化简，分别是 series()、parallel()、feedback()，另外还提供了系统模型的扩展函数 append() 和系统模型的结构图连接函数 connect()。

1. 串联连接

MATLAB 中提供的系统串联连接函数为 series()。对于如图 4 - 3 所示的单输入单输出串联连接系统，其调用格式为

```
G = series(G1,G2)
```

对于如图 4 - 4 所示的多输入多输出串联连接系统，将子模块 G1 的输出 Y1 作为子模块 G2 的其中一个输入，其调用格式为

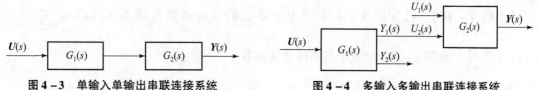

图 4 - 3　单输入单输出串联连接系统　　　图 4 - 4　多输入多输出串联连接系统

```
G = series(G1,G2,out1,in1)
```

其中，out1 为子模块 G1 的输出，in1 为子模块 G2 的输入，二者相互对应。

【示例 4 - 15】　已知图 4 - 3 中两个子系统的传递函数分别为 $G_1(s) = \dfrac{1}{500s^2}$，$G_2(s) = \dfrac{s+1}{s+2}$，利用 series 函数求其整体传递函数。

在 MATLAB 命令窗口中输入

```
G1 = tf(1,[500,0,0]);
G2 = tf([1 1],[1 2]);
G = series(G1,G2)
```

可得到如下的结果：

```
G =

         s + 1
   --------------------
   500s^3 + 1000s^2
Continuous - time transfer function.
```

2. 并联连接

MATLAB 中提供的系统并联连接函数为 parallel( )。对于如图 4 - 5 所示的单输入单输出并联连接系统，其调用格式为

```
G = parallel(G1,G2)
```

对于如图 4 - 6 所示的多输入多输出并联连接系统，子模块 G1 的输入 U2 和子模块 G2 的输入 U3 并联，其输出 Y2 和 Y3 并联，其调用格式为

```
G = parallel(G1,G2,in1,in2,out1,out2)
```

其中 in1 和 in2 分别为 G1 和 G2 相互并联的输入，out1 和 out2 则为对应的输出。

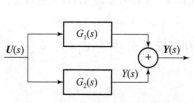

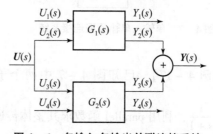

图 4 - 5　单输入单输出并联连接系统　　　图 4 - 6　多输入多输出并联连接系统

【**示例 4 – 16**】 已知图 4 – 4 中两个子系统的传递函数分别为 $G_1(s) = \dfrac{s-1}{0.5s^2+2}$,

$G_2(s) = \dfrac{0.2s}{2s+5}$,利用 parallel 函数求其整体传递函数。

在 MATLAB 命令窗口中输入

```
G1 = tf([1 -1],[0.5,0,2]);
G2 = tf([0.2 0],[2 5]);
G = parallel(G1,G2)
```

可得到如下的结果：

```
G =

    0.1s^3 +2s^2 +3.4s -5
    --------------------------
    s^3 +2.5s^2 +4s +10
  Continuous -time transfer function.
```

3. 反馈连接

MATLAB 中提供的系统反馈连接函数为 feedback( )。对于如图 4 – 7 所示的单输入单输出反馈连接系统，其调用格式为

```
G = feedback(G1,G2,sign)
```

其中 G1 为前向通道的子模块传递函数，G2 为反馈通道的子模块传递函数，sign 为反馈的形式，sign = 1 表示正反馈，sign = – 1 表示负反馈。

对于如图 4 – 8 所示的多输入多输出并联连接系统，子模块 G1 的输出 Y 作为反馈通道，其调用格式为

```
G = feedback(G1,G2,feedin,feedout,sign)
```

其中 feedin 为 G1 的输出，同时也是 G2 的输入，feedout 为 G2 的输出。

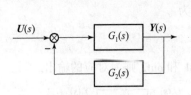

图 4 – 7　单输入单输反馈连接系统

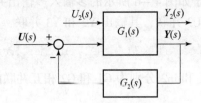

图 4 – 8　多输入多输出反馈连接系统

【**示例 4 – 17**】 已知图 4 – 7 中两个子系统的传递函数分别为 $G_1(s) = \dfrac{s+11}{2s^2+5s+2}$,

$G_2(s) = \dfrac{1}{s+1}$,利用 parallel 函数求其整体传递函数。

在 MATLAB 命令窗口中输入

```
G1 = tf([1 11],[2,5,2]);
G2 = tf(1,[1 1]);
G = feedback(G1,G2, -1)
```

可得到如下的结果：

```
G =
      s^2 +12s +11
  -----------------------
   2s^3 +7s^2 +8s +13
  Continuous -time transfer function.
```

4. 系统模型扩展与结构连接

系统的扩展是把两个或多个子系统组合成一个系统，图 4 – 9 所示为模型扩展的原理框图。MATLAB 提供的用于子系统模型扩展的函数为 append( )，其调用格式为

```
sys = append( sys1,sys2,··;sysN).
```

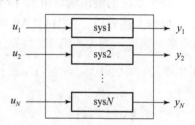

若子系统 sys1，，sys2，…，sysN 是用传递函数的形式描述的，则得到的结果为

$$\text{sys} = \begin{bmatrix} \text{sys1} & 0 & \cdots & 0 \\ 0 & \text{sys2} & \cdots & 0 \\ \vdots & \vdots & \cdots & \vdots \\ 0 & 0 & \cdots & \text{sys}N \end{bmatrix}$$

图 4 – 9　系统模型的扩展

若子系统 sys1，，sys2，…，sysN 是用状态空间的形式描述的，则得到的结果为

$$\begin{bmatrix} \dot{x}_1 \\ \dot{x}_2 \end{bmatrix} = \begin{bmatrix} A_1 & 0 \\ 0 & A_2 \end{bmatrix}\begin{bmatrix} x_1 \\ x_2 \end{bmatrix} + \begin{bmatrix} B_1 & 0 \\ 0 & B_2 \end{bmatrix}\begin{bmatrix} u_1 \\ u_2 \end{bmatrix}$$

$$\begin{bmatrix} y_1 \\ y_2 \end{bmatrix} = \begin{bmatrix} C_1 & 0 \\ 0 & C_2 \end{bmatrix}\begin{bmatrix} x_1 \\ x_2 \end{bmatrix} + \begin{bmatrix} D_1 & 0 \\ 0 & D_2 \end{bmatrix}\begin{bmatrix} u_1 \\ u_2 \end{bmatrix}$$

如果控制系统是由多个子系统用结构图的形式连接起来的，可以用 connect( ) 函数从结构图描述中获取系统的模型，其调用格式为

```
sysc = connect( sys,Q,inputs,outputs)
```

其中：

sysc 是从系统结构图中获得的系统模型；

sys 是子系统用 append( ) 扩展后的系统模型；

Q 矩阵用于声明各个子系统的连接方式，其中每一行的第一个元素为其中一个子模块的输入端口序号，该行中的其他元素为连接到该输入端口的其他子模块的输出端口序号；

inputs 声明整个系统的输入信号是由子模块中的哪些输入端口序号构成的；

outputs 声明整个系统的输出信号是由子模块中的哪些输出端口序号构成的。

【示例 4 – 18】　已知系统模型的结构连接如图 4 – 10 所示，试写出整个系统的模型，其中子系统 sys1 的状态空间模型参数为

$$A = \begin{bmatrix} -9 & 17.7 \\ -1.69 & 3.21 \end{bmatrix}, \quad B = \begin{bmatrix} -0.51 & 0.53 \\ -0.002 & -1.85 \end{bmatrix}$$

$$C = \begin{bmatrix} -3.18 & 2.45 \\ -13.5 & 18 \end{bmatrix}, \quad D = \begin{bmatrix} -0.55 & -0.14 \\ -0.65 & 0.3 \end{bmatrix}$$

分析：从图 4 - 10 中可以看出，整个系统由 3 个子模块组成，其编号分别为 sys1、sys2 和 sys3，这 3 个模块共有 4 个输入和 4 个输出。

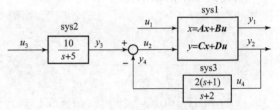

各个模块的相互连接关系为：输入 u_2 是由输出 y_3 和 y_4 组合而成的；输入 u_4 是由输出 y_2 构成的，因此可以得到连接矩阵 $Q = [2, 3, -4; 4, 2, 0]$。

图 4 - 10 系统模型结构图

整个系统的输入端口由 u_1 和 u_3 组成，因此可以得到输入矩阵 inputs = [1, 3]。

整个系统的输出端口由 y_1 和 y_2 组成，因此可以得到输出矩阵 outputs = [1, 2]。

根据上述分析，在 MATLAB 的命令空间中输入下列指令：

```
A = [ -9,17.7; -1.69,3.21];B = [ -0.51,0.53; -0.002, -1.85];
C = [ -3.81,2.45; -13.5,18];D = [ -0.55, -0.14; -0.65,0.3];
sys1 = ss(A,B,C,D);
sys2 = tf(10,[1 5]);
sys3 = tf([2 2],[1 2]);
sys = append(sys1,sys2,sys3);
Q = [2,3, -4;4,2,0];
inputs = [1,3];
outputs = [1,2];
sysc = connect(sys,Q,inputs,outputs)
```

可得到如下的结果：

```
sysc =
  A =
            x1        x2        x3        x4
    x1   -0.05625    5.775    0.8281    0.3313
    x2   -32.91      44.84   -2.891    -1.156
    x3      0          0      -5         0
    x4   -16.88      22.5     0.9375   -1.625

  B =
            u1     u2
    x1   -0.07937   0
    x2   -1.505     0
    x3      0       4
    x4   -0.8125    0
```

```
C =

              x1        x2        x3        x4
    y1    -6.173     5.6    -0.2188   -0.0875
    y2    -8.438    11.25    0.4688    0.1875


D =

              u1    u2
    y1    -0.6638    0
    y2    -0.4063    0
Continuous - time state - space model
```

4.4　本章小结

本章首先对几种常见的线性系统数学描述方式进行了介绍，然后结合 MATLAB 的具体函数，对不同描述形式间的相互转换进行了介绍。针对复杂连接形式的系统，本章讲述了三种模型的化简方法及复杂结构框图的模型获取。

习　题

1. 已知系统的差分方程为 $y(k+2)+3y(k+1)+2y(k)=2u(k+1)+3u(k)$，写出该离散系统的状态空间表达式。

2. 已知系统的状态空间描述为

$$\begin{bmatrix} \dot{x}_1 \\ \dot{x}_2 \\ \dot{x}_3 \end{bmatrix} = \begin{bmatrix} -1 & 6.5 & 12 \\ 0 & 21 & 6.4 \\ -4.6 & 2.5 & 5.3 \end{bmatrix} \begin{bmatrix} x_1 \\ x_2 \\ x_3 \end{bmatrix} + \begin{bmatrix} 2 \\ 4 \\ 5 \end{bmatrix} u$$

$$y = \begin{bmatrix} 1 & -1 & 3 \end{bmatrix} \begin{bmatrix} x_1 \\ x_2 \\ x_3 \end{bmatrix}$$

将其分别转换为传递函数描述形式、零极点增益描述形式及部分分式描述形式。

3. 已知系统的传递函数框图如图 4 – 11 所示，根据结构图获取其总体模型。

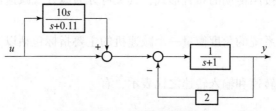

图 4 – 11　传递函数框图

第 5 章

机电控制系统的建模

机电系统是工业、农业、军事领域中最为常见的系统，工程机械、机器人、无人车、武器系统等均可以归结为机电系统的控制。一个完善的机电控制系统一般包括机械结构（如机械平台、连杆等）、传动机构（如减速机、联轴器等）、执行机构（如电机、液压缸等）、驱动控制系统（如电机驱动器、计算机控制器等）、负载（如车轮、质量块、飞机舵面等）。如何准确地描述出机电系统的模型，是对其进行动态性能分析、控制系统设计与评价的关键。因此，本章主要围绕典型的机电系统，讲述其建模的基本思路和方法。

5.1　机械结构

机械结构是机电系统中必不可少的机械部件，它们起到了支撑、连接、动力传递等作用。从机械结构自身是否运动来讲，其可以分为传动部件和固定部件。如减速机的支撑座、轴承座等就属于固定部件，而减速机、丝杆等则属于传动部件，下面就机电系统中常用的传动部件进行介绍。

5.1.1　减速机

减速机是一种由封闭在刚性壳体内的齿轮传动、蜗杆传动、齿轮－蜗杆传动所组成的独立部件。减速机在原动机和工作机或执行机构之间起匹配转速和传递转矩的作用，是一种相对精密的机械。使用它的目的是降低原动机的转速、增加转矩。它可把伺服电机、液压马达或其他高速运转的动力减速为低速转动输出，其输入轴转速与输出轴转速之比就是传动比。

减速机的种类繁多、型号各异，不同种类有不同的用途。按照传动类型，其可分为齿轮减速机、蜗杆减速机、行星齿轮减速机、摆线针轮减速机等；按照传动级数不同，其可分为单级减速器和多级减速器；按照齿轮形状，其可分为圆柱齿轮减速器、圆锥齿轮减速器和圆锥－圆柱齿轮减速器；按照传动的布置形式，其又可分为展开式减速器、分流式减速器和同轴式减速器。

一般而言，从控制系统的角度衡量一个减速机的主要指标包括以下几个。

1. 减速比

减速比一般用输出转速和输入转速之比表示，有

$$i = \frac{n_i}{n_o} \tag{5-1}$$

其中，n_o 为减速机的输出转速；n_i 为减速机的输入转速。

2. 传递效率

减速机的效率一般用输出功率与输入功率之比表示，有

$$\eta = \frac{P_o}{P_i} = \frac{P_i - P_x}{P_i} \tag{5-2}$$

其中，P_o 为减速机的输出功率；P_i 为减速机的输入功率；P_x 为减速机的功率损耗。

减速机的损耗功率主要包括两方面：轴承损耗和齿轮损耗，这些损耗一般以摩擦发热的形式表现出来。一般齿轮的啮合效率可达 98% 左右，滚动轴承运转效率可达 99% 左右，所以对于单级减速机而言，其效率可达 $0.98 \times 0.99 = 97\%$ 左右。

3. 输出转速及扭矩

对于一个减速比已定的减速机而言，其输出转速由其输入转速决定，可通过式（5-1）进行计算。

减速机的输出转矩则由输入转矩及其传递效率决定，可通过式（5-3）进行计算：

$$T_o = T_i \times i \times \eta \tag{5-3}$$

其中，T_i 为减速机的输入扭矩；T_o 为减速机的输出扭矩。

4. 回程间隙

回程间隙是指齿轮与齿轮之间的间隙，也称背隙。回程间隙是减速机的重要性能参数，一般回程间隙越低，减速机的传动精度越高。

检测回程间隙的方法一般为，将减速机输入轴端固定，使输出端沿顺时针和逆时针方向旋转，当输出端承受正负 2% 的额定扭矩时，减速机输出端有一个微小的角位移，此角位移即为回程间隙。工程实践中，回程间隙的单位为"弧分"，即一度的 1/60。

在机电控制系统中，尤其是高精度的伺服控制系统中，如机器人关节、机械臂等系统，为实现高性能的控制效果，通常对减速机的回程间隙有严格要求，一般会选用行星齿轮减速机、谐波减速机、摆线针轮减速机，下面对其进行简要介绍。

1）行星齿轮减速机

行星齿轮减速机由太阳轮和行星轮组成，太阳轮在中间，行星轮围绕太阳轮转动，行星轮的外圈啮合大齿圈输出转动，其结构如图 5-1 所示。

如图 5-2 所示，行星减速机有多种运动模式，其中图 5-2（a）所示为齿圈固定，太阳轮主动转动，行星架被动转动，这时可实现减速运动；相反，如果行星架主动转动，太阳轮被动转动，则可实现增速运动。

图 5-2（b）所示为太阳轮固定，齿圈主动转动，行星架被动转动，这时可实现减速运动；相反，行星架主动转动，齿圈被动转动，则可实现增速运动。

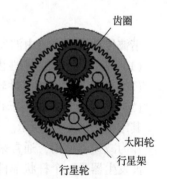

图 5-1　行星齿轮减速机结构组成

图 5-2（c）所示为行星架固定，太阳轮主动转动，齿圈被动转动，这时可实现减速运动；相反，齿圈主动转动，太阳轮被动转动，则可实现增速运动。

2）谐波减速机

谐波减速机是利用行星齿轮传动原理发展起来的新型减速机，是一种靠波发生器装配上柔性轴承使柔性齿轮产生可控弹性变形，并与刚性齿轮相啮合来传递运动和动力的齿轮传动。

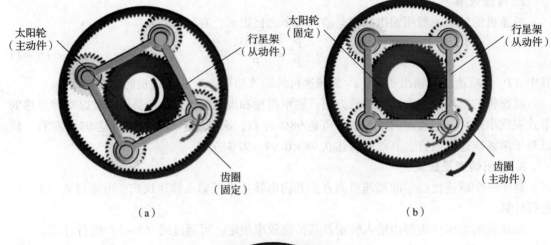

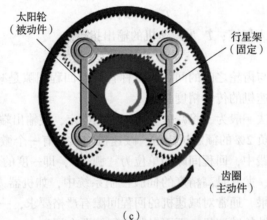

图5-2　行星减速机的运动模式

（a）齿圈固定；（b）太阳轮固定；（c）行星架固定

谐波传动系统主要由波发生器、柔性齿轮、刚性齿轮三个基本构件组成。

（1）带有内齿圈的刚性齿轮（刚轮），相当于行星系的中心轮。

（2）带有外齿圈的柔性轮（柔轮），相当于行星轮。

（3）波发生器，相当于行星架。

其结构如图5-3所示。

作为减速器使用，通常采用波发生器主动、刚轮固定、柔轮输出形式。

波发生器是一个杆状部件，其两端装有滚动轴承构成滚轮，与柔轮的内壁相互压紧。柔轮为可产生较大弹性变形的薄壁齿轮，其内孔周长略小于波发生器的总长。波发生器是使柔轮产生可控弹性变形的构件。当波发生器装入柔轮后，迫使柔轮的剖面由原先的圆形变成椭圆形，其长轴两端附近的齿与刚轮的齿完全啮合，而短轴两端附近的齿则与刚轮完全脱开。周长上其他区段的齿处于啮合和脱离的过渡状态。当波发生器沿图5-3所示方向连续转动时，柔轮的变形不断改变，使柔轮与刚轮的啮合状态也不断改变，由啮入、啮合、啮出、脱开、再啮入……周而复始地进行，从而实现柔轮相对刚轮沿波发生器相反方向的缓慢旋转。

工作时，固定刚轮，由电机带动波发生器转动，柔轮作为从动轮，输出转动，带动负载运动。在传动过程中，波发生器转一周，柔轮上某点变形的循环次数称为波数，以n表示。

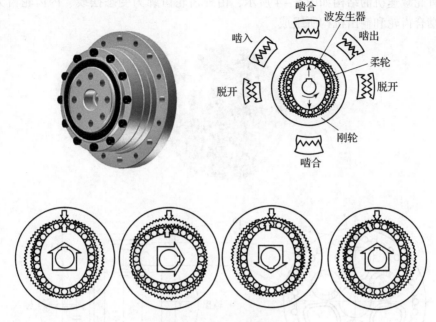

图 5 – 3　谐波减速机结构

常用的是双波和三波两种。双波传动的柔轮应力较小，结构比较简单，易于获得大的传动比。

谐波齿轮传动的柔轮和刚轮的齿距相同，但齿数不等，通常采用柔轮与刚轮齿数差等于波数，即

$$n = z_2 - z_1 \qquad\qquad (5 - 4)$$

其中，z_1 和 z_2 分别为刚轮和柔轮的齿数。

当刚轮固定、发生器主动、柔轮从动时，谐波齿轮传动的传动比为

$$i = \frac{z_1}{n}$$

谐波减速机的主要特点如下。

（1）承载能力高，谐波传动中，齿与齿的啮合是面接触，加上同时啮合齿数（重叠系数）比较多，因而单位面积载荷小，承载能力较其他传动形式高。

（2）传动比大，单级谐波齿轮传动的传动比可达 $i = 70 \sim 500$。

（3）体积小、重量轻。

（4）传动效率高、寿命长。

（5）传动平稳、无冲击，无噪声，运动精度高。

（6）由于柔轮承受较大的交变载荷，因而对柔轮材料的抗疲劳强度、加工和热处理要求较高，工艺复杂。

3）摆线针轮减速机

摆线针轮减速机由一个行星齿轮减速机的前级和一个摆线针轮减速机的后级组成，具有体积小、重量轻、传动比范围大、寿命长、精度保持稳定、效率高、传动平稳等一系列优点，被广泛应用于工业机器人、机床、医疗检测设备、卫星接收系统等领域。

摆线针轮减速机的结构如图 5 - 4 所示，由外齿轮齿廓为变态摆线、内齿轮齿为圆柱销的一对内啮合齿轮和输出机构所组成。

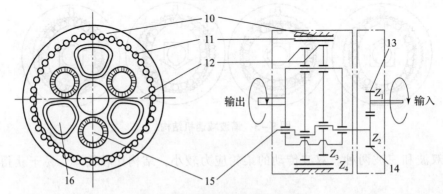

图 5 - 4　摆线针轮减速机的结构

10—壳体；11—圆柱销；12—RV 齿轮；13—太阳轮；14—行星轮；15—偏心轮；16—非圆柱销

5.1.2　丝杠

丝杠是机械传动中经常使用的传动元件，其主要功能是将旋转运动转换成线性运动。一般丝杠和螺母总有一个部件是不可线性移动的。当丝杠不移动时，在丝杠的旋转作用下，螺母会带动负载线性运动。当螺母固定时，丝杠则一边转动，一边带动负载线性运动。

表征丝杠的结构参数较多，包括：

（1）外径 d（大径）——与外螺纹牙顶相重合的假想圆柱面直径，亦称公称直径。

（2）内径 d_1（小径）——与外螺纹牙底相重合的假想圆柱面直径，在强度计算中做危险剖面的计算直径。

（3）螺距 P——相邻两牙在中径圆柱面的母线上对应两点间的轴向距离。

（4）导程（S）——同一螺旋线上相邻两牙在中径圆柱面的母线上的对应两点间的轴向距离。

（5）线数 n——螺纹螺旋线数目，一般为便于制造 $n \leqslant 4$，螺距、导程、线数之间关系为 $S = nP$。

（6）牙型角 α——螺纹轴向平面内螺纹牙型两侧边的夹角。

上述参数中，与运动及动力传递相关的参数为导程 S，以螺母带动负载线性运动为例：

丝杠的旋转速度与螺母及负载的线性运动速度之间的关系为

$$v = s \times \omega \tag{5-5}$$

其中，v 为螺母及负载的线性运动速度；ω 为丝杠的输入角速度。

丝杠的输入转矩与螺母的输出力之间的关系为

$$F = 2\pi \times \frac{T}{s} \times \eta \qquad\qquad (5-6)$$

其中，T 为丝杠的输入转矩；η 为丝杠螺母间的传递效率。

丝杠的效率会受到加工精度、装配工艺、磨损程度的影响，一般滚珠丝杠的效率可达 92% ~ 98%。

在高精度机电控制系统中常用的丝杠包括滚珠丝杠和行星滚柱丝杠，下面分别进行介绍。

1. 滚珠丝杠

滚珠丝杠一般由螺杆、螺母、预压片、防尘器等部件组成，兼具高精度、可逆性和高效率的特点。滚珠丝杠的结构原理如图 5-5 所示。

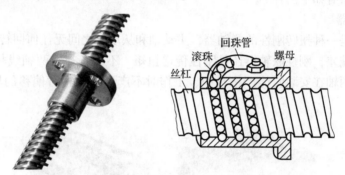

图 5-5　滚珠丝杠的结构原理

2. 行星滚柱丝杠

行星滚柱丝杠在螺母和丝杠中间的滚动元件为螺纹滚柱，其与滚珠丝杠的区别在于行星滚柱丝杠载荷传递元件为螺纹滚柱，是典型的线接触，众多的接触线使行星滚柱丝杠的承载能力非常强，而滚珠丝杠载荷传递元件为滚珠，是点接触。行星滚柱丝杠的结构如图 5-6 所示。

图 5-6　行星滚柱丝杠的结构

行星滚柱丝杠的主要优点如下。

（1）高承载：行星滚柱丝杠是线接触，接触面的增加，使承载能力和刚性大大提高。所以其具有高刚性、高承载能力。

（2）耐冲击：承受冲击载荷的能力很强，工作可靠。

（3）体积小：在相同载荷的情况下，行星滚柱丝杠体积比滚珠丝杠小 1/3。

（4）高速度：最高线速度可达 2 000 mm/s，输入旋转转速可达 5 000 r/min 或者更高。最大加速度可达 3g。

（5）高精度：丝杠轴是小导程角的非圆弧螺纹，有利于达到较高的导程精度，可实现精密微进给。

（6）长寿命：行星滚柱丝杠能承受的静载为滚珠丝杠的 3 倍左右，寿命是滚珠丝杠的 15 倍左右。

5.1.3 联轴器

联轴器用来将不同机构中的主动轴和从动轴牢固地连接起来一同旋转，并传递运动和扭矩。对于高性能的机电控制系统而言，一般要求主动轴和从动轴之间不能有间隙，要严格同步，这对联轴器的性能提出了较高的要求。

常用的联轴器有如下两种。

1. 刚性联轴器

刚性联轴器是一种扭转刚性的联轴器，主动轴和从动轴之间无任何回转间隙，即便主从动轴之间有形位偏差，刚性联轴器还是刚性传递扭矩，不具备补偿两轴线相对偏移的能力，只适用于被连接两轴在安装时能严格对中、工作时不产生两轴相对偏移的场合，如图 5-7 所示。

图 5-7 刚性联轴器

如果系统中有任何偏差，都会导致轴、轴承或联轴器过早损坏，也就是说其无法用在高速的环境下，因为它无法补偿由于高速运转产生高温而产生的轴间相对位移。当然，如果相对位移能被成功地控制，在伺服系统应用中刚性联轴器也能发挥很出色的性能。尤其是小规格的刚性联轴器具有重量轻、超低惯性和高灵敏度的优越性能，且在实际应用中，刚性联轴器具有免维护、超强抗油以及耐腐蚀的优点。

2. 挠性联轴器

挠性联轴器可分为无弹性元件挠性联轴器和有弹性元件挠性联轴器，前一类只具有补偿两轴线相对位移的能力，但不能缓冲减振，常见的有滑块联轴器、齿式联轴器、万向联轴器和链条联轴器等；后一类因含有弹性元件，除具有补偿两轴线相对位移的能力外，还具有缓冲和减振作用，但传递的转矩因受到弹性元件强度的限制，一般不及无弹性元件挠性联轴器，常见的有弹性套柱销联轴器、弹性柱销联轴器、梅花形联轴器、轮胎式联轴器、蛇形弹簧联轴器和簧片联轴器等。如图 5-8 所示。

5.1.4 机械传动中的非线性

在上述机械传动部件中，其内部存在相对运动（如减速机的齿轮传动、丝杠螺母的相

图 5 - 8　挠性联轴器

对转动、分体式联轴器的相对运动），会出现摩擦、间隙等现象，给控制系统的运动精度造成不利影响。

1. 摩擦非线性

对于一个控制系统而言，如果机械传动系统的摩擦力过大，会影响执行机构在低速时的控制精度，造成如图 5 - 9 所示的低速爬行现象。

对于摩擦非线性，目前并没有统一的数学模型对其进行描述，很多研究者提出了多种摩擦模型。

1）库伦摩擦模型

摩擦最简单的数学描述为库伦摩擦模型，如式（5 - 7）所示：

$$F = f \times N \qquad (5-7)$$

其中，F 为最大静摩擦力或者滑动摩擦力；f 为静摩擦或动摩擦系数；N 为两物体间的法向接触力。

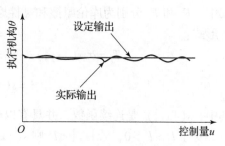

图 5 - 9　执行机构的爬行现象

2）Stribeck 摩擦

Stribeck 通过实验发现，在低速率区域，随着相对运动速度的增大，摩擦力会逐渐减小，这一现象被称为 Stribeck 效应。根据这一现象建立的摩擦模型如式（5 - 8）所示：

$$F = F_k + (F_s - F_k) \times \exp(-\alpha/v) \qquad (5-8)$$

其中，F_k 为库伦摩擦力；F_s 为静摩擦力；v 为相互接触物体间的相对运动速度；α 为摩擦模型中的指数衰减因子。

3）LuGre 模型

LuGre 模型是一个较为完善、应用较为广泛的动态摩擦模型，它比较精确地描述了摩擦的各种动态和静态特性。具体来说，LuGre 模型可表示为

$$T_f = \sigma_0 z + \sigma_1 \dot{z} + \alpha_2 x_2 \qquad (5-9)$$

$$\dot{z} = x_2 - \frac{|x_2|}{g(x_2)} z \qquad (5-10)$$

$$g(x_2) = \alpha_0 + \alpha_1 \exp(-(x_2/v_s)^2) \qquad (5-11)$$

其中，x_2 为摩擦表面的相对速度；z 为黏滞状态下相对运动表面间的相对变形量；σ_0 为微观变形量 z 的刚度；σ_1 为 $\dot{z}$ 的动态阻尼系数；α_2 为黏性摩擦系数；$g(x_2)$ 为正的函数；α_0、α_1 为其参数；$g(x_2)$ 为 Stribeck 摩擦效应；v_s 为 Stribeck 速度。

LuGre 摩擦模型与其他模型的最主要区别是引入了摩擦力的动态参数 z，即黏滞状态下相对运动表面间的相对变形量。因此，LuGre 模型不仅考虑了黏性摩擦、库伦摩擦，而且考

虑了静态摩擦以及 Stribeck 效应，充分反映摩擦运动的机理，是目前比较完善的摩擦模型。

直接应用 LuGre 模型进行控制能量补偿是比较困难的，因为内部状态 z 是不可直接测量的，必须构造合适的观测器对 z 进行观测，其观测器可为如下形式：

$$\dot{\hat{z}} = x_2 - \frac{|x_2|}{g(x_2)}\hat{z} + \gamma\tau \tag{5-12}$$

其中，γ 为观测增益；τ 为未确定的观测器动态项。

4）改进的 LuGre 摩擦模型

在实际应用过程中，式（5-12）在进行数字实现时，由于采样率有限，较大的等效增益 $|x_2|/g(x_2)$ 会引起观测的不稳定。因此当相对速度 x_2 超过一定值时，式（5-12）所述的观测在数字实现时会产生不稳定现象。另外，摩擦的动态效应只在低速时表现得较为明显，而在高速时可忽略不计。对于比较高的相对速度，简单的库伦加黏性摩擦模型已足够，即

$$T_f = F_c \mathrm{sgn}(x_2) + F_v x_2 \tag{5-13}$$

其中，F_c 和 F_v 分别为库伦摩擦和黏性摩擦，基于此，可将传统的 LuGre 摩擦模型改进为以下形式：

$$T_f = \sigma_0 s(|x_2|)z + \sigma_1\dot{z} + F_c\mathrm{sgn}(x_2)[1 - s(|x_2|)] + \alpha_2 x_2 \tag{5-14}$$

$$\dot{z} = s(|x_2|)\left(x_2 - \frac{|x_2|}{g(x_2)}z\right) \tag{5-15}$$

其中，$s(|x_2|)$ 是连续函数，并具有以下性质。

对于 $l_2 > l_1 > 0$，若 $|x_2| < l_1$ 则 $s(|x_2|) = 1$，若 $|x_2| > l_2$ 则 $s(|x_2|) = 0$。

由上述可知，当相对速度超过 l_2 时，上述模型简化为摩擦模型（5-13），而当相对速度低于 l_2 时，上述模型与基本的 LuGre 摩擦模型一致，因此该改进的 LuGre 摩擦模型实现了高速静态模型与低速动态模型的过渡。当速度高时，内部状态 z 停止更新，因此避免了不稳定情况。

2. 齿隙非线性

在齿轮、丝杠螺母等机械传动中，主被动运动机构之间难以避免地会存在间隙，这种间隙最终会表现为运动机构的齿隙非线性，可以通过如图 5-10 所示的滞环曲线来描述齿隙非线性。

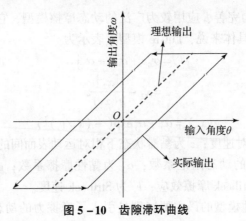

图 5-10 齿隙滞环曲线

齿隙非线性的滞环模型可以通过下述两种方式进行描述，分别为位置描述形式和速度描述形式。

位置描述形式为

$$\theta_m(t) = \begin{cases} m(\theta(t) - \alpha) & \dot{\theta}(t) > 0 \text{ 且 } \theta_m(t^-) = m(\theta(t^-) - \alpha) \\ \theta_m(t^-) & \text{其他} \\ m(\theta(t) + \alpha) & \dot{\theta}(t) < 0 \text{ 且 } \theta_m(t^-) = m(\theta(t^-) + \alpha) \end{cases} \quad (5-16)$$

速度描述形式为

$$\dot{\theta}_m(t) = \begin{cases} m\dot{\theta}(t) & \dot{\theta}(t) > 0 \text{ 且 } \theta_m(t^-) = m(\theta_m(t^-) - \alpha) \\ 0 & \text{其他} \\ m\dot{\theta}(t) & \dot{\theta}(t) < 0 \text{ 且 } \theta_m(t^-) = m(\theta_m(t^-) + \alpha) \end{cases} \quad (5-17)$$

其中，m 为传动比；$\theta_m(t)$ 为传动装置的输出位置；$\theta(t)$ 为传动装置的输入位置；α 为输入端的滞环宽度。

5.2　电动执行机构

5.2.1　直流伺服电机

直流伺服电机是指使用直流电源驱动的伺服电机，可以将直流电能转换为机械能。直流伺服电机是先于交流电机而出现的，因此它有着更久的应用历史和更广的应用场合与基础。

具体而言，直流伺服电机有如下的特点。

（1）调速范围广，易于获得较低的平稳转速，且调速平稳。

（2）启动、制动和过载转矩大。

（3）驱动控制简单。

正是由于上述优点，目前在工业、军事等领域，直流伺服电机仍有较多的应用。如火炮炮塔的驱动控制、电车的牵引、纺织机械控制等。

1. 直流伺服电机的原理与结构

直流伺服电机的转动原理是依据毕－萨电磁力定律。下面以图 5－11 所示的两极直流伺服电机模型为例，简要说明直流伺服电机的工作原理。

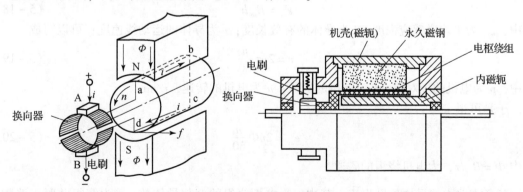

图 5－11　直流伺服电机结构与工作原理

直流伺服电机的定子上设计有主磁极 N、S，它是固定不动的，该磁场可由专门的直流励磁线圈产生，也可以采用永磁材料产生。abcd 是安装在电机转子上的线圈，可以随着转子一起转动，实际的电机转子上安装了很多组这样的线圈。为了方便，在此只以其中一个线圈为例进行说明。线圈 abcd 的两端分别与两个彼此绝缘的换向器连接，换向器相对线圈是固定不动的，可以随着转子一起旋转。A、B 为两个电刷，可以绕着换向器滑动，电刷 A 和 B 分别与外部的直流电源正极和负极连接。

假设在某一时刻，导线 ab 与电刷 A 相连，导线 cd 与电刷 B 相连，在外加直流电源的作用下，线圈中电流的流向是 A – a – b – c – d – B，即导线 ab 和导线 cd 中电流的方向相反。根据毕 – 萨电磁力定律可知，在磁场的作用下，导线 ab 和导线 cd 分别受到两个方向相反的电磁力，由此便产生了一个促使线圈（转子）逆时针旋转的转矩，当该转矩的大小超过转子受到的摩擦力、外部负载等阻力矩后，转子开始逆时针转动。转动过程中电刷 A、B 绕着换向器滑动，当转子转过 180° 后，电刷 A 与导线 cd 相连，电刷 B 与导线 ab 相连。此时线圈中电流的流向是 B – d – c – b – a – A，导线 ab 和导线 cd 中电流的方向仍然相反，线圈（转子）仍然受逆时针方向的转矩作用，维持转子继续转动。

由电磁感应定律可知，运动的载流导体在切割磁力线时会产生感生电动势，所以线圈 abcd 在转动过程中有感生电动势的存在，根据右手定则可以判断出该感生电动势的方向与外加直流电源的方向相反，因此这一电势也被称为反电势，外部的直流电源必须克服这一反电势才能向线圈中输入电流。

在上面的分析中，只有当线圈 abcd 组成的平面平行于磁场方向时，线圈产生的电磁力矩才是最大，当该平面垂直于磁场方向时，作用在定子上的电磁力矩最小，为零。但是由于电机定子上均匀分布着多组类似的线圈，总有部分线圈产生的电磁力矩不为零，从而驱动转子转动。

2. 直流伺服电机的数学模型

在进行模型分析时，首先进行如下假定：电动机的磁路不饱和，且电刷位于绕组的几何中性线。

1）电枢电动势

电枢电动势是指直流电机正、负电刷之间的感应电动势，也就是电枢绕组每个支路里所有导体的感应电动势之和。

一根导体的平均感生电动势可以写为

$$e_{av} = B_{av} l v \qquad (5-18)$$

其中，B_{av} 为平均磁感应强度；l 为导体的有效长度；v 为导体的运动线速度；可以写成

$$v = 2p\tau \frac{n}{60} \qquad (5-19)$$

其中，p 为电机的极对数；τ 为电机的极距；n 为电机的转速，r/min。

于是可得

$$e_{av} = 2p\Phi \frac{n}{60} \qquad (5-20)$$

其中 $\Phi = B_{av} l \tau$，为电机绕组的磁通。

每条支路中的导体数量为 $\dfrac{z}{2a}$，其中 z 为电枢绕组的全部导体数，a 为绕组并联支路数，

那么，电枢上的总电动势可表示为

$$E_a = \frac{z}{2a} \times 2p\Phi \frac{n}{60} = \frac{pz}{60a}\Phi n = C_e \Phi n \qquad (5-21)$$

式中，$C_e = \dfrac{pz}{60a}$ 是一个与电机结构相关的常数，也被称为电动势常数。

2）电磁转矩

通电导体在磁场中要受到电磁力的作用，该力与其力臂的乘积就是电磁转矩。一根载流导体所产生的电磁力矩为

$$t = B_{\mathrm{av}} l i_a \frac{D}{2} \qquad (5-22)$$

式中，$D = \dfrac{2p\tau}{\pi}$ 为电枢的直径；$i_a = \dfrac{I_a}{2a}$ 为载流导体流过的电流；I_a 为电枢总电流。

电枢上所有载流导体的电磁转矩之和即为总的电磁转矩，可表示为

$$T_{\mathrm{em}} = B_{\mathrm{av}} l \frac{D}{2} \sum_1^z \frac{I_a}{2a} = z B_{\mathrm{av}} l \frac{I_a}{2a} \frac{p\tau}{\pi} \qquad (5-23)$$

将 $\Phi = B_{\mathrm{av}} l \tau$ 代入式（5-23），可得

$$T_{\mathrm{em}} = \frac{pz}{2a\pi} \Phi I_a = C_t \Phi I_a \qquad (5-24)$$

式中，$C_t = \dfrac{pz}{2a\pi}$ 为常数，称为转矩常数。

3）电压平衡方程

根据基尔霍夫电压定律，直流电机的电枢电压平衡方程可以写为

$$U_a(t) = e_a(t) + R_a i_a(t) + L_a \frac{\mathrm{d}i_a(t)}{\mathrm{d}t} \qquad (5-25)$$

式中，U_a 为电枢两端的电压；R_a 为电枢绕组回路的总电阻；L_a 为电枢绕组的电感；$i_a(t)$ 为电枢的瞬时电流；$e_a(t)$ 为电枢的感生电动势。

当电机运行进入稳态后，电机转速、电枢电流等物理量不再发生变化，式（5-25）就可以写为

$$U_a = E_a + R_a I_a \qquad (5-26)$$

式中，I_a 为电枢电流的稳态值；E_a 为电枢感生电动势的稳态值。

式（5-25）和式（5-26）分别描述了直流电机电枢电压的动态变化过程和稳态变化过程。

4）转矩平衡方程

根据牛顿第二定律，直流电机转子上的转矩平衡方程可写为

$$T_{\mathrm{em}}(t) = J \frac{\mathrm{d}\Omega(t)}{\mathrm{d}t} + T_L \qquad (5-27)$$

其中，T_{em} 为直流电机产生的电磁转矩；J 为直流电机转子及负载的等效转动惯量；T_L 为其他负载转矩（包括负载的阻力矩、电机的空载转矩等）。

当电机运行进入稳态后，式（5-27）就可以写为

$$T_{\mathrm{em}} = T_L \qquad (5-28)$$

式（5－27）和式（5－28）分别描述了直流电机输出电磁转矩的动态变化过程和稳态变化过程。

5）直流电机动态传递函数

传递函数用以描述直流伺服电机工作的动态变化过程，可以对控制系统的分析设计提供依据。

将式（5－21）～式（5－27）所描述的动态过程用框图的形式描述，如图5－12所示。

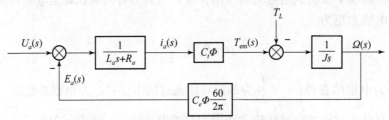

图5－12　直流伺服电机传递函数框图

将式（5－21）和式（5－24）分别代入式（5－25）和式（5－27）可得

$$U_a(t) = \frac{L_a J}{C_t \Phi} \frac{\mathrm{d}^2 \Omega(t)}{\mathrm{d}t^2} + \frac{R_a J}{C_t \Phi} \frac{\mathrm{d}\Omega(t)}{\mathrm{d}t} + C_e \Phi \frac{60}{2\pi} \Omega(t) + T_L \tag{5－29}$$

令 $T_L = 0$，对式（5－29）进行拉普拉斯变换，可得直流电机在空载状态下的传递函数为

$$\frac{\Omega(s)}{U_a(s)} = \frac{1}{\dfrac{L_a J}{C_t \Phi} s^2 + \dfrac{R_a J}{C_t \Phi} s + C_e \Phi \dfrac{60}{2\pi}} = \frac{K}{\tau_a s^2 + \tau_m s + 1} \tag{5－30}$$

式中，$\tau_a = \dfrac{L_a}{R_a} \tau_m$，$\tau_m = \dfrac{R_a J}{C_t C_e \Phi^2} \dfrac{2\pi}{60}$，$K = \dfrac{1}{C_e \Phi} \dfrac{60}{2\pi}$。

$\dfrac{L_a}{R_a}$ 称为直流电机的电磁时间常数，一般情况下，$\dfrac{L_a}{R_a} \ll 1$，即 $\tau_a \ll \tau_m$。此时，式（5－30）所表示的传递函数可以简化为一个一阶惯性环节，即为

$$\frac{\Omega(s)}{U_a(s)} = \frac{K}{\tau_m s + 1} \tag{5－31}$$

式中，τ_m 为直流伺服电机的机电时间常数。

对于上述传递函数的表示形式，如果选取 $i_a(t)$、$\Omega(t)$ 为状态变量，则可以将其写为如下的状态空间模型。

$$\begin{bmatrix} \dot{i}_a \\ \dot{\Omega} \end{bmatrix} = \begin{bmatrix} -\dfrac{R_a}{L_a} & -\dfrac{60 C_e \Phi}{2\pi L_a} \\ \dfrac{C_t \Phi}{J} & 0 \end{bmatrix} \begin{bmatrix} i_a \\ \Omega \end{bmatrix} + \begin{bmatrix} \dfrac{1}{L_a} & 0 \\ 0 & -\dfrac{1}{J} \end{bmatrix} \begin{bmatrix} U_a \\ T_L \end{bmatrix} \tag{5－32}$$

或简写为

$$\dot{X} = AX + BU \tag{5－33}$$

5.2.2　步进电机

步进电机是一种把电脉冲信号转换成机械角位移的控制电机，常作为数字控制系统中的执行元件。步进电机由专用电源供给脉冲，每输入一个电脉冲信号，转子就前进一步，因此

叫作步进电机。

步进电机的主要特点如下。

（1）转速和步距值不受电压波动、负载变化和温度变化的影响，只与脉冲频率同步，转子运动的总位移量只取决于总的脉冲信号数。

（2）属于开环控制，不需要位置反馈传感器，系统的结构大为简化，工作更加可靠，维护方便，在一般定位驱动装置中具有足够高的精度。但是在某些情况下，步进电机可能会出现失步情况，产生控制误差，为此，可以在电机末端安装角度传感器，构成位置闭环，达到高精度的位置闭环。

（3）控制性能好，可以在很宽的范围内通过改变脉冲的频率来调节电机的转速，启动、制动、反向及其他任何运行方式的改变，都在少数脉冲之内完成。

（4）误差不累积，步进电机每走一步所转过的角度与理论值之间总有一定的误差，但是它每转一圈总有一定的步数，所以在不失步的情况下，其步距差是不会累积的。

由于步进电机的上述优点，其广泛应用于许多需要精确定位的控制场合，如打印机的进纸驱动、电脑绣花机、绘图仪等。

步进电机的种类很多，根据不同的作用原理和机构形式有不同的分类方法，按转矩产生的原理，其可以分为以下几种。

（1）反应式步进电机。

（2）永磁式步进电机。

（3）混合式步进电机。

1. 步进电机的结构及原理

1）反应式步进电机

反应式步进电机本体是由转子和定子两部分组成的，其相数一般可分为三相、四相、五相、六相等。电机的定子由硅钢片叠压而成，为凸极结构，每个凸极上分布有多个小齿。定子的每个凸极上安装有一个线圈，径向相对的两个磁极上的线圈串联组成电机的一相绕组。三相反应式步进电机结构如图 5 – 13 所示。

在定子绕组通电后，会在定子凸极上产生相应的电磁场，定子小齿和转子小齿之间会形成磁路，转子小齿将被强行推动到最大磁导（或最小磁阻）的位置，并达到平衡状态，如图 5 – 14（a）所示，这一过程称为对齿。

当对齿完成后，电机定子停止转动。但是在其他定子凸极位置上，定子小齿和转子小齿并没有对齐，这种现象称为错齿，如图 5 – 14（b）所示。为了使步进电机转子持续转动，需要在错齿处的定子凸极上产生新的磁场，从而产生新的转动，这就是步进电机的定子绕组换相。

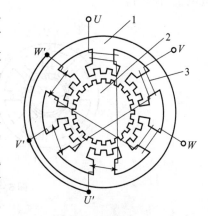

图 5 – 13　三相反应式
步进电机结构

1—定子；2—转子；3—定子绕组

2）永磁式步进电机

永磁式步进电机转子具有永久磁铁形成的磁场。其定子结构与反应式步进电机相同，一般有 6 个磁极，配有绕组。电机转子为永久磁极。和反

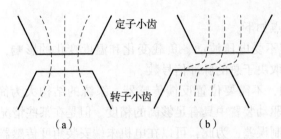

图 5 – 14　步进电机转子与定子小齿的相对位置

(a) 对齿；(b) 错齿

应式步进电机的不同之处在于，永磁式步进电机的绕组电流要求正、反向流动，一个典型的永磁步进电机结构如图 5 – 15 所示。

　　图 5 – 15 所示的步进电机定子绕组为两相式，定子凸极的凸面没有小齿，转子磁极也为凸极结构，凸面同样没有小齿。当其中一相绕组通电时，定子通电绕组所在的一对凸极产生电磁场，该电磁场与电机转子的电磁场相互作用，根据同极相斥、异极相吸的原理，电磁力推动转子转动。

　　3）混合式步进电机

　　混合式步进电机在转子的结构上融合了反应式步进电机和永磁式步进电机的特点，其转子由环形永久磁铁和具有两个小齿的铁芯构成。环形永磁体为轴向磁化，永磁环的两端各套一转子铁芯，两端的铁芯彼此错开 1/2 齿距。电机的定子结构与反应式步进电机

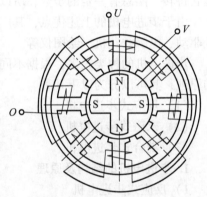

**图 5 – 15　永磁式步进
电机结构**

类似，每个凸极的凸面有与转子齿形及齿距相同的小齿。图 5 – 16 所示为一典型的混合式步进电机结构图。

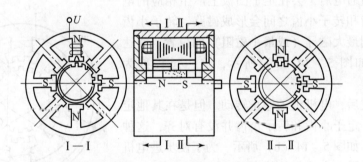

图 5 – 16　混合式步进电机结构图

　　定子绕组为两相，当 U 相脉冲接入时，在转子的 S 极端面，转子齿与定子绕组磁场的 N 极齿对齐，转子槽与定子绕组磁场的 S 极齿对齐。同时在转子的 N 极端面，转子齿与定子绕组磁场的 S 极齿对齐，转子槽与定子绕组磁场的 N 极齿对齐。当切断 U 相、V 相通电时，电机转子在磁场作用下将顺时针转动一个步距角。

2. 步进电机的数学模型

1）磁阻转矩

步进电机的静态整步转矩可由一定失调角 θ 下，电机气隙磁场能量对失调角的变化率求得，即为

$$T_e = \frac{1}{2} p F_\mu^2 \frac{\mathrm{d}\Lambda}{\mathrm{d}t} \tag{5-34}$$

其中，T_e 为静态整步转矩；p 为极对数；F_μ 为气隙磁通的磁势；Λ 为电机定子与转子间的磁导。

磁导 Λ 是失调角 θ 的函数，它们之间有如下关系：

$$\Lambda = \frac{1}{2}(\Lambda_M - \Lambda_L)\cos\theta \tag{5-35}$$

将式（5-35）代入式（5-34）可得

$$T_e = -K_e \sin\theta \tag{5-36}$$

其中，$K_e = \frac{1}{4} p F_\mu^2 (\Lambda_M - \Lambda_L)$，为常数。当失调角很小时，有 $\sin\theta \approx \theta$，于是式（5-36）可近似线性化为

$$T_e \approx -K_e\theta = -K_e(\theta_i - \theta_o) \tag{5-37}$$

式中，θ_i 为给定的平衡位置；θ_o 为步进电机的实际运动位置。

2）电压平衡方程

步进电机的电压平衡方程为

$$u = iR + e \tag{5-38}$$

其中，u 为绕组两端的电压；R 为励磁绕组的电阻；i 为励磁绕组的电流；$e = K_E \Omega$ 为绕组的反电动势，K_E 为电动势常数，Ω 为步进电机的转速，有

$$\Omega = \frac{\mathrm{d}\theta_o}{\mathrm{d}t} \tag{5-39}$$

当电机到达平衡位置时，绕组两端的电压为零，即有

$$i = -\frac{K_E \Omega}{R} \tag{5-40}$$

3）步进电机转矩平衡方程

步进电机克服外部负载运动时，满足如下平衡方程：

$$T_e = J\frac{\mathrm{d}\Omega}{\mathrm{d}t} + B\Omega + T_L \tag{5-41}$$

其中，J 为等效到步进电机转子上的转动惯量；B 为阻尼系数；T_L 为其他阻力矩，包括摩擦负载、阻转矩负载等。

4）步进电机传递函数模型

综合上述各式，可得如下的二阶微分方程：

$$K_e\theta_i = J\frac{\mathrm{d}\theta_o^2}{\mathrm{d}t^2} + \left(B + \frac{K_M K_E}{R}\right)\frac{\mathrm{d}\theta_o}{\mathrm{d}t} + K_e\theta_o \tag{5-42}$$

对式（5-42）两端取拉普拉斯变换，可得步进电机的传递函数为

$$\frac{\theta_o}{\theta_i} = \frac{K_e}{Js^2 + \left(B + \dfrac{K_M K_E}{R}\right)s + K_e} \tag{5-43}$$

5.2.3 高压交流永磁式伺服电机

永磁同步电机最早出现于 20 世纪 50 年代，其运行机理与普通的电励磁同步电机类似，只是以永磁体代替了电励磁，使其结构更加简单。

1. 永磁同步电机结构与工作原理

永磁同步电机本体由定子和转子两大部件构成，根据转子与定子的相对位置，可以分为内转子和外转子两种形式。通常，永磁同步电机还附带角度测量传感器，用于转子位置和速度信号的检测。图 5-17 所示为永磁同步电机的结构图。

永磁同步电机的定子部分主要由硅钢冲片、绕组、固定铁芯的机壳及端盖等部分组成。转子部分通常由转子铁芯、永磁体磁钢和转子转轴组成。

图 5-17 永磁同步电机的结构图

永磁同步电机的转子为永磁体，其磁场方向取决于转子的空间角度。如果在三相空间对称的定子绕组中通入三相时间上也对称的正弦电流，在定、转子气隙中将产生一个圆形旋转磁场，如图 5-18 所示。

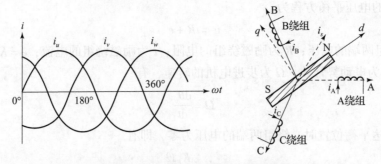

图 5-18 永磁同步电机工作原理示意

由于定、转子磁场之间存在电磁吸力，当定子旋转磁场以速度 n 旋转时，就拖着永磁体转子以及转子轴上的机械负载同步旋转。

通过改变电机定子电源的频率 f，即可实现电机的调速，即为变频调速。变频调速可以在宽广的范围内实现无极调速，使同步电机启动困难、失步的缺点得到克服，获得良好的启动和运行特性。

2. 永磁同步电机的数学模型

在进行建模分析前，需要对永磁同步电机做如下的假设。

（1）定子绕组采用星型接法，三相绕组对称分布，各绕组轴线在空间相差120°。

（2）转子永磁体在定转子气隙内产生的主磁场沿气隙圆周呈正弦分布。

（3）忽略定子绕组齿槽对气隙磁场分布的影响。

（4）忽略定、转子铁芯的损耗。

分析永磁同步电机最常用的是 d – q 轴数学模型，它不仅可用于分析电机稳态运行性能，也可用于分析电机的瞬态性能，在 d – q 轴同步旋转坐标系下，定子绕组的自感、互感系数由时变常数变为常系数，d – q 轴绕组也没有耦合关系，便于获得良好的控制性能。因此本节主要推导永磁同步电机 d – q 轴数学模型。

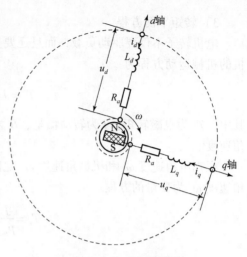

图 5 – 19 三相永磁同步电机的 d – q 变换模型

三相永磁同步电机在 d – q 坐标系下的模型如图 5 – 19 所示。可以把 d、q 轴上的两个绕组看成电气上相互独立的两个直流回路，即三相交流永磁同步电机通过坐标变换后，可以作为一个直流电机看待。

1）电压方程

永磁同步电机在 d – q 坐标系下的电压方程为

$$\begin{bmatrix} u_d \\ u_q \end{bmatrix} = R_S \begin{bmatrix} i_d \\ i_q \end{bmatrix} + \begin{bmatrix} p & -\omega_e \\ \omega_e & p \end{bmatrix} \begin{bmatrix} \psi_d \\ \psi_q \end{bmatrix} \tag{5-44}$$

其中，u_d、u_q 分别为定子电压在 d、q 轴的分量；i_d、i_q 分别为定子电流在 d、q 轴的分量；ψ_d、ψ_q 分别为定子磁链在 d、q 轴的分量，且有

$$\begin{bmatrix} \psi_d \\ \psi_q \end{bmatrix} = \begin{bmatrix} L_d & 0 \\ 0 & L_q \end{bmatrix} \begin{bmatrix} i_d \\ i_q \end{bmatrix} + \begin{bmatrix} \psi_f \\ 0 \end{bmatrix} \tag{5-45}$$

其中，$\psi_f = \sqrt{\dfrac{3}{2}} \psi_{fd}$ 为转子磁链在 d 轴上的耦合磁链；L_d、L_q 分别为定子电感在 d、q 轴的分量，且有

$$\begin{cases} L_d = L_\sigma + \dfrac{3}{2}(L_{s0} - L_{s2}) \\ L_q = L_\sigma + \dfrac{3}{2}(L_{s0} + L_{s2}) \end{cases} \tag{5-46}$$

2）电磁转矩方程

根据电机统一理论，永磁同步电机的电磁转矩可由式（5 – 47）得到：

$$T_e = p_m (\psi_d i_q - \psi_q i_d) \tag{5-47}$$

将式（5 – 45）代入式（5 – 47）可得

$$T_e = p_m [\psi_f i_q + (L_d - L_q) i_d i_q] \tag{5-48}$$

其中，p_m 为电机极对数。

综上所述，永磁同步电机在 d – q 坐标系下的主要方程为

$$\begin{cases} u_d = R_s i_d + p\psi_d - \omega_e \psi_q \\ u_q = R_s i_q + p\psi_q + \omega_e \psi_d \\ \psi_d = L_d i_q + \psi_f \\ \psi_q = L_q i_q \\ T_e = p_m [\psi_f i_q + (L_d - L_q) i_d i_q] \end{cases} \tag{5-49}$$

3）转矩平衡方程

电机转子不仅要驱动负载，而且还要克服系统的摩擦负载和惯性作用，于是可以得到电机的机械运动方程为

$$T_e = J\frac{\mathrm{d}\omega_n}{\mathrm{d}t} + B\omega_n + T_L \qquad (5-50)$$

其中，T_e 为电磁转矩；J 为转动惯量；B 为轴承的黏滞系数；T_L 为负载转矩；ω_n 为转子机械角速度。

根据电角速度 ω_r 和机械角速度 ω_n 之间的关系 $\omega_n = \omega_r/p_m$，p_m 为极对数，可以得到以电角速度 ω_r 为变量的方程

$$T_e = \frac{J}{p_m}\frac{\mathrm{d}\omega_r}{\mathrm{d}t} + \frac{B}{p_m}\omega_r + T_L \qquad (5-51)$$

5.3 液动执行机构

液动执行机构是一种典型的动力传动与运动控制执行部件，液压控制系统具有功率密度大、响应快、抗负载冲击能力强等优点，在航空航天、船舶、兵器、工程机械、农机装备等领域中有比较广泛的应用。

在高精度的伺服控制应用领域中，液压执行机构中的主要组成元件包括电液伺服阀或伺服比例阀、液压油缸、液压马达。它们可组成液压阀控缸系统或液压阀控马达系统，下面分别进行介绍。

5.3.1 电液伺服阀

电液伺服阀属于液压控制元件，如图 5-20 所示，从类型上可以分为单级电液伺服阀、两级电液伺服阀和三级电液伺服阀。其中单级电液伺服阀结构简单，但是其流量及驱动功率较小、稳定性较差，应用较少。而三级电液伺服阀属于大流量伺服阀，控制较为复杂，其应用也相对较少。应用最为广泛的为两级电液伺服阀。

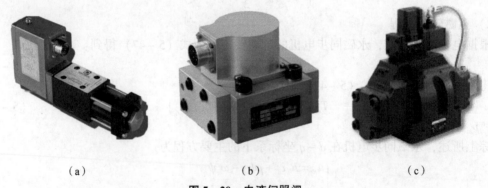

（a）　　　　　　　　　　（b）　　　　　　　　　　（c）

图 5-20　电液伺服阀

（a）单级电液伺服阀；（b）两级电液伺服阀；（c）三级电液伺服阀

因此，下面着重描述两级电液伺服阀的相关特性。图 5-21 所示为两种典型的两级电液伺服阀的结构原理。

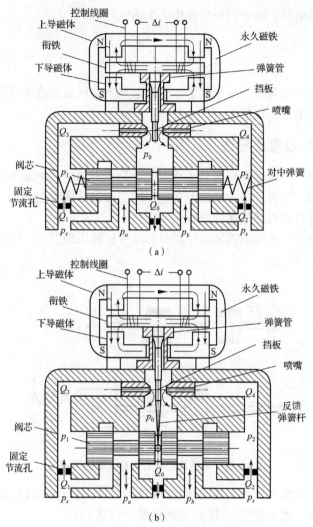

图 5 – 21　两级电液伺服阀的结构原理

（a）对中弹簧式；（b）力反馈式

上述两种结构的两级阀，其第一级一般为射流管阀或喷嘴挡板阀。第一级阀由力矩马达进行驱动，产生控制油，进而控制第二级阀的阀芯进行运动。力矩马达为一个电 – 磁 – 机械转换元件，可以将控制信号转换为电磁力矩，带动第一级阀的射流口或喷嘴挡板进行运动。

无论是哪种结构的两级电液伺服阀，其最终的模型都可以通过式（5 – 52）所示的传递函数进行描述。

$$\frac{x_v}{i} = \frac{K_{sv}}{\left(\dfrac{s}{K_{vf}} + 1\right)\left(\dfrac{s^2}{\omega_{mf}^2} + \dfrac{2\zeta_{mf}s}{\omega_{mf}} + 1\right)} \tag{5 – 52}$$

其中，x_v 为伺服阀的阀芯位移；i 为输入伺服阀力矩马达的控制信号；K_{sv}、K_{vf}、ω_{mf}、ζ_{mf} 为伺服阀的模型参数，由伺服阀的结构参数所确定。

可以看出，两级伺服阀的传递函数由一个惯性环节和一个二阶振荡环节组成。在实际应用中，电液伺服阀的工作频带一般高于液压缸或液压马达的频带，所以上述传递函数中的二阶振荡环节常常被忽略掉，而将伺服阀视作一个惯性环节。

$$\frac{x_v}{i} = \frac{K_{sv}}{\left(\dfrac{s}{K_{vf}} + 1\right)} \tag{5-53}$$

甚至，对一些高频伺服阀，由于其工作频带远高于液压缸或液压马达，惯性环节也会被忽略掉，而简化为一个比例环节 K_{sv}。

5.3.2 液压缸及液压马达

液压控制系统中，液压缸和液压马达直接带动负载做功。其中液压缸实现直线运动，液压马达实现旋转运动，二者只是在结构上有所不同，在数学模型上基本一致。因此，下面重点以液压缸为例，进行其数学描述的分析。

图 5 - 22 所示为一个典型的四通阀控制对称液压缸的原理图。

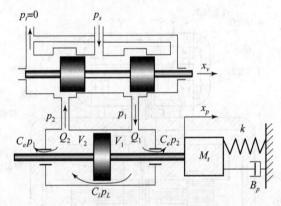

图 5 - 22   四通阀控制对称液压缸的原理图

对液压缸而言，其输入为液压阀的阀芯开口量 x_v，其输出为液压缸活塞杆的位移 x_p。分析液压缸的动态过程，就是建立 x_p 与 x_v 之间的数学描述关系。

图 5 - 22 所示的液压系统，其工作原理为，四通滑阀通过其阀芯位移 x_v 的变化，动态地改变流向液压缸两腔的流量 Q_1 和 Q_2，以及液压缸两腔内的压力 P_1 和 P_2，从而动态地改变液压缸活塞杆的运动速度和输出力。

上述工作过程可以通过如下的方程进行描述。

1. 流量线性化方程

液压阀流入液压缸的流量 Q_1 和 Q_2 可以分别通过节流公式进行描述：

$$Q_1 = C_d W x_v \sqrt{\frac{2}{\rho}(p_s - p_1)} \tag{5-54}$$

$$Q_2 = C_d W x_v \sqrt{\frac{2}{\rho} p_2} \tag{5-55}$$

其中，C_d 为流量系数；W 为过流面积梯度；ρ 为油液密度。

根据流量连续性有

$$Q_L = Q_1 = Q_2 \tag{5-56}$$

根据压力分布关系有

$$p_s = p_1 + p_2 \tag{5-57}$$

$$p_L = p_1 - p_2 \tag{5-58}$$

综合上述各式，可以得到负载压力 p_L、负载流量 Q_L、液压阀芯位移 x_v 三者之间的关系为

$$Q_L = C_d W x_v \sqrt{\frac{1}{\rho}(p_s - p_L)} \tag{5-59}$$

可以看出，这三者之间是非线性的，为了描述方便，可采取工作点附近求偏导的线性化处理方法，得到线性化的流量方程：

$$Q_L = K_q x_v - K_c p_L \tag{5-60}$$

其中，$K_q = C_d W \sqrt{\dfrac{1}{\rho}(p_s - p_L)}$ 为流量系数，$K_c = \dfrac{C_d W x_v \sqrt{\dfrac{1}{\rho}(p_s - p_L)}}{2(p_s - p_L)}$ 为压力增益。

2. 流量连续性方程

液压缸两腔内的液压油需要符合流量连续性的原则，两个腔内分别有液压阀到液压缸的流动、两腔之间的相互泄漏、外泄漏、活塞运动引起的运动流量、压力变化导致的流体压缩流量。上述各个分流量之间的相互关系可以描述如下。

高压腔流量方程：

$$Q_1 = A_p \frac{dx_p}{dt} + \frac{V_1}{\beta_e} \frac{dp_1}{dt} + C_i(p_1 - p_2) + C_e p_1 \tag{5-61}$$

低压腔流量方程：

$$Q_2 = A_p \frac{dx_p}{dt} - \frac{V_2}{\beta_e} \frac{dp_2}{dt} - C_i(p_2 - p_1) - C_e p_2 \tag{5-62}$$

其中，A_p 为液压缸活塞的有效作用面积；V_1 和 V_2 为液压缸两腔的容积；β_e 为油液的体积弹性模量；C_i 为内泄漏系数；C_e 为外泄漏系数。

根据式（5-56）~式（5-57）可得到

$$Q_L = A_p \frac{dx_p}{dt} + \frac{V_t}{4\beta_e} \frac{dp_L}{dt} + C_t p_L \tag{5-63}$$

其中，$V_t = V_1 + V_2$，$C_t = C_i + \dfrac{C_e}{2}$。

3. 力平衡方程

一般液压缸的外负载包括惯性负载、阻尼负载、弹性负载、其他恒定负载。其输出的力由两腔的压力差决定，因此，可以写出液压缸的力平衡方程为

$$A_p p_L = M_t \frac{d^2 x_p}{dt^2} + B_p \frac{dx_p}{dt} + k x_p + F_L \tag{5-64}$$

其中，M_t 为运动负载的等效总质量；B_p 为阻尼负载系数；k 为弹性负载刚度；F_L 为恒定负载。

4. 液压缸的传递函数

依据上述各式，可以得到液压缸的传递函数为

$$x_p = \frac{\dfrac{K_q}{A_p} x_v - \dfrac{K_{ce}}{A_p^2}\left(\dfrac{V_t}{4\beta_e K_{ce}} s + 1\right) F_L}{\dfrac{V_t M_t}{4\beta_e A_p^2} s^3 + \left(\dfrac{K_{ce} M_t}{A_p^2} + \dfrac{B_p V_t}{4\beta_e A_p^2}\right) s^2 + \left(\dfrac{k V_t}{4\beta_e A_p^2} + \dfrac{B_p K_{ce}}{A_p^2} + 1\right) s + \dfrac{K_{ce} k}{A_p^2}} \tag{5-65}$$

其传递函数框图如图 5-23 所示。

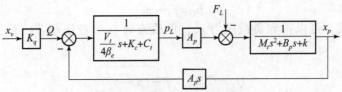

图 5-23 液压缸传递函数框图

5. 液压马达的传递函数

液压马达和液压缸的传递函数类似，其具体过程就不再详细描述，在此只给出结果。

液压马达的流量线性化公式依旧为式（5-60），其流量连续性方程为

$$Q_L = D_m \theta_m s + \left(\frac{V_t}{4\beta_e} s + C_t \right) p_L \tag{5-66}$$

其中，D_m 为液压马达的排量；θ_m 为液压马达的转动角度。

液压马达的转矩平衡方程为

$$D_m p_L = (J_t s^2 + B_m s + k) \theta_m + T_L \tag{5-67}$$

其中，J_t 为转动部件的等效转动惯量；B_m 为阻尼负载系数；k 为扭转弹性负载系数；T_L 为恒定扭矩负载。

可得到液压马达的传递函数为

$$\theta_m = \frac{\dfrac{K_q}{D_m} x_v - \dfrac{K_{ce}}{D_m^2} \left(\dfrac{V_t}{4\beta_e K_{ce}} s + 1 \right) T_L}{\dfrac{V_t J_t}{4\beta_e D_m^2} s^3 + \left(\dfrac{K_{ce} J_t}{D_m^2} + \dfrac{B_m V_t}{4\beta_e D_m^2} \right) s^2 + \left(\dfrac{G V_t}{4\beta_e D_m^2} + \dfrac{B_p K_{ce}}{D_m^2} + 1 \right) s + \dfrac{K_{ce} G}{D_m^2}} \tag{5-68}$$

5.4 复杂运动系统的机理建模

5.4.1 基本概念

机理建模的定义为：采用由一般到特殊的推理演绎方法，对已知结构、参数的物理系统，运用相应的物理定律或定理，经过合理分析简化而建立起来的描述系统各物理量动、静态变化性能的数学模型。

（1）主要通过理论分析推导建立数学模型，常用到的理论知识包括物质不灭定律、能量守恒定律、牛顿第二定律、基尔霍夫定律等。

（2）提取主要本质因素、忽略次要因素。抓住对系统模型具有决定性影响的物理量及相互关系，舍弃次要。

（3）注意系统的线性化。通过合理简化，将非线性因素近似为线性系统。

复杂运动系统由一系列运动机构组合而成，可以完成某种特定的功能。机构的运动除了与几何约束有关外，还和机构的受力、负载质量、运动时间与空间等有密切关系。

运动学（kinematics）模型就是用来描述机构运动中坐标变化的一组方程，处理运动的几何学及与时间的关系。

动力学（dynamics）模型则是用来描述运动机构与驱动力之间的动态关系的一组方程，处理运动的几何学与负载的关系。

1. 完整约束和非完整约束

非完整约束是指含有系统广义坐标导数且不可积的约束，与之相反的就是完整约束。典型的非完整约束系统（以下简称"非完整系统"）包括车辆、移动机器人、某些空间机器人、水下机器人、欠驱动机器人和运动受限机器人等。因此，非完整系统的控制研究具有广泛应用背景和重要应用价值。经典力学对非完整系统做了基础性研究。从 19 世纪 80 年代末起，由于机器人及车辆控制的需要，开始对非完整系统的控制问题进行深入研究。非完整约束是对系统广义坐标导数的约束，不减少系统的位形自由度，这使得系统的独立控制个数少于系统的位形自由度，给其控制设计带来很大困难，非完整系统不能用连续的状态反馈整定。

2. 保守力和非保守力

在物理系统里，假若一个粒子，从起始点移动到终结点，受到的作用力所做的功，不因为路径的不同而改变，则称此力为保守力。假若一个物理系统里，所有的作用力都是保守力，则称此系统为保守系统；反之，则称为非保守力和非保守系统。

3. 广义坐标

广义坐标是不特定的坐标，描述完整系统位形的独立变量。对于含有 n 个质点的质点系，在空间有 $3n$ 个坐标。若这些质点间存在 k 个有限约束，则约束方程可写为 $f_s(x_1, x_2, \cdots, x_{3n}; t) = 0 (s = 1, 2, \cdots, k)$。利用约束方程消去 $3n$ 个坐标中的 k 个变量，剩下 $N = 3n - k$ 个变量是独立的。利用变量转换，可将这 N 个变量用其他任何 N 个独立变量 $q_1, q_2, \cdots, q_N$ 来表示。因此，$3n$ 个 x 坐标可用 N 个 q 表示为 $x_i(q_1, q_2, \cdots, q_N; t)(i = 1, 2, \cdots, 3n)$。这种相互独立的变量称为广义坐标，其数目 N 等于完整系统的自由度。常用的广义坐标有线量和角量两种。例如，对约束在空间固定曲线上运动的质点，可用自始点计量的路程 s 做广义坐标；用细杆约束在竖直平面内摆动的质点，可用杆与铅锤线的夹角 θ 做广义坐标。广义坐标对时间的导数称为广义速度。

4. 刚体与柔性体

刚体是物理学上的一种假设存在的理想物体，不会发生变形的称为刚体，与之对应地，会发生变形的，称为柔性体。

柔性机械臂、水轮机叶片、直升机旋翼以及带有柔性附件的人造卫星等，都是刚柔耦合系统。建立这类结构的模型，需要考虑大范围刚体运动与弹性小变形运动的耦合问题。

5. 固定坐标系与移动坐标系

固定坐标系即坐标系的原点和各坐标轴的方向不随时间发生变化的坐标系。例如世界坐标系、工业机器人的基座坐标系等，用于描述空间的绝对初始位置。

移动坐标系即坐标系的原点或各轴的方向随时间发生变化的坐标系。例如工业机器人的连杆坐标系等。移动坐标系往往是跟随运动刚体一起变化。运动是相对的，所以坐标系是固定的还是移动的也是相对的。工业机器人的连杆坐标系相对于基座坐标系是移动的，但是相对于连杆自身又是静止的。

5.4.2　运动学分析

1. 坐标变换

1）平动的坐标变换

如图 5-24 所示，坐标系 H 与坐标系 B 具有相同的姿态，但是坐标系 H 的原点与 B 的原点不重合。用矢量 $\vec{r}_0$ 来描述坐标 H 相对于坐标系 B 的位置，则称 $\vec{r}_0$ 为 H 坐标系相对于 B

坐标系的平移矢量。

如果点 P 在 H 坐标系中的位置为 $\vec{r}_H$，则该点相对于 B 坐标系的位置矢量 $\vec{r}_B$ 可表示为

$$\vec{r}_B = \vec{r}_0 + \vec{r}_H \tag{5-69}$$

2）转动的坐标变换

如图 5-25 所示，令坐标系 H 从与坐标系 B 重合的位置开始绕坐标系 B 的 z 轴转动角度 θ_z，那么坐标系 H 中的 3 个轴上的单位矢量表示在坐标系 B 中为

$$\vec{n} = \begin{bmatrix} \cos\theta_z \\ \sin\theta_z \\ 0 \end{bmatrix}, \ \vec{o} = \begin{bmatrix} -\sin\theta_z \\ \cos\theta_z \\ 0 \end{bmatrix}, \ \vec{a} = \begin{bmatrix} 0 \\ 0 \\ 1 \end{bmatrix} \tag{5-70}$$

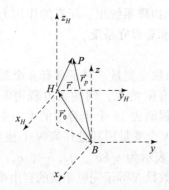

图 5-24　平动坐标变换　　　　图 5-25　绕 z 轴的转动坐标变换

可将上述的坐标转换关系，统一用一个转动矩阵进行描述，可表示为

$$\boldsymbol{R}_z = \mathrm{Rot}(z, \theta_z) = \begin{bmatrix} \cos\theta_z & -\sin\theta_z & 0 \\ \sin\theta_z & \cos\theta_z & 0 \\ 0 & 0 & 1 \end{bmatrix} \tag{5-71}$$

同理，可得到绕 x 轴和 y 轴转动的坐标变换矩阵为

$$\boldsymbol{R}_x = \mathrm{Rot}(x, \theta_x) = \begin{bmatrix} 1 & 0 & 0 \\ 0 & \cos\theta_x & -\sin\theta_x \\ 0 & \sin\theta_x & \cos\theta_x \end{bmatrix} \tag{5-72}$$

$$\boldsymbol{R}_y = \mathrm{Rot}(y, \theta_y) = \begin{bmatrix} \cos\theta_y & 0 & \sin\theta_y \\ 0 & 1 & 0 \\ -\sin\theta_y & 0 & \cos\theta_y \end{bmatrix} \tag{5-73}$$

如果依次绕 z、y 和 x 轴分别旋转，那么坐标变换矩阵可写为

$$\boldsymbol{T} = \boldsymbol{R}_x \boldsymbol{R}_y \boldsymbol{R}_z = \begin{bmatrix} c\theta_y c\theta_z & -c\theta_y s\theta_z & s\theta_y \\ s\theta_x s\theta_y c\theta_z + c\theta_x s\theta_z & -s\theta_x s\theta_y s\theta_z + c\theta_x c\theta_z & -s\theta_x c\theta_y \\ -c\theta_x s\theta_y c\theta_z + s\theta_x s\theta_z & c\theta_x s\theta_y s\theta_z + s\theta_x c\theta_z & c\theta_x c\theta_y \end{bmatrix} \tag{5-74}$$

其中，$s = \sin$，$c = \cos$。

3）复合运动的坐标变换

如图 5-26 所示，坐标系 B 和坐标系 H 的坐标原点不重合，且姿态也不相同，那么对

于 H 坐标系中的任意一点 P，在 B 坐标系下可表示为

$$\vec{r}_B = \vec{r}_0 + \boldsymbol{T}\,\vec{r}_H \qquad (5-75)$$

或

$$\begin{bmatrix} \vec{r}_B \\ 1 \end{bmatrix} = \begin{bmatrix} \boldsymbol{T} & \vec{r}_0 \\ 0 & 1 \end{bmatrix} \begin{bmatrix} \vec{r}_H \\ 1 \end{bmatrix} \qquad (5-76)$$

需要注意的是，对于复合变换，不同的旋转顺序会得到不同的变换矩阵 $\boldsymbol{T}$，其原则是，每进行一次坐标变换，需要用新的变换矩阵左乘之前的变换矩阵。如果右乘，则是由动坐标系向定坐标系进行变换。

【示例 5 – 1】　并联六自由度平台的运动学逆解

并联六自由度平台的运动学逆解是指，给定动平台相对定平台的位姿，求解 6 个驱动杆的位移。

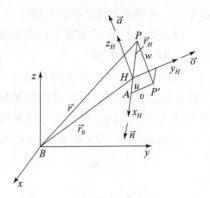

图 5 – 26　复合坐标变换

六自由度并联平台的动平台通过 6 个相同的分支与定平台相连接，每个分支有一个移动副（即驱动杆）、两个球面副（虎克铰或球铰），如图 5 – 27 所示。通过驱动杆的伸出和缩回运动，动平台可以进行 3 个旋转自由度和 3 个平移自由度共 6 个自由度的运动。

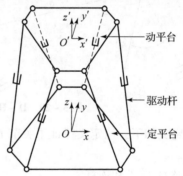

动平台

驱动杆

定平台

图 5 – 27　六自由度并联平台结构图

分别在动、定平台上建立动坐标系 R'：$O' - x'y'z'$ 和定坐标系 R：$O - xyz$，其铰点分布形状为长短边对称的半正则六边形。

如图 5 – 28 所示，动平台上驱动杆的连接点定义为 $P_i(i=1,\cdots,6)$，其在动坐标系 R' 下的坐标表示为 $[p_i]_{R'} = [x_{pi},\ y_{pi},\ z_{pi}]^{\mathrm{T}}$，定平台上驱动杆的连接点定义为 $B_i(i=1,\cdots,6)$，其在定坐标系 R 下的坐标表示为 $[b_i]_R = [x_{bi},\ y_{bi},\ z_{bi}]^{\mathrm{T}}$。动平台相对定平台的位置向量定义为 $[r]_R$，即 $[r]_R = [x,\ y,\ z]^{\mathrm{T}}$，姿态角度定义为 θ_x、θ_y、θ_z。

则动平台上的连接点 P_i 在定坐标系 R 中的坐标可计算为

$$[P_i]_R = [r]_R + \boldsymbol{T}[p_i]_{R'} \quad i = 1,\cdots,6$$

于是，六自由度并联平台的运动学反解可以写为

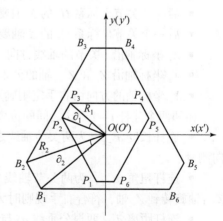

图 5 – 28　坐标系平面图

$$\| [p_i - b_i]_R \| = l_i^2 \quad i = 1, \cdots, 6$$

式中，l_i 为第 i 个驱动杆的长度。

以上为六自由度并联平台位置反解的求解过程。

2. D–H 参数法

通常描述机构运动学的方法有 D–H（Denavit–Hartenberg）法、Duff 法和牧野法等。D–H 法适合描述串联运动机构的坐标变换，其优点是将齐次变换分解为和臂杆相关的变换，以及和关节相关的变换，为具体的编程和数值求解计算带来方便。

下面以图 5–29 所示的连杆结构为对象，对 D–H 法进行具体解释。

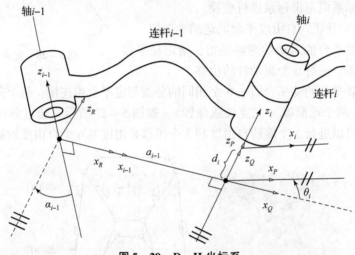

图 5–29　D–H 坐标系

关节与连杆的定义如下，该定义保证了关节 i 被驱动时，连杆 i 以及相连坐标系都将经历一个相应的运动。

- 关节 i 连接连杆 $i–1$ 和连杆 i
- 关节 i 被驱动时，连杆 i 发生转动
- Z_i 是第 i 个关节的驱动轴

建立连杆的坐标系时，其基本原则为：

- 后一个关节坐标系 O_i 的 X 轴要垂直于前一个坐标系 O_{i-1} 的 Z 轴。
- 后一个关节坐标系 O_i 的 X 轴要和前一个坐标系 O_{i-1} 的 Z 轴相交。
- Z_i 坐标轴沿 i 关节的轴线方向；
- X_i 坐标轴沿 Z_i 和 Z_{i-1} 轴的公垂线，且指向背离 Z_{i-1} 轴的方向；
- Y_i 坐标轴的方向由右手定则确定。

相邻两个连杆 $i–1$ 和 i 之间的位姿关系可以用 4 个参数表示，分别为：

- 连杆长度 a_{i-1}：为两关节轴线之间的距离，即 Z_i 与 Z_{i-1} 轴的公垂线长度，沿 X_i 轴方向测量。
- 连杆扭角 α_{i-1}：为两关节轴线之间的夹角，即 Z_i 与 Z_{i-1} 轴之间的夹角，绕 X_i 轴从 Z_{i-1} 轴旋转到 Z_i 轴，符合右手规则时为正。
- 连杆距离 d_i：两根公垂线 a_i 与 a_{i-1} 之间的距离，即 X_i 轴与 X_{i-1} 轴间的距离，在 Z_{i-1} 轴上测量。对于转动关节，d_i 为常数；对于移动关节，d_i 为变量。

- 连杆转角 θ_i：为两根公垂线 a_i 与 a_{i-1} 之间的夹角，即 X_i 轴与 X_{i-1} 轴之间的夹角，绕 Z_{i-1} 轴从 X_{i-1} 轴旋转到 X_i 轴，符合右手规则时为正。对于转动关节，θ_i 为变量；对移动关节，θ_i 为常数。

建立相邻连杆的坐标系变换的一般形式，然后将这些变换联系起来，就可以求出最后一个连杆相对于基坐标系的位置和姿态，即运动学方程的矩阵表示。图 5-28 所示的连杆变换即坐标系 O_{i-1} 向坐标系 O_i 的变换可以分解为 4 次子变换。4 次子变换中，建立 3 个虚拟中间坐标系 R、Q 和 P。坐标系 O_{i-1} 先绕坐标轴 x_{i-1} 旋转 a_{i-1} 得到坐标系 R；坐标系 R 沿着轴线 $i-1$ 和轴线 i 的公垂线方向移动 a_{i-1}，得到坐标系 Q；坐标系 Q 绕其自身坐标轴 z 旋转 θ_i，得到坐标系 P；坐标系 P 沿着其自身坐标轴 z 方向移动 d_i，得到坐标系 O_i。

由前述坐标系变换法则可知，这 4 个变换可以用 4 个齐次变换矩阵表示，分别是 ${}_{i-1}^{R}\boldsymbol{T}$、${}_{R}^{Q}\boldsymbol{T}$、${}_{Q}^{P}\boldsymbol{T}$、${}_{P}^{i}\boldsymbol{T}$，根据坐标变换的链式法则，坐标系 O_{i-1} 到坐标系 O_i 的变换矩阵可以写成

$$
{}_{i-1}^{i}\boldsymbol{T} = {}_{i-1}^{R}\boldsymbol{T}\,{}_{R}^{Q}\boldsymbol{T}\,{}_{Q}^{P}\boldsymbol{T}\,{}_{P}^{i}\boldsymbol{T} = \mathrm{Rot}(x,\alpha_{i-1})\mathrm{Trans}(x,a_{i-1})\mathrm{Rot}(z,\theta_i)\mathrm{Trans}(z,d_i)
$$

$$
= \begin{bmatrix} c\theta_i & -s\theta_i & 0 & \alpha_{i-1} \\ s\theta_i c\alpha_{i-1} & c\theta_i c\alpha_{i-1} & -s\alpha_{i-1} & -d_i s\alpha_{i-1} \\ s\theta_i s\alpha_{i-1} & c\theta_i s\alpha_{i-1} & c\alpha_{i-1} & d_i c\alpha_{i-1} \\ 0 & 0 & 0 & 1 \end{bmatrix} \tag{5-77}
$$

在得到每个连杆变换后，通过链式法则就可以得到执行机构相对于基坐标系的位姿，即机械臂的运动学方程，可由齐次矩阵 ${}_{N}^{0}\boldsymbol{T}$ 表示。

$$
{}_{N}^{0}\boldsymbol{T} = {}_{1}^{0}\boldsymbol{T}\,{}_{2}^{1}\boldsymbol{T}\cdots{}_{N-1}^{N-2}\boldsymbol{T}\,{}_{N}^{N-1}\boldsymbol{T} \tag{5-78}
$$

【示例 5-2】　液压四足机器人单腿的运动学解算

液压机器人的结构如图 5-30 所示，机器人每条腿包括 3 个旋转关节，表示为 $\boldsymbol{\theta} = \begin{bmatrix} \theta_1 & \theta_2 & \theta_3 \end{bmatrix}^{\mathrm{T}}$。在腿部髋关节坐标系 $\{h\}$ 下，单腿三关节的转角决定单腿的足端位置坐标 $\boldsymbol{x}_{\mathrm{foot}}^{h} = \begin{bmatrix} x_{\mathrm{foot}}^{h} & y_{\mathrm{foot}}^{h} & z_{\mathrm{foot}}^{h} \end{bmatrix}^{\mathrm{T}}$，该映射关系可由经典 D-H 法建立单腿正运动学方程获得。

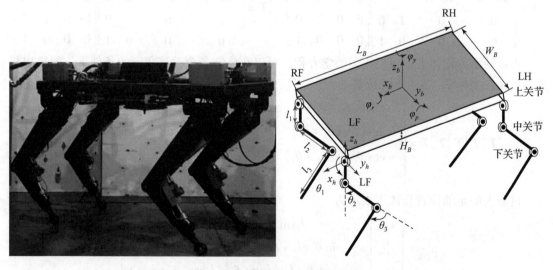

图 5-30　四足机器人结构示意图

如图 5-31 所示，髋横滚关节坐标系 {1}、髋俯仰关节坐标系 {2} 以及膝俯仰关节的坐标系 {3} 的 Z 轴平行或者异面，各个肢体的长度即为每个关节公垂线的长度，将 {4} 转换到 {h}，各个坐标转换过程由矩阵 ^H_0T、$^0T_1$、$^1T_2$、$^2T_3$ 和 $^3T_4$ 表示。

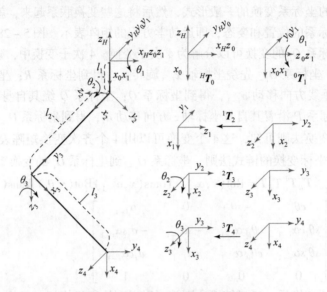

图 5-31 D-H 法坐标转换示意图

$$^H_0T = \begin{bmatrix} 0 & 0 & 1 & 0 \\ 0 & 1 & 0 & 0 \\ -1 & 0 & 0 & 0 \\ 0 & 0 & 0 & 1 \end{bmatrix} \quad ^0_1T = \begin{bmatrix} \cos\theta_1 & -\sin\theta_1 & 0 & 0 \\ \sin\theta_1 & \cos\theta_1 & 0 & 0 \\ 0 & 0 & 1 & 0 \\ 0 & 0 & 0 & 1 \end{bmatrix} \quad ^1_2T = \begin{bmatrix} 1 & 0 & 0 & l_1 \\ 0 & 0 & -1 & 0 \\ 0 & 1 & 0 & 0 \\ 0 & 0 & 0 & 1 \end{bmatrix}$$

$$^2_3T = \begin{bmatrix} \cos\theta_2 & -\sin\theta_2 & 0 & 0 \\ \sin\theta_2 & \cos\theta_2 & 0 & 0 \\ 0 & 0 & 1 & 0 \\ 0 & 0 & 0 & 1 \end{bmatrix}\begin{bmatrix} 1 & 0 & 0 & l_2 \\ 0 & 1 & 0 & 0 \\ 0 & 0 & 1 & 0 \\ 0 & 0 & 0 & 1 \end{bmatrix} \quad ^3_4T = \begin{bmatrix} \cos\theta_3 & -\sin\theta_3 & 0 & 0 \\ \sin\theta_3 & \cos\theta_3 & 0 & 0 \\ 0 & 0 & 1 & 0 \\ 0 & 0 & 0 & 1 \end{bmatrix}\begin{bmatrix} 1 & 0 & 0 & l_3 \\ 0 & 1 & 0 & 0 \\ 0 & 0 & 1 & 0 \\ 0 & 0 & 0 & 1 \end{bmatrix}$$

正运动学方程如下，根据正运动学方程，可以在已知各个关节角度的条件下，解算出机器人足端在坐标系 {h} 下的位置。

$$^H_0T\,^0_1T\,^1_2T\,^2_3T\,^3_4T = \begin{bmatrix} \sin(\theta_2+\theta_3) & \cos(\theta_2+\theta_3) & 0 & x^h_{\text{foot}} \\ \sin\theta_1\cos(\theta_2+\theta_3) & -\sin\theta_1\sin(\theta_2+\theta_3) & -\cos\theta_1 & y^h_{\text{foot}} \\ -\cos\theta_1\cos(\theta_2+\theta_3) & \cos\theta_1\sin(\theta_2+\theta_3) & -\sin\theta_1 & z^h_{\text{foot}} \\ 0 & 0 & 0 & 1 \end{bmatrix}$$

机器人的足端位置具体可表示为

$$p^h_{\text{foot}} = \begin{bmatrix} x^h_{\text{foot}} \\ y^h_{\text{foot}} \\ z^h_{\text{foot}} \end{bmatrix} = \begin{bmatrix} l_2\sin\theta_2 + l_3\sin(\theta_2+\theta_3) \\ \sin\theta_1(l_1 + l_2\cos\theta_2 + l_3\cos(\theta_2+\theta_3)) \\ -\cos\theta_1(l_1 + l_2\cos\theta_2 + l_3\cos(\theta_2+\theta_3)) \end{bmatrix}$$

根据上面的公式，可以反解出在给定足端在 {h} 坐标的位置的前提下，机器人各个关节应该转动的角度，即机器人的逆运动学方程，如下所示：

$$\theta_1 = a\tan\left(-\frac{y_{\text{foot}}}{z_{\text{foot}}}\right)$$

$$\theta_2 = a\tan\left(\frac{-x_{\text{foot}}}{\frac{z_{\text{foot}}}{\cos\theta_1} + l_1}\right) - a\cos\left(\frac{l_2^2 + l_a^2 - l_3^2}{2l_2 l_a}\right)$$

$$\theta_3 = \pi - a\cos\left(\frac{l_2^2 + l_3^2 - l_a^2}{2l_2 l_3}\right)$$

其中，$l_a = \sqrt{\left(x_{\text{foot}}^2 + \left(\frac{z_{\text{foot}}}{\cos\theta_1} + l_1\right)^2\right)}$ 为使计算方便的中间变量。

对 p_{foot}^h 求导，可得足端点在基座标系 $\{h\}$ 下的运动速度：

$$\dot{p}_{\text{foot}}^h = \begin{bmatrix} \dot{x}_{\text{foot}}^h \\ \dot{y}_{\text{foot}}^h \\ \dot{z}_{\text{foot}}^h \end{bmatrix} = J \begin{bmatrix} \dot{\theta}_1 \\ \dot{\theta}_2 \\ \dot{\theta}_3 \end{bmatrix}$$

其中，J 为雅可比矩阵，其表达式为

$$J = \begin{bmatrix} 0 & l_3 c(\theta_2 + \theta_3) + l_2 c\theta_2 & l_3 c(\theta_2 + \theta_3) \\ l_3 c\theta_1 c(\theta_2 + \theta_3) + l_2 c\theta_1 c\theta_2 + l_1 c\theta_1 & -l_3 s\theta_1 s(\theta_2 + \theta_3) - l_2 s\theta_1 s\theta_2 & -l_3 s\theta_1 s(\theta_2 + \theta_3) \\ l_3 s\theta_1 c(\theta_2 + \theta_3) + l_2 s\theta_1 c\theta_2 + l_1 s\theta_1 & l_3 c\theta_1 s(\theta_2 + \theta_3) + l_2 c\theta_1 s\theta_2 & l_3 c\theta_1 s(\theta_2 + \theta_3) \end{bmatrix}$$

5.4.3　动力学分析

对于简单机构的动力学分析，直接运用牛顿第二定律即可推导出相应的力或力矩关系。但是，当机构比较复杂时，直接通过列写力或力矩平衡方程的方式就显得过于复杂，甚至难以实现。基于此，本小节介绍一种常用的动力学建模方法——拉格朗日法。

1. 刚体动力学方程

刚体系统由通过关节单元连接在一起的刚体组成。连接刚体的关节有很多类型，常见的有平移型、球面型。这些关节只有一个转动自由度，其他自由度受到关节机构的约束。关节空间刚体动力学定义了作用在机器人关节上的力矩（力）与其产生的加速度的关系，可以表示为

$$D(q)\ddot{q} + C(\dot{q}, q) + G(g) = \tau \tag{5-79}$$

其中，D 为惯量矩阵；C 为向心力和科氏力向量；G 为重力向量；τ 为腿部关节处的力矩向量；$\ddot{q}$、$\dot{q}$、q 分别为关节角加速度、角速度、角度向量。进行机构的动力学建模，就是要建立如式（5-79）所示的广义力或力矩平衡方程。

2. 拉格朗日动力学建模方法

拉格朗日动力学方程通过广义坐标表示力学系统，既可以建立不含约束力的系统的动力学方程，也可以求解已知系统运动规律情况下作用在系统上的主动力，并且对于惯性系统和非惯性系统，其形式都是一致的。因此，对于复杂的机械系统，应用拉格朗日方程可以使动力学求解问题大为简化。

拉格朗日函数 L 定义为机械系统的动能 K 和势能 P 之差，即

$$L = K - P \tag{5-80}$$

对于广义坐标为 $\boldsymbol{q}$、拉格朗日函数 L 的机械系统运动方程为

$$\frac{\mathrm{d}}{\mathrm{d}t}\left(\frac{\partial L(\boldsymbol{q},\dot{\boldsymbol{q}})}{\partial \dot{\boldsymbol{q}}}\right) - \frac{\partial L(\boldsymbol{q},\dot{\boldsymbol{q}})}{\partial \boldsymbol{q}} = \boldsymbol{\tau} \tag{5-81}$$

式中，$\boldsymbol{\tau}$ 为广义力矢量，对于机器人或机械臂而言，就是外部的关节力。

将式（5-80）代入式（5-81）中可得拉格朗日动力学模型方程的通用形式为

$$\frac{\mathrm{d}}{\mathrm{d}t}\left(\frac{\partial K(\boldsymbol{q},\dot{\boldsymbol{q}})}{\partial \dot{\boldsymbol{q}}}\right) - \frac{\partial K(\boldsymbol{q},\dot{\boldsymbol{q}})}{\partial \boldsymbol{q}} + \frac{\partial P(\boldsymbol{q})}{\partial \boldsymbol{q}} = \boldsymbol{\tau} \tag{5-82}$$

【示例 5-3】 并联六自由度运动平台的动力学建模

对于图 5-26 所示的并联六自由度运动平台，忽略驱动杆的惯性力影响，则动平台平动和转动的动能 K_p 可表示为

$$K_p = \frac{1}{2}\left(m_p(\dot{x}^2 + \dot{y}^2 + \dot{z}^2) + \boldsymbol{\omega}^{\mathrm{T}}\boldsymbol{I}_p\boldsymbol{\omega}\right)$$

式中，m_p 为动平台质量；$\boldsymbol{I}_p$ 为动平台相对于动坐标系 $O_P - X_P Y_P Z_P$ 的惯量矩阵，即

$$\boldsymbol{I}_p = \begin{bmatrix} I_x & 0 & 0 \\ 0 & I_y & 0 \\ 0 & 0 & I_z \end{bmatrix}$$

在【示例 5-1】中，姿态角 θ_x、θ_y、θ_z 只是表示动平台的姿态角，并不代表实际的运动也是按照此顺序旋转的。换言之，其导数不能代表动平台瞬时的旋转运动速度。

刚体做定点转动时，在 t 与 $t+\Delta t$ 之间无限小时间间隔内完成的无限小转动 Δv 所对应的一次转动轴 p 称为刚体在 t 时刻的转动瞬轴。将沿转动瞬轴 p 的无限小转动矢量 Δv 除以 Δt，令 $\Delta t \to 0$，其极限以矢量符号 $\vec{\omega}$ 表示为

$$\vec{\omega} = \lim_{\Delta t \to 0}\frac{\Delta v}{\Delta t}$$

$\vec{\omega}$ 定义为刚体的瞬时角速度矢量，其模等于 $\Delta t \to 0$ 时 $\Delta v/\Delta t$ 的极限值，方向沿转动瞬轴方向。设 $\vec{\omega}$ 相对固定坐标系的投影为

$$\vec{\omega} = \omega_i \vec{i} + \omega_j \vec{j} + \omega_k \vec{k}$$

式中，$\vec{i}$、$\vec{j}$、$\vec{k}$ 为固定坐标系 3 个坐标轴的单位向量；ω_i、ω_j、ω_k 为 $\vec{\omega}$ 在各坐标轴上的分量。可见，$\vec{\omega}$ 与 $\dot{\theta}_x$、$\dot{\theta}_y$、$\dot{\theta}_z$ 的关系，可用 ω_i、ω_j、ω_k 与 $\dot{\theta}_x$、$\dot{\theta}_y$、$\dot{\theta}_z$ 的转换来表示。

如图 5-32 所示，$\vec{i}_{1,2,3}$、$\vec{j}_{1,2,3}$、$\vec{k}_{1,2,3}$ 分别代表每次旋转时，固定坐标系的坐标轴单位向量。$\omega_{i1,i2,i3}$、$\omega_{j1,j2,j3}$、$\omega_{k1,k2,k3}$ 分别代表每次旋转时瞬时角速度矢量在 $\vec{i}_{1,2,3}$、$\vec{j}_{1,2,3}$、$\vec{k}_{1,2,3}$ 上的分量。

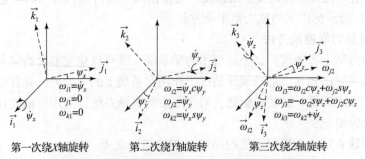

图 5-32 瞬时角速度矢量与姿态角导数之间的变换

从图 5 - 32 可以看出，第三次旋转时的瞬时角速度分量 ω_{i3}、ω_{j3}、ω_{k3} 即为最终的瞬时角速度分量。因此可得瞬时角速度矢量 $\boldsymbol{\omega}$ 与姿态角导数之间关系式为

$$\boldsymbol{\omega} = \begin{bmatrix} \omega_i \\ \omega_j \\ \omega_k \end{bmatrix} = \begin{bmatrix} c\theta_y c\theta_z & s\theta_z & 0 \\ -c\theta_y s\theta_z & c\theta_z & 0 \\ s\theta_y & 0 & 1 \end{bmatrix} \begin{bmatrix} \dot{\theta}_x \\ \dot{\theta}_y \\ \dot{\theta}_z \end{bmatrix}$$

由此，动平台的动能可表示为

$$K_p = \frac{1}{2} \dot{\boldsymbol{q}}^{\mathrm{T}} \boldsymbol{M}(\boldsymbol{q}) \dot{\boldsymbol{q}}$$

式中，$\boldsymbol{M}(\boldsymbol{q})$ 为广义惯量矩阵，其表达式为

$$\boldsymbol{M}(\boldsymbol{q}) = \begin{bmatrix} m_{11} & 0 & 0 & 0 & 0 & 0 \\ 0 & m_{22} & 0 & 0 & 0 & 0 \\ 0 & 0 & m_{33} & 0 & 0 & 0 \\ 0 & 0 & 0 & m_{44} & m_{45} & m_{46} \\ 0 & 0 & 0 & m_{54} & m_{55} & 0 \\ 0 & 0 & 0 & m_{64} & 0 & m_{66} \end{bmatrix}$$

式中，$m_{11} = m_p$，$m_{22} = m_p$，$m_{33} = m_p$，$m_{44} = I_x c\theta_y^2 c\theta_z^2 + I_y c\theta_y^2 s\theta_z^2 + I_z s\theta_y^2$，$m_{45} = (I_x - I_y) c\theta_y s\theta_z c\theta_z$，$m_{46} = I_z s\theta_y$，$m_{54} = (I_x - I_y) c\theta_y s\theta_z c\theta_z$，$m_{55} = I_x s\theta_z^2 + I_y c\theta_z^2$，$m_{64} = I_z s\theta_y$，$m_{66} = I_z$。

动平台势能为

$$P_p = m_p g z = \begin{bmatrix} 0 & 0 & m_p g & 0 & 0 & 0 \end{bmatrix}^{\mathrm{T}} \boldsymbol{q}$$

将上述各式代入拉格朗日动力学方程即可得动力学方程的标准形式：

$$\boldsymbol{M}(\boldsymbol{q})\ddot{\boldsymbol{q}} + \boldsymbol{C}(\boldsymbol{q}, \dot{\boldsymbol{q}})\dot{\boldsymbol{q}} + \boldsymbol{G}(\boldsymbol{q}) = \boldsymbol{\tau}$$

式中，$\boldsymbol{G}(\boldsymbol{q}) = \dfrac{\partial P(\boldsymbol{q})}{\partial \boldsymbol{q}} = \begin{bmatrix} 0 & 0 & m_p g & 0 & 0 & 0 \end{bmatrix}^{\mathrm{T}}$，$\boldsymbol{C}(\boldsymbol{q}, \dot{\boldsymbol{q}})\dot{\boldsymbol{q}}$ 为向心力和哥氏力，其推导较为复杂，这里直接给出 $\boldsymbol{C}(\boldsymbol{q}, \dot{\boldsymbol{q}})$ 的表达式为

$$\boldsymbol{C}(\boldsymbol{q}, \dot{\boldsymbol{q}}) = \begin{bmatrix} 0 & 0 & 0 & 0 & 0 & 0 \\ 0 & 0 & 0 & 0 & 0 & 0 \\ 0 & 0 & 0 & 0 & 0 & 0 \\ 0 & 0 & 0 & k_1\dot{\theta}_y + k_2\dot{\theta}_z & k_1\dot{\theta}_x + k_5\dot{\theta}_y + (k_3 + k_6)\dot{\theta}_z & k_2\dot{\theta}_x + (k_3 + k_6)\dot{\theta}_y \\ 0 & 0 & 0 & -k_1\dot{\theta}_x + (k_3 - k_6)\dot{\theta}_z & k_4\dot{\theta}_z & k_4\dot{\theta}_y + (k_3 - k_6)\dot{\theta}_x \\ 0 & 0 & 0 & -k_2\dot{\theta}_x + (k_6 - k_3)\dot{\theta}_y & (k_6 - k_3)\dot{\theta}_x - k_4\dot{\theta}_y & 0 \end{bmatrix}$$

其中，$k_1 = -c\theta_y s\theta_y (c\theta_z^2 I_x + s\theta_z^2 I_y - I_z)$，$k_2 = -c\theta_y^2 c\theta_z s\theta_z (I_x - I_y)$，
　　　　$k_3 = (c\theta_z - s\theta_z)(c\theta_z + s\theta_z)(I_x - I_y) c\theta_y / 2$　$k_4 = c\theta_z s\theta_z (I_x - I_y)$
　　　　$k_5 = -c\theta_z s\theta_z s\theta_y (I_x - I_y)$，$k_6 = I_z c\theta_y / 2$。

【示例 5 - 4】　液压四足机器人单腿的动力学建模

液压四足机器人的结构如【示例 5 - 2】所示，为了计算腿部各个部件的动能以及势能，首先应获取腿部各个关节的位置及速度。通过上文运动学分析中的齐次坐标变换可以得到机器人腿部各个关节在单腿基座标系 $\{h\}$ 下的位置：

$$\boldsymbol{p}_1 = \begin{bmatrix} x_1 \\ y_1 \\ z_1 \end{bmatrix} = \begin{bmatrix} 0 \\ 0 \\ 0 \end{bmatrix} \qquad \boldsymbol{p}_2 = \begin{bmatrix} x_2 \\ y_2 \\ z_2 \end{bmatrix} = \begin{bmatrix} 0 \\ L_1 \sin \theta_1 \\ - L_1 \cos \theta_1 \end{bmatrix}$$

$$\boldsymbol{p}_3 = \begin{bmatrix} x_3 \\ y_3 \\ z_3 \end{bmatrix} = \begin{bmatrix} L_2 \sin \theta_2 \\ L_1 \sin \theta_1 + L_2 \sin \theta_1 \cos \theta_2 \\ - L_1 \cos \theta_1 - L_2 \cos \theta_1 \cos \theta_2 \end{bmatrix}$$

$$\boldsymbol{p}_4 = \begin{bmatrix} x_4 \\ y_4 \\ z_4 \end{bmatrix} = \begin{bmatrix} L_2 \sin \theta_2 + L_3 \sin (\theta_2 + \theta_3) \\ L_1 \sin \theta_1 + L_2 \sin \theta_1 \cos \theta_2 + L_3 \sin \theta_1 \cos (\theta_2 + \theta_3) \\ - L_1 \cos \theta_1 - L_2 \cos \theta_1 \cos \theta_2 - L_3 \cos \theta_1 \cos (\theta_2 + \theta_3) \end{bmatrix}$$

对各个关节位置求导，可以得到关节的速度：

$$\boldsymbol{v}_1 = \begin{bmatrix} \dot{x}_1 \\ \dot{y}_1 \\ \dot{z}_1 \end{bmatrix} = \begin{bmatrix} 0 \\ 0 \\ 0 \end{bmatrix} \qquad \boldsymbol{v}_2 = \begin{bmatrix} \dot{x}_2 \\ \dot{y}_2 \\ \dot{z}_2 \end{bmatrix} = \begin{bmatrix} 0 \\ L_1 \dot{\theta}_1 \cos \theta_1 \\ L_1 \dot{\theta}_1 \sin \theta_1 \end{bmatrix}$$

$$\boldsymbol{v}_3 = \begin{bmatrix} \dot{x}_3 \\ \dot{y}_3 \\ \dot{z}_3 \end{bmatrix} = \begin{bmatrix} L_2 \dot{\theta}_2 \cos \theta_2 \\ L_1 \dot{\theta}_1 \cos \theta_1 + L_2 \dot{\theta}_1 \cos \theta_1 \cos \theta_2 - L_2 \dot{\theta}_2 \sin \theta_1 \sin \theta_2 \\ L_1 \dot{\theta}_1 \sin \theta_1 + L_2 \dot{\theta}_1 \sin \theta_1 \cos \theta_2 + L_2 \dot{\theta}_2 \cos \theta_1 \sin \theta_2 \end{bmatrix}$$

$$\boldsymbol{v}_4 = \begin{bmatrix} \dot{x}_4 \\ \dot{y}_4 \\ \dot{z}_4 \end{bmatrix} = \boldsymbol{J} \dot{\boldsymbol{q}}$$

其中，$\boldsymbol{J}$ 为【示例 5 - 2】中的雅可比矩阵。

将机器人的腿部各部件理想化，则杆件动能 V_i 和势能 U_i 可用下述表达式计算：

$$V_i (\theta_i, \dot{\theta}_i) = \int_0^{L_i} \frac{m_i}{2 L_i} \left(\frac{v_{i+1} - v_i}{L_i} x + v_i \right)^2 \mathrm{d}x$$

$$U_i (\theta) = m_i g \frac{z_i + z_{i+1}}{2}$$

将腿部各部件的参数代入上式计算得到腿部各个部件的动能 V_1、V_2、V_3，势能 U_1、U_2、U_3 以及拉格朗日函数 $L (\dot{\boldsymbol{q}}, \boldsymbol{q})$。

$$V_1 = \frac{1}{6} m_1 L_1^2 \dot{\theta}_1^2$$

$$V_2 = \frac{1}{12} m_2 (6 L_1^2 \dot{\theta}_1^2 + L_2^2 \dot{\theta}_1^2 + 2 L_2^2 \dot{\theta}_2^2 + L_2^2 \dot{\theta}_1^2 \cos (2 \theta_2) + 6 L_1 L_2 \dot{\theta}_1^2 \cos (\theta_2))$$

$$V_3 = \frac{1}{12} m_3 \begin{pmatrix} 6 L_1^2 \dot{\theta}_1^2 + 3 L_2^2 \dot{\theta}_1^2 + 6 L_2^2 \dot{\theta}_2^2 + L_3^2 \dot{\theta}_1^2 + 2 L_3^2 \dot{\theta}_2^2 + 2 L_3^2 \dot{\theta}_3^2 + 4 L_3^2 \dot{\theta}_2 \dot{\theta}_3 \\ + 3 L_2^2 \dot{\theta}_1^2 \cos (2 \theta_2) + 3 L_2 L_3 \dot{\theta}_1^2 \cos \theta_3 + 6 L_2 L_3 \dot{\theta}_2 \dot{\theta}_3 \cos \theta_3 \\ + 12 L_1 L_2 \dot{\theta}_1^2 \cos \theta_2 + 6 L_2 L_3 \dot{\theta}_2^2 \cos \theta_3 + 6 L_1 L_3 \dot{\theta}_1^2 \cos (\theta_2 + \theta_3) \\ + 3 L_2 L_3 \dot{\theta}_1^2 \cos (2 \theta_2 + \theta_3) + L_3^2 \dot{\theta}_1^2 \cos (2 \theta_2 + 2 \theta_3) \end{pmatrix}$$

$$U_1 = -\frac{1}{2}m_1 g L_1 \cos\theta_1$$

$$U_2 = -\frac{1}{2}m_2 g (2L_1\cos\theta_1 + L_2\cos\theta_1\cos\theta_2)$$

$$U_3 = -\frac{1}{2}m_3 g (L_1\cos\theta_1 + \cos\theta_1(L_1 + L_3\cos(\theta_2+\theta_3) + L_2\cos\theta_2) + L_2\cos\theta_1\cos\theta_2)$$

$$L(\boldsymbol{q},\dot{\boldsymbol{q}}) = V_1 + V_2 + V_3 - U_1 - U_2 - U_3$$

上述计算结果代入下式得到每个关节的控制力矩：

$$\begin{cases} \tau_1 = \dfrac{\mathrm{d}}{\mathrm{d}t}\dfrac{\partial L}{\partial\dot{\theta}_1} - \dfrac{\partial L}{\partial\theta_1} \\[2mm] \tau_2 = \dfrac{\mathrm{d}}{\mathrm{d}t}\dfrac{\partial L}{\partial\dot{\theta}_2} - \dfrac{\partial L}{\partial\theta_2} \\[2mm] \tau_3 = \dfrac{\mathrm{d}}{\mathrm{d}t}\dfrac{\partial L}{\partial\dot{\theta}_3} - \dfrac{\partial L}{\partial\theta_3} \end{cases}$$

经过化简，最终得到的拉格朗日方程形式为

$$\boldsymbol{D}_{3\times3}\begin{bmatrix}\ddot{\theta}_1\\\ddot{\theta}_2\\\ddot{\theta}_3\end{bmatrix} + \boldsymbol{C}_{3\times1} + \boldsymbol{G}_{3\times1} = \begin{bmatrix}\tau_1\\\tau_2\\\tau_3\end{bmatrix}$$

可以看出，其形式与之前介绍的刚体动力学方程一致。

【示例 5 – 5】　一阶倒立摆动力学建模

一阶倒立摆的结构原理如图 5 – 33 所示，小车可以在皮带轮的带动下水平运动，皮带轮由直流电机驱动，在皮带轮上安装有角度位移传感器，可以检测皮带轮转过的角度，从而间接得到小车的位移。在小车上安装摆杆，摆杆与小车基座之间铰接，具有单个旋转自由度，摆杆与竖直方向的角度可以通过角度传感器测得。

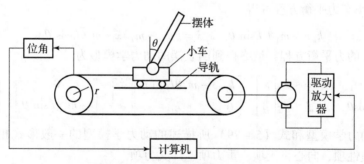

图 5 – 33　一阶倒立摆的结构原理

方法 1：常规的牛顿 – 欧拉法动力学建模

以皮带的左端为中心，建立如图 5 – 34 所示的坐标系。设定小车的质量为 m_0，小车位移为 x。摆杆质量均匀，其质心在摆杆中点，摆杆长度为 $2L$，质量为 m_1。

1）小车部分的受力分析

小车运动过程中，受到摩擦力 f、皮带的牵引力 F、摆杆的反作用力 F_x。其中牵引力 F

由直流电机产生，其和电机控制信号 u 呈线性比例关系，有 $F = k_m u$。摩擦力与运动速度呈线性比例关系，有 $f = k_f \dot{x}$。可得小车的受力方程为

$$k_m u - F_x - k_f \dot{x} = m_0 \ddot{x}$$

2）摆杆的运动受力分析

摆杆质心的运动可以分解为沿 x 轴和 y 轴的平移运动，以及绕质心点的转动运动。可以分别列写出这 3 个运动的方程：

质心点沿 x 轴的运动方程：

$$F_x = m_1 \frac{\mathrm{d}^2}{\mathrm{d}t^2}(x + L\sin\theta)$$

$$= m_1(\ddot{x} + \ddot{\theta}L\cos\theta - \dot{\theta}^2 L\sin\theta)$$

质心点沿 y 轴的运动方程：

$$F_y = m_1 g + m_1 \frac{\mathrm{d}^2}{\mathrm{d}t^2}(L\cos\theta)$$

$$= m_1(g - \ddot{\theta}L\sin\theta - \dot{\theta}^2 L\cos\theta)$$

其中，F_x 和 F_y 分别是摆杆和小车铰接点处沿坐标轴方向的内部作用力。

绕质心点的转动方程：

$$J\ddot{\theta} = F_y L\sin\theta - F_x L\cos\theta - k_l \dot{\theta}$$

其中，$J_1 = \frac{1}{3}m_1 L^2$ 为摆杆绕其质心点的转动惯量，k_l 为转动摩擦系数。

将上述 3 个方程整理可得

$$J\ddot{\theta} + m_1 L\cos\theta \ddot{x} = m_1 g L\sin\theta - k_l \dot{\theta}$$

其中，$J = \frac{4}{3}m_1 L^2$ 为摆杆绕铰接点的转动惯量。

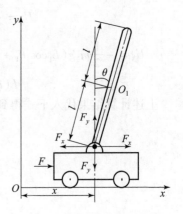

图 5 - 34 小车运动坐标系

3）一阶倒立摆的动力学模型

将 F_x 代入小车力平衡方程可得

$$k_m u + m_1 \dot{\theta}^2 L\sin\theta - k_f \dot{x} = (m_0 + m_1)\ddot{x} + m_1 \ddot{\theta}L\cos\theta$$

再联合摆杆的力平衡方程，最终得到倒立摆的动力学模型为

$$\begin{bmatrix} m_0 + m_1 & m_1 L\cos\theta \\ m_1 L\cos\theta & J \end{bmatrix}\begin{bmatrix} \ddot{x} \\ \ddot{\theta} \end{bmatrix} + \begin{bmatrix} k_f & -m_1\dot{\theta}L\sin\theta \\ 0 & k_l \end{bmatrix}\begin{bmatrix} \dot{x} \\ \dot{\theta} \end{bmatrix} + \begin{bmatrix} 0 \\ -m_1 g L\sin\theta \end{bmatrix} = \begin{bmatrix} k_m u \\ 0 \end{bmatrix}$$

可见，该动力学模型和式（5 - 79）所描述的动力学模型的一般形式相吻合。从左向右，依次称为惯性项、向心哥氏项、重力项、广义力项。

方法 2：拉格朗日法动力学建模

将小车和摆杆看作一个整体系统，那么在如式（5 - 80）所示的拉格朗日函数中，其动能和势能的表达式可写为：

1）小车部分

动能：$K_0 = \frac{1}{2}m_0 \ddot{x}^2$，势能：$P_0 = 0$

2）摆杆部分

动能：$K_1 = \dfrac{1}{2} m_1 \left(\left(\dfrac{\mathrm{d}}{\mathrm{d}t}(x + L\sin\theta) \right)^2 + \left(\dfrac{\mathrm{d}}{\mathrm{d}t} L\cos\theta^2 \right) + \dfrac{1}{2} J_1 \dot{\theta}^2 \right)$

$\qquad = \dfrac{1}{2} J_1 \dot{\theta}^2 + \dfrac{1}{2} m_1 \dot{x}^2 + m_1 L\cos\theta \dot{x}\dot{\theta} + \dfrac{1}{2} m_1 L^2 \theta^2$

势能：$P_1 = m_1 g L\cos\theta$

3）拉格朗日函数

将小车和摆杆的动能及势能带入拉格朗日函数中，可得：

$$L = \frac{1}{2}(m_1 + m_0)\dot{x}^2 + \frac{1}{2}(J_1 + m_1 L^2)\dot{\theta}^2 + m_1 L\cos\theta\dot{x}\dot{\theta} - m_1 g L\cos\theta$$

一阶倒立摆的广义坐标为 $q = [x, \theta]$，那么式（5-82）中的各项可写为：

$$\frac{\partial L}{\partial \dot{x}} = (m_1 + m_0)\dot{x} + m_1 \cos\theta \dot{L}\theta$$

$$\frac{\mathrm{d}}{\mathrm{d}t}\frac{\partial L}{\partial \dot{x}} = (m_1 + m_0)\ddot{x} + m_1 \cos\theta \ddot{L}\theta - m_1 \sin\theta \dot{L}\dot{\theta}^2$$

$$\frac{\partial L}{\partial x} = 0$$

$$\frac{\partial L}{\partial \dot{\theta}} = (J_1 + m_1 L^2)\dot{\theta} + m_1 L\cos\theta\dot{x}$$

$$\frac{\mathrm{d}}{\mathrm{d}t}\frac{\partial L}{\partial \dot{\theta}} = (J_1 + m_1 L^2)\ddot{\theta} - m_1 L\sin\theta\dot{x}\dot{\theta} + m_1 L\cos\theta\ddot{x}$$

$$\frac{\partial L}{\partial \theta} = -m_1 L\sin\theta\dot{x}\dot{\theta} + m_1 g L\sin\theta$$

在拉格朗日函数中，系统的外力可写为：

$$\tau = k_m u - k_f \dot{x} - k_l \dot{\theta}$$

综合上述各个部分，可以得到系统的动力学模型：

$$\begin{bmatrix} m_0 + m_1 & m_1 L\cos\theta \\ m_1 L\cos\theta & J + m_1 L^2 \end{bmatrix} \begin{bmatrix} \ddot{x} \\ \ddot{\theta} \end{bmatrix} + \begin{bmatrix} k_f & -m_1 \dot{\theta}L\sin\theta \\ 0 & k_l \end{bmatrix} \begin{bmatrix} \dot{x} \\ \dot{\theta} \end{bmatrix} = \begin{bmatrix} k_m u \\ m_1 g L\sin\theta \end{bmatrix}$$

5.5　机电控制系统的统计建模

统计建模的定义为：采用由特殊到一般的逻辑、归纳方法，根据在系统运行过程中实测、观察的一定数量的物理量数据，运用统计规律、系统辨识等理论合理估计出反映系统各物理量相互制约关系的数学模型。由于其主要依据来自实测数据，其又称为实验测定法。其常用于黑箱或灰箱问题，根据测得的系统输入、输出数据来建立实际系统的数学描述。

5.5.1　激励信号的设计

统计建模法需要实验数据作为支撑，只有合理的实验数据才能建立出反映系统真实动态特性的模型。因此，实验激励信号的设计是一个非常关键的因素。一般激励信号需要遵循以下原则。

（1）测试信号要遍历被测对象的特性。

（2）测试信号要具有可实现性。

（3）测试信号不能对对象造成破坏。

一般在统计建模中，常用到的测试信号有伪随机信号、正弦扫频信号、Chirp 信号、多频声信号及阶跃信号等，下面分别进行介绍。

1. 伪随机信号

伪随机信号被用来模拟白噪声信号，因为真正的白噪声无法获取。伪随机信号是由周期性数字序列经过滤波等处理后得出的，它具有类似于随机噪声的某些统计特性，同时又能够重复产生。在 MATLAB 中可用 idinput() 函数产生伪随机信号，其调用格式为

```
u = idinput(N,type,band,levels)
[u,freqs] = idinput(N,'sine',band,levels,sinedata)
```

函数的参数说明如下：

N：产生的序列的长度，如果 N = [N nu]，则 nu 为输入的通道数，如果 N = [P nu M]，则 nu 指定通道数，P 为周期，M * P 为信号长度。默认情况下，nu = 1，M = 1，即一个通道，一个周期。

Type：指定产生信号的类型，可选类型如下：'rgs' 高斯随机信号；'rbs'（默认）二值随机信号；'prbs' 二值伪随机信号；'sine' 正弦信号。

Band：指定信号的频率成分。对于 'rgs'、'rbs'、'sine'，band = [wlow, whigh] 指定通带的范围，如果是白噪声信号，则 band = [0, 1]，这也是默认值。指定非默认值时，相当于有色噪声。对于 'prbs'，band = [0, B]，B 表示信号在一个间隔 1/B（时钟周期）内为恒值，默认为 [0, 1]。

Levels：指定输入的水平。Levels = [minu, maxu]，在 type = 'rbs'、'prbs'、'sine' 时，表示信号 u 的值总是在 minu 和 maxu 之间。对于 type = 'rgs'，minu 指定信号的均值减标准差，maxu 指定信号的均值加标准差，对于 0 均值、标准差为 1 的高斯白噪声信号，则 levels = [−1, 1]，这也是默认值。

【示例 5 − 6】 生成伪随机序列

（1）生成长度为 1 000 的高斯伪随机信号 [图 5 − 35 (a)]，u = idinput(1000,'rgs')；plot(u)。

（2）生成长度为 1 000 的正弦伪随机信号 [图 5 − 35 (b)]，u = idinput(1000,'sine')；plot(u)。

（3）生成长度为 1 000 的二值伪随机信号 [图 5 − 35 (c)]，u = idinput(1000,'rbs')；plot(u)。

2. 正弦扫频信号

正弦扫频信号是一组幅值不变、频率递增的正弦信号，在每一个周期内，信号的频率维持不变。图 5 − 36 所示为一组正弦扫频信号：

3. Chirp 信号

Chirp 信号是一组幅值维持不变、频率随时间变化的正弦信号，在 MATLAB 中，可用函数 chirp() 生成，该函数的使用方法为

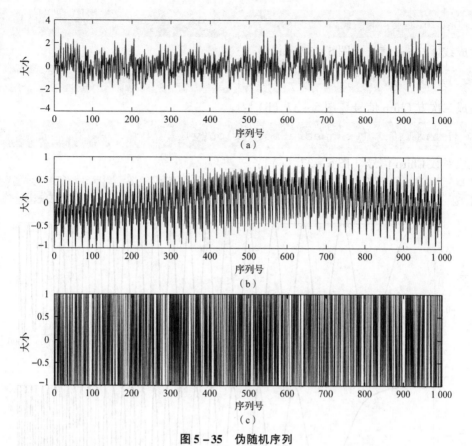

图 5 – 35 伪随机序列

（a）高斯伪随机序列；（b）正弦伪随机序列；（c）二值伪随机序列

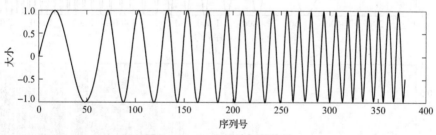

图 5 – 36 一组正弦扫频信号

y = chirp(t,f0,t1,f1,'method')。
t 为一组时间序列；
f0 为信号的起始频率；
f1 为 t1 时刻信号的频率；

method 为信号频率的变化规律，包括'linear'、'quadratic'和'logarithmic'，对于线性规律，其频率随时间的变化规律为 $f(t) = f_0 \dfrac{f_1 - f_0}{t1} t$。

【示例 5 –7】 生成 Chirp 信号：

```
t = 0:0.001:2;
```

生成线性 Chirp 信号 ［图 5 - 37 (a)］:

```
y = chirp(t,0,1,10,'linear');plot(y)
```

生成二次方 Chirp 信号 ［图 5 - 37 (b)］:

```
y = chirp(t,0,1,10,'quadratic');plot(y)
```

生成对数 Chirp 信号 ［图 5 - 37 (c)］:

```
y = chirp(t,0.01,1,10,'logarithmic');plot(y)
```

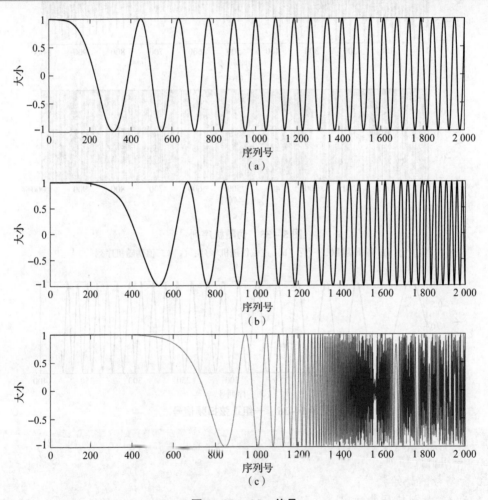

图 5 - 37　chirp 信号

(a) 线性 Chirp 信号；(b) 二次方 Chirp 信号；(c) 对数 Chirp 信号

4. 多频声信号

多频声信号是将不同频率和幅值的正弦信号以一定相位差叠加起来的合成信号，其数学表达式为

$$x(t) = \sum_{k=1}^{N} a_k \sin(2\pi f_k t + \varphi_k)$$

其中，a_k 为第 k 个正弦波的幅值；f_k 为该正弦波的频率；φ_k 为对应的相移。

图 5-38 所示为一组多频声信号。

```
t = 0:0.1:100;
y = sin(t) + sin(2*t+pi/3) + sin(4*t+pi/2) + sin(6*t+pi);
plot(y)
```

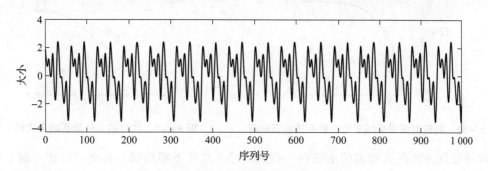

图 5-38　一组多频声信号

5. 阶跃信号

阶跃信号是控制系统分析中最常用的信号类型，由于其产生非常简单，在此就不再赘述。

5.5.2　阶跃响应建模法

在工业过程中，很多被控对象的数学模型都可以用式（5-83）所示的带有时间延迟的一阶模型进行描述。

$$G(s) = \frac{K}{T_s + 1} \mathrm{e}^{-Ls} \tag{5-83}$$

如果能够通过实验方式获取这类系统的单位阶跃响应曲线，那么就可以通过实验数据获取模型中的 K、T 和 L 这 3 个参数。

对于如式（5-83）所示的系统，其解析解为

$$y(t) = K\left(1 - \mathrm{e}^{-\frac{t-L}{T}}\right) \tag{5-84}$$

阶跃响应的数值与响应时间的关系如表 5-1 所示。

表 5-1　阶跃响应的数值与响应时间的关系

稳态值/%	28.4	39.3	55	59.3	63.2	77.7	86.5
时间	$T/3+L$	$T/2+L$	$0.8T+L$	$0.9T+L$	$T+L$	$1.5T+L$	$2T+L$

其理想的单位阶跃响应曲线如图 5-39 所示。

在图 5-39 中，横轴上的 L 点对应系统的滞后时间，纵轴的稳态值 K 则为系统的增益，这两个数值都可以从响应曲线图中读出。然后在响应曲线的上升过程中任意取一点，如响应时间 $L+T$ 所对应的点，那么可从图 5-39 中读出相应的响应值 $h(L+T)$，然后再根据

表 5 - 1 可知，该响应值和稳态值的关系为 $h(L+T) = 63.2K\%$，据此就可以求得参数 T。

上述分析只是理想的分析情况，在实际中获取的阶跃响应曲线往往没有图 5 - 39 所示的那么完美，而是近似于图 5 - 40 所示。在这种情况下，需要在响应曲线上找到拐点 P，然后做切线，切线与 X 轴的交点为 B，与稳态值渐近线的交点为 A，点 A 在 X 轴上的投影为 C。那么，可以近似地认为 T_{OB} 即为一阶系统的滞后时间 L，T_{BC} 为系统的时间常数 T。

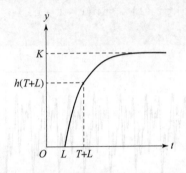

图 5 - 39　具有时间滞后环节的一阶系统阶跃响应　　　**图 5 - 40　实际的单位阶跃响应曲线**

这种处理方法具有很强的主观性，得到的结果往往不够精确，在此可以使用最小二乘拟合的方法进行数据处理，拟合得到最为合适的模型参数。借助 MATLAB 实现的具体过程为

```
fun = @ (x,t)x(1) * (1 - exp( -(t-x(2))/x(3))).*(t>x(2));
x = lsqcurvefit(fun,[1 2 3],t,y);
```

其中，lsqcurvefit( ) 为最小二乘拟合函数，t 和 y 为阶跃响应数据，运行后，得到结果：

```
K = x(1);L = x(2);T = x(3);
Gs = tf(K,[T,1],'iodelay',L)
```

【示例 5 - 8】　对于动态系统 $G(s) = \dfrac{10.6}{2.53s+1}e^{-0.57s}$，假定其模型参数未知，可获取其阶跃响应数据，根据其阶跃响应数据，计算其模型参数。

```
G = tf(10.6,[2.53 1],'iodelay',0.57);
[y,t] = step(G);
fun = @ (x,t)x(1) * (1 - exp( -(t-x(2))/x(3))).*(t>x(2));
x = lsqcurvefit(fun,[1 2 3],t,y)
```

运行程序可得到模型参数：

```
x =  10.6000    0.5700    2.5300
```

【示例 5 - 9】　已知动态系统 $G(s) = \dfrac{40.6}{s^3 + 10s^2 + 27s + 22.06}$，将其近似为一阶系统。

```
G = tf(40.6,[1 10 27 22.06]);
[y,t] = step(G);
```

```
fun=@(x,t)x(1)*(1-exp(-(t-x(2))/x(3))).*(t>x(2));
x=lsqcurvefit(fun,[1 2 3],t,y);
Gx=tf(x(1),[x(3),1],'iodelay',x(2));
step(G,Gx);
```

运行程序可得近似模型为

$$G(s) = \frac{1.864}{0.914\ 3s + 1}$$

5.5.3　频率响应建模法

一般带有纯滞后环节的系统,可以描述为

$$G(s) = \frac{\kappa e^{-\tau s}}{(s - p_1)(s - p_2)\cdots(s - p_n)} = K e^{-\tau s} \prod_{i=1}^{n} \frac{1}{T_i s + 1} \tag{5-85}$$

对于这样的动态系统,可以通过 Bode 图的方式进行模型参数计算。

首先考虑最简单的情况,即一阶惯性环节 $G(s) = \dfrac{K}{T_s + 1}$ 的 Bode 图,如图 5-41 所示。

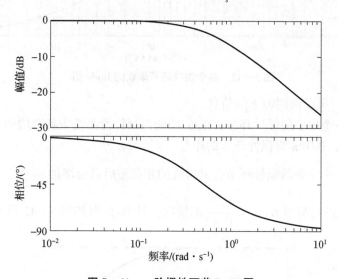

图 5-41　一阶惯性环节 Bode 图

从 Bode 图中,可以得到如下的信息:

(1) 在幅频特性曲线上,低频段的幅频特性数值由动态系统的增益决定,有

$$L(\omega)\big|_{\omega \to 0} = 20\lg K$$

(2) 在幅频特性曲线上,出现拐点的位置由动态系统的时间常数决定,有

$$\omega_c = \frac{1}{T}$$

(3) 在幅频特性曲线上,高频段的斜率 $k(\omega)\big|_{\omega > \omega_c} \approx -20\ \text{dB/dec}$。

(4) 在相频特性曲线上,其最终的相位滞后数值为 $\phi(\omega)\big|_{\omega \to \infty} = -\dfrac{\pi}{2}$。

再考虑多个惯性环节串联 $G(s) = \dfrac{K_1}{T_1 s + 1} \times \dfrac{K_2}{T_2 s + 1} \times \dfrac{K_3}{T_3 s + 1}$ 的情况，其 Bode 图如图 5 – 42 所示。

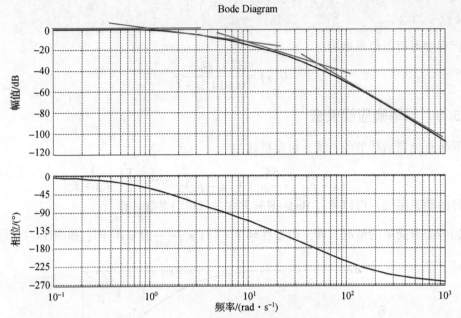

图 5 – 42　多个惯性环节串联的 Bode 图

从 Bode 图中，可以得到如下的信息。

（5）每增加一个串联的惯性环节，Bode 图的幅频特性曲线中就会增加一个斜率为 $-n \times 20\ \mathrm{dB/dec}$ 的折线，其中 n 为惯性环节的序号。

（6）每增加一个串联的惯性环节，其最终的相位滞后就会增加 $-\dfrac{\pi}{2}$。

再考虑含有纯滞后环节 $G(s) = \dfrac{K e^{-\tau s}}{T_s + 1}$ 的情况，其 Bode 图如图 5 – 43 所示。

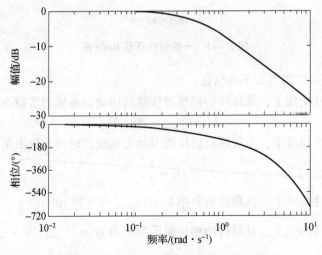

图 5 – 43　纯滞后 + 惯性环节的 Bode 图

（7）从 Bode 图可见，其幅频特性曲线没有发生变化，但是相频特性曲线有明显改变，在原有基础上增加了 $-\tau\omega$，变为

$$\phi(\omega) = -\arctan(\omega T) - \tau\omega$$

根据上述描述，当通过实验数据获取一个系统的 Bode 图后，就可以根据其幅频特性曲线的变化趋势，判断该系统由几个惯性环节组合而成，并根据转折点得到每个惯性环节的时间常数，然后再根据相频特性曲线判断系统是否含有纯滞后环节。

【示例 5 - 10】　假定某动态系统的 Bode 图如图 5 - 44 所示，根据 Bode 图写出系统的传递函数。

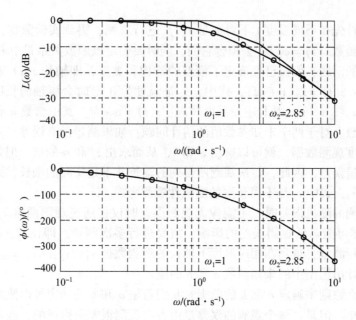

图 5 - 44　系统 Bode 图

首先用 -20 dB/dec 及其倍数的折线逼近幅频特性曲线，得到两个转折频率，分别为 $\omega_1 = 1$ rad/s，$\omega_2 = 2.85$ rad/s。说明该系统由两个惯性环节串联，相应的惯性环节时间常数为

$$T_1 = \frac{1}{\omega_1} = 1 \text{ s} \quad T_2 = \frac{1}{\omega_2} = 0.35 \text{ s}$$

由低频幅频特性可知，$L(\omega)\big|_{\omega\to 0} = 0$，说明该动态系统的增益 $K = 1$。另外，由高频段相频特性知，该系统的滞后角度大于 $180°$，说明存在纯滞后环节。

根据上述信息，可知系统的传递函数应为以下形式：

$$G(s) = \frac{Ke^{-\tau s}}{(T_1 s + 1)(T_2 s + 1)} = \frac{e^{-\tau s}}{(s + 1)(0.35_2 s + 1)}$$

再由相频特性曲线可读出，在 $\omega = \omega_1 = 1$ rad/s 时，系统的相位滞后为 $\phi(\omega_1) = -86°$，所以有

$$\phi(\omega_1) = -\arctan 1 - \arctan 0.35 - \tau \times \frac{180°}{\pi} = -86°$$

进而可求解出 $\tau = 0.38$。

最终可得到系统的数学模型为

$$G(s) = \frac{Ke^{-\tau s}}{(T_1 s + 1)(T_2 s + 1)} = \frac{e^{-0.38s}}{(s + 1)(0.35_2 s + 1)}$$

5.5.4 最小二乘建模法

在基于数据的建模中，最小二乘法是一种基本的参数估计方法，其应用范围很广泛，既可以用于动态系统，也可用于静态系统，既可用于线性系统，也可以用于非线性系统。

下面通过一个例子来介绍最小二乘参数估计方法的基本原理。

假设 $z(t)$ 是一根金属轴的长度，t 是该金属轴的温度，希望确定金属轴长度 $z(t)$ 和温度 t 的关系。

具体方法：首先在不同温度 t 下对变量 $z(t)$ 进行观测，得到实验数据，然后根据实验数据，寻找一个函数 $z(t) = \varphi(t)$ 去拟合它们，同时要确定该函数关系式中未知参数的值。

对于所讨论的问题，假设已经确定了模型的结构和类型，即轴长 $z(t)$ 和温度 t 之间有如下的线性关系：$z(t) = z_0(1 + \alpha t)$，式中，z_0 是温度为 0 ℃时金属轴的长度，α 为膨胀系数。如果令 $z_0 = a$，$z_0 \alpha = b$，则上述关系可写成：$z(t) = a + bt$，其中参数 a 和 b 是两个未知的、待估计的参数。对于两个未知参数值的估计问题，如果测量没有误差，那么只要取两个不同温度下的长度观测数据，就可以解出 a 和 b，从而求出 z_0 和 α 的值。但是，每次观测中总带有随机的测量误差，因此，每次观测所得到的轴长并不是实际的轴长，而是 y_i，可表示为：$y_i = a + bt_i + v_i$，式中 v_i 是不可预测的随机性观测噪声。

当存在可观测的随机误差时，不能像无观测误差时仅仅通过观测两组 y_i 和 t_i 的值来求出 a 和 b。为了尽可能降低观测误差的影响，需要进行多次测量，即在 t_1，t_2，…，t_N 多个温度下对轴长进行测量，得到在相应温度下轴长的观测数据 y_1，y_2，…，y_N。然后根据这 N 组观测数据来估计出模型中的未知参数 a 和 b 的值。

那么根据什么原则来确定 a 和 b 的值呢？我们希望 a 和 b 的确定可以使观测值和计算值之间的误差为最小。但是，整个观测的误差是由各次观测误差所组成的，通常采用各次误差的平方和作为总误差，即

$$J = \sum_{i=1}^{N} v_i^2 = \sum_{i=1}^{N} (y_i - (a + bt_i))^2 \tag{5-86}$$

这个误差平方和函数就是在参数估计时所采用的性能指标函数，希望选择合适的 a 和 b，使得指标函数 J 最小。按照这种原则进行参数估计的方法就称为最小二乘估计。

1. 基于 Levy 法的系统模型辨识

Levy 法源于 Levy 提出的对复数曲线进行拟合的一种方法。假设对象的传递函数为

$$G(s) = \frac{\beta_0 + \beta_1 s + \cdots + \beta_r s^r}{1 + \alpha_1 s + \cdots + \alpha_m s^m} \tag{5-87}$$

其中，α_m、β_r 为待定的模型参数。

通过实验可以获取对象的频率响应特性数据 $\hat{G}(j\omega) = P_i + jQ_i$，$i$ 为数据序列号。

令 $s = j\omega$，传递函数（5-87）可写成

$$G(j\omega) = \frac{\beta_0 + \beta_1 j\omega + \cdots + \beta_r (j\omega)^r}{1 + \alpha_1 j\omega + \cdots + \alpha_m (j\omega)^m} = \frac{B_1 + jB_2}{A_1 + jA_2} \tag{5-88}$$

其中，$B_1 = \sum_{i=0}^{[r/2]} (-1)^i \beta_{2i} \omega^{2i}$，$B_2 = \sum_{i=0}^{[(r-1)/2]} (-1)^i \beta_{2i+1} \omega^{2i+1}$

$$A_1 = \sum_{i=0}^{[m/2]} (-1)^i \alpha_{2i} \omega^{2i}, A_2 = \sum_{i=0}^{[(m-1)/2]} (-1)^i \alpha_{2i+1} \omega^{2i+1}$$

定义如下二次型指标函数:

$$J = \min_{\theta} \sum_{i=1}^{N} |D_i[G(j\omega_i) - \hat{G}(j\omega_i)]|^2 \qquad (5-89)$$

其中 $\theta = [\alpha_i, \beta_j]$, $i = 1, \cdots, m$, $j = 0, \cdots, r$ 为待识别的模型参数。

通过使指标 J 取极小值, 可以计算出参数 $\theta = [\alpha_i, \beta_j]$。

对 J 求偏导, 可得到如下的方程组, 对该方程组求解即可得到最优的模型参数 $\theta = [\alpha_i, \beta_j]$。

$$\frac{\partial J}{\partial \beta_i} = 0, \ i = 0, \cdots, r; \ \frac{\partial J}{\partial \alpha_i} = 0, \ i = 1, \cdots, m \qquad (5-90)$$

上述过程, 便是借助最小二乘的方法实现的。在 MATLAB 中, 提供了相应的工具函数 invfreqs(), 其使用方式为

```
[num,den] = invfreqs(H,w,r,m)
```

其中, H 为通过实验数据获取的系统的频率响应数据, 其格式为 P + jQ; w 为实验中所对应的频率点 (角频率); r 为期望的对象模型分子的阶次; m 为期望的对象模型分母的阶次; num 为辨识出的对象模型的分子多项式系数; den 为辨识出的对象模型的分母多项式系数。

【示例 5 - 11】　一动态系统 $G(s) = \dfrac{s^3 + 7s^2 + 24s + 24}{s^4 + 10s^3 + 35s^2 + 50s + 24}$, 假设其模型参数未知, 但是其频率响应数据已知, 如表 5 - 2 所示。

表 5 - 2　频率响应实验数据

ω	$P_i(\omega) + jQ_i(\omega)$	ω	$P_i(\omega) + jQ_i(\omega)$	ω	$P_i(\omega) + jQ_i(\omega)$
0. 01	0. 999 9 − 0. 010 8j	0. 239 5	0. 940 7 − 0. 245 6j	5. 736	0. 035 5 − 0. 127 9j
0. 013 7	0. 999 8 − 0. 014 8j	0. 329	0. 893 0 − 0. 322 0j	7. 88	0. 028 06 − 0. 101 9j
0. 018 9	0. 999 6 − 0. 020 4j	0. 452	0. 813 5 − 0. 407 3j	10. 83	0. 018 95 − 0. 080 63j
0. 025 9	0. 999 3 − 0. 028 1j	0. 621	0. 692 4 − 0. 486 0j	14. 87	0. 011 52 − 0. 062 17j
0. 035 6	0. 998 6 − 0. 038 5j	0. 853	0. 530 9 − 0. 532 5j	20. 43	0. 006 584 − 0. 046 84j
0. 048 9	0. 997 4 − 0. 052 9j	1. 172	0. 351 4 − 0. 521 9j	28. 07	0. 003 634 − 0. 034 8j
0. 067 2	0. 995 1 − 0. 072 5j	1. 610	0. 192 9 − 0. 449 7j	38. 57	0. 001 968 − 0. 025 6j
0. 092 4	0. 990 8 − 0. 099 2j	2. 212	0. 089 7 − 0. 341 0j	52. 98	0. 001 055 − 0. 018 75j
0. 126 9	0. 982 7 − 0. 135 3j	3. 039	0. 046 9 − 0. 237 9j	72. 79	0. 000 562 − 0. 013 69j
0. 147 3	0. 967 8 − 0. 183 4j	4. 175	0. 038 5 − 0. 167 9j	100	0. 000 299 − 0. 009 98j

在 MATLAB 中运行

```
[B,A] = invfreqs(H,w,3,4); G1 = tf(B,A)
```

可得

$$G_x(s) = \frac{s^3 + 4.075s^2 + 7.981s - 31.41}{s^4 + 7.074s^3 + 10.44s^2 - 25.73s - 31.25}$$

2. 基于 ARX 方法的系统模型辨识

一般离散系统的传递函数可写为 $G(z) = \dfrac{y(t)}{u(t)} = \dfrac{b_1 + b_2 z^{-1} + \cdots + b_m z^{1-m}}{1 + a_1 z^{-1} + \cdots + a_n z^{-n}} z^{-d}$，它对应的差分方程为

$$y(t) + a_1 y(t-1) + \cdots + a_n y(t-n) = b_1 u(t-d) + b_2 u(t-d-1) + \cdots + b_m y(t-d-m+1)$$

$$(5-91)$$

上述差分方程的形式又被称作 ARX（自回归遍历）模型。ARX 模型辨识法就是通过辨识上述差分方程的系数，而获取对象模型参数。

假设已知一组对象的输入输出数据：

$$\boldsymbol{u} = [u(1), u(2), \cdots u(n+d)], \boldsymbol{y} = [y(1), y(2), \cdots y(n+d)]$$

根据 ARX 模型可得

$$y(1) = -a_1 y(0) - \cdots - a_n y(1-n) + b_1 u(1-d) + \cdots + b_m y(m-d) + \Delta(1)$$

$$y(2) = -a_1 y(1) - \cdots - a_n y(2-n) + b_1 u(2-d) + \cdots + b_m y(1+m-d) + \Delta(2)$$

$$\vdots$$

$$y(M) = -a_1 y(M) - \cdots - a_n y(M-n) + b_1 u(m-d) + \cdots + b_m y(M+m-d) + \Delta(M)$$

其中，$\Delta(i)$ 为对应的误差项。

上面的等式可改写为

$$\boldsymbol{y} = \boldsymbol{\Phi}(y,u)\boldsymbol{\theta} + \Delta, \quad \boldsymbol{\theta} = [a_1, \cdots, a_n, b_1, \cdots, b_m]$$

模型辨识的目标便是找出一组参数 $\boldsymbol{\theta}$，使得 $\Delta(i)$ 最小。为此，可定义如下的二次型指标函数：

$$J = \min_{\boldsymbol{\theta}} \sum_i^M \Delta^2(i) \qquad (5-92)$$

对 J 求偏导，可得到如下的方程组，对该方程组求解即可得到最优的模型参数 θ。

$$\frac{\partial J}{\partial a_i} = 0, \ i = 1, \ \cdots n; \ \frac{\partial J}{\partial b_i} = 0, \ i = 1, \ \cdots m$$

上述过程，同样是借助最小二乘的方法实现的。在 MATLAB 中，提供了相应的工具函数 arx( )，其使用方式为

```
T = arx([y,u],[m,n,d])
```

其中，y 为对象的输出向量；u 为对象的输入向量；m 为期望的对象模型分母的阶次；n 为期望的对象模型分子的阶次；d 为期望的对象的纯滞后时间；T. A 为辨识出的对象模型的分子多项式系数；T. B 为辨识出的对象模型的分母多项式系数。

【**示例 5 – 12**】 一动态系统 $G(z) = \dfrac{0.312\,4z^3 - 0.574\,3z^2 + 0.387\,9s - 0.088\,9}{z^4 - 3.233z^3 + 3.986\,9z^2 - 2.220\,9z + 0.472\,3}$，假设其模型参数未知，但是其实验数据已知，如表 5 – 3 所示。

表 5 – 3　时域下的实验数据

$u(t)$	$y(t)$	$u(t)$	$y(t)$	$u(t)$	$y(t)$
0. 439 8	0	0. 966 9	3. 673	0. 490 2	3. 321
0. 34	0. 137 4	0. 664 9	3. 921	0. 815 9	3. 207
0. 314 2	0. 297 8	0. 870 4	4. 099	0. 460 8	3. 222
0. 365 1	0. 488 6	0. 009 927	4. 327	0. 457 4	3. 197
0. 393 2	0. 723 8	0. 137	4. 296	0. 450 7	3. 195
0. 591 5	0. 993 4	0. 818 8	4. 205	0. 412 2	3. 207
0. 119 7	1. 343	0. 430 2	4. 244	0. 901 6	3. 217
0. 038 13	1. 576	0. 890 3	4. 171	0. 005 584	3. 379
0. 458 6	1. 743	0. 734 9	4. 208	0. 297 4	3. 315
0. 869 9	1. 979	0. 687 3	4. 23	0. 049 16	3. 279
0. 934 2	2. 33	0. 346 1	4. 256	0. 693 2	3. 135 5
0. 264 4	2. 734	0. 166	4. 19	0. 650 1	3. 134
0. 160 3	2. 965	0. 155 6	4. 039	0. 983	3. 146
0. 872 9	3. 109	0. 191 1	3. 835	0. 552 7	3. 288
0. 237 9	3. 402	0. 422 5	3. 594	0. 400 1	3. 367
0. 645 8	3. 508	0. 856	3. 388	0. 198 8	3. 413

在 MATLAB 中运行

```
T = arx([y,u],[4,4,1]); G = tf(T)
```

可得

$$G(z^{-1}) = \frac{0.312\ 6z^{-1} - 0.581\ 2z^{-2} + 0.395\ 8z^{-3} - 0.091\ 79z^{-4}}{1 - 3.255z^{-1} + 4.042z^{-2} - 2.268z^{-3} + 0.486z^{-4}}$$

5.6　本章小结

　　本章对控制系统的建模方法进行了阐述，系统建模方法可以分为两大类，分别为机理建模方法和统计建模方法。对于机理建模方法，需要了解系统的结构原理、运行机制，才能对系统进行建模分析，本章主要针对机电控制系统中常用的机械结构、电动驱动控制元件、液压驱动控制元件进行了机理分析，给出了其动态特性的数学描述。对于其组成的复杂机电运动系统，本章从运动学和动力学两个方面分析，讲述了复杂运动系统的建模分析过程。

对于统计建模方法，主要是利用实验数据进行建模分析，本章讲述了激励信号的产生，并给出了几种简单的统计建模方法。

习　题

1. 在机械传动系统中，都有哪些形式的减速机？什么类型的减速机适合应用在高精度的伺服运动机构中？

2. 写出丝杠的输入转速、转矩与其输出位移及输出力之间的关系。

3. 在减速机、丝杠等机械传动部件中，有哪些非线性因素会影响运动系统的控制性能？这些非线性因素如何进行数学描述？

4. 简述直流伺服电机的工作原理，并写出其传递函数，画出传递函数框图。

5. 简述步进电机的工作原理，并写出其传递函数。

6. 简述高压交流永磁式伺服电机的工作原理，并列举几个典型的应用实例。

7. 简述电液伺服阀的工作原理，并写出其传递函数。

8. 简述液压缸的工作原理，并写出其传递函数，画出传递函数框图。

9. 写出电液伺服阀和液压缸组成的阀控缸系统的传递函数。

10. 对于【示例 5 - 1】中给出的并联六自由度运动平台，详细分析将动平台上连接点 P_i 变换到定坐标系统中的过程，给出具体的变换矩阵 $\boldsymbol{T}$。

11. 采用 D - H 法对下面的三自由度机械臂（图 5 - 45）进行运动学建模，包括建立坐标系、列写 D - H 参数、各关节的变换矩阵，综合得到机械臂的运动学方程。

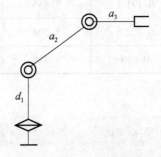

图 5 - 45　三自由度机械臂

12. 用 MATLAB 生成一组幅值为 1、频率从 0.1 Hz 到 20 Hz 变化的正弦扫频信号，并将其作为激励信号输入 $G(s) = \dfrac{10.6}{2.53s + 1}$ 中，得到其响应信号，并对比对应频率下的激励信号与响应信号，求出每个频率点下的幅值比和相位滞后角度，进而画出 Bode 图。

13. 对于动态系统 $G(s) = \dfrac{3.4}{0.67s^2 + 1}e^{-0.22s}$，通过 MATLAB 获取其阶跃响应数据 $[y, t]$，并在响应数据中加入伪随机信号作为测量噪声，以加入测量噪声的阶跃响应数据，通过拟合的方法计算系统的模型参数。

14. 一动态系统 $G(s) = \dfrac{4.57s^2 + 15.6s + 8.3}{2.74s^3 + 3.15s^2 + 19.8s + 9.7}$，通过 MATLAB 的 freqs( ) 函数获取其频率响应特性数据，形式为 $P_i(\omega) + jQ_i(\omega)$，以该数据为依据，通过 Levy 建模的方法，

计算系统的模型参数。

15. 有离散动态系统 $G(z) = \dfrac{0.237z + 0.184}{z^2 - 1.032z + 0.4493}$（$T_s = 0.1$ s），通过 MATLAB 生成伪随机信号作为系统的激励信号，获得时域下的响应信号，并以此信号为基础，通过 ARX 建模的方法，计算出系统的模型参数。

第6章
控制系统分析

控制系统的数学模型建立以后，接下来要做的就是对系统的性能进行分析，获得系统各方面性能的定量或定性描述，为控制器的设计提供重要依据。因此，控制系统分析是一个非常重要的环节。系统性能主要有稳定性、稳态性能、动态性能、可控性和可观性等。一般常用的控制系统分析方法有时域分析、根轨迹分析、频域分析、状态空间分析等。

6.1　时域分析

时域分析是指直接在时间域上研究控制系统的性能，根据系统的微分方程或传递函数求解系统的动态响应，从而得到系统的各项性能指标。由于时域分析过程的计算比较复杂烦琐，因此不太适合对高阶系统进行分析。

6.1.1　时域分析基础

1. 典型输入信号

实际上，控制系统的输入信号常常是未知而且随机的，很难用数学解析的方法表示。因此，在分析和设计控制系统时，对各种控制系统性能分析需要有个比较的依据。这个依据可以通过对控制系统加入各种输入信号，从而比较它们对特定输入信号的响应来建立。

控制系统的设计准则就是建立在这些输入信号的基础上，称其为典型输入信号，因为系统采用对典型输入信号的响应来评价系统特性与系统对实际输入信号的响应特性之间存在一定关系，所以采用典型输入信号来评价系统是合理的。

典型输入信号的选择原则如下。

（1）实际输入信号的一种近似和抽象。

（2）典型信号的响应与系统的实际响应存在一定关系。

（3）可以通过实验装置产生且易于验证其对系统的作用。

（4）数学表达式简单，便于分析计算。

一般常用阶跃函数作为典型输入信号，另外典型输入信号还包括斜坡函数、加速度函数、脉冲函数、正弦函数，这些函数都可以借助 MATLAB/Simulink 工具箱生成。

2. 动态过程和稳态过程

在典型输入信号下，控制系统的时间响应可分为瞬态响应和稳态响应。

瞬态响应是指系统从初始状态到最终状态的响应过程，通常有衰减、等幅振荡、发散等形式。

稳态响应是指当响应时间趋于无穷大时，系统的输出状态，它表征系统输出量最终复现输入量的程度。

3. 绝对稳定性和稳态误差

如果控制系统没有受到任何扰动或者输入信号的作用，系统的输出量保持在某一状态上，控制系统便处于平衡状态。如果线性定常系统受到扰动量的作用后，输出量最终又返回到它的平衡状态，那么，该系统是稳定的。如果线性定常系统受到扰动量作用后，输出量发生持续振荡或者无限远的偏离平衡状态，那么系统就是不稳定的。

稳态误差是衡量系统控制精度或抗扰动能力的参数。当时间趋于无穷大时，系统的输出量不等于输入量，则系统存在稳态误差。

6.1.2　时域下的主要性能指标

通常以零初始条件下，对阶跃信号的输出响应来衡量动态系统在时域下的性能指标。单位阶跃输入信号的瞬态响应指标如图 6 – 1 所示。

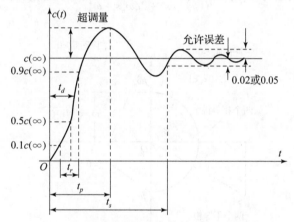

图 6 – 1　单位阶跃输入信号的瞬态响应指标

具体指标包括：

延迟时间：响应曲线第一次达到稳态值的一半所需要的时间。

上升时间：响应曲线从稳态值的 10% 上升到 90% 所需要的时间，上升时间越短，响应速度越快。

峰值时间：响应曲线超过其终值到达第一个峰值所需要的时间。

调节时间：响应曲线达到并保持在终值（±5% 或 ±2%）范围内所需的最短时间。

超调量：响应曲线峰值与终值之差的百分比，即 $\sigma = \dfrac{c(t_p) - c(\infty)}{c(\infty)} \times 100\%$

6.1.3　线性系统的时域分析

1. 一阶系统的时域分析

一阶系统的传递函数为 $G(s) = \dfrac{C(s)}{R(s)} = \dfrac{K}{T_s + 1}$，这是一个非周期性的惯性环节。

1）单位阶跃响应

一阶系统对单位阶跃响应的解析解为 $c(t) = K(1 - \mathrm{e}^{-\frac{t}{T}})$，传递函数的零点形成系统响应的稳态分量，传递函数的极点形成系统的瞬态分量。

2）单位脉冲响应

一阶系统对理想单位脉冲信号的响应解析解为 $c(t) = \dfrac{K}{T}e^{-\frac{t}{T}}$，系统输出的拉普拉斯反变换与系统的传递函数相同。

3）单位斜坡响应

一阶系统对单位斜坡函数响应的解析解为 $c(t) = K(t - T(1 - e^{-\frac{t}{T}}))$。

4）单位加速度响应

一阶系统对单位加速度函数响应的解析解为 $c(t) = K\left(\dfrac{1}{2}t^2 - Tt - T^2(1 - e^{-\frac{t}{T}})\right)$。

2. 二阶系统的时域分析

二阶系统的传递函数为 $G(s) = \dfrac{C(s)}{R(s)} = \dfrac{\omega_n^2}{s^2 + 2\zeta\omega_n s + \omega_n^2}$，其极点分布如图 6 - 2 所示。

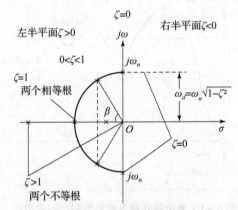

图 6 - 2   二阶系统的极点分布

如图 6 - 3 所示，二阶系统对单位阶跃信号的响应可以分为四种情况。

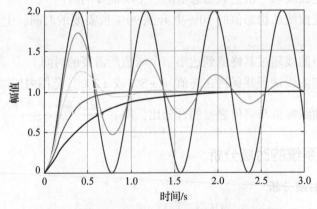

图 6 - 3   二阶系统的单位阶跃响应（书后附彩插）

1）无阻尼（$\zeta = 0$）

无阻尼情况下，二阶系统对单位阶跃信号的响应解析解为 $c(t) = 1 - \cos\omega_n t$，是一条无衰减的等幅振荡曲线，振荡频率为 ω_n。

2）欠阻尼（$0 < \zeta < 1$）

欠阻尼情况下，二阶系统对单位阶跃信号响应的解析解为

$$c(t) = 1 - \frac{1}{\sqrt{1 - \zeta^2}} e^{-\zeta\omega_n t} \sin(\omega_d t + \arccos \zeta)$$

由稳态和瞬态组成，稳态部分等于 1，表明不存在稳态误差。瞬态部分为衰减的正弦振荡过程，衰减快慢由 $\zeta\omega_n$（特征根的实部）决定，振荡频率为 $\omega_d = \sqrt{1 - \xi^2}\omega_n$（特征根虚部）由阻尼 ζ 和角频率 ω_n 决定。

3）临界阻尼（$\zeta = 1$）

临界阻尼情况下，二阶系统对单位阶跃信号的响应解析解为 $c(t) = 1 - e^{-\omega_n t}(1 + \omega_n t)$，系统的响应曲线由零开始单调上升，最后达到稳态值，整个过程中无超调、无振荡、无稳态误差。

4）过阻尼（$\zeta > 1$）

过阻尼情况下，二阶系统对单位阶跃信号的响应解析解为

$$c(t) = 1 - \frac{\zeta + \sqrt{\zeta^2 - 1}}{2\sqrt{\zeta^2 - 1}} e^{-(\zeta - \sqrt{\zeta^2 - 1})\omega_n t} + \frac{\zeta - \sqrt{\zeta^2 - 1}}{2\sqrt{\zeta^2 - 1}} e^{-(\zeta + \sqrt{\zeta^2 - 1})\omega_n t}$$

和临界阻尼类似，系统的响应曲线由零开始单调上升，最后达到稳态值，整个过程中无超调、无振荡、无稳态误差。

在实际的控制系统调试或应用中，都希望被控对象具有较快的响应速度，并根据具体应用背景决定是否允许有超调产生。在欠阻尼的情况下，被控对象会有一定的超调和振荡产生，其具体指标包括：

（1）上升时间 t_r。

令 $c(t_r) = 1$，可计算出 $t_r = \dfrac{\pi - \arccos \zeta}{\omega_n \sqrt{1 - \zeta^2}}$。

（2）峰值时间 t_p。

令 $\left.\dfrac{dc(t)}{dt}\right|_{t = t_p} = 0$，可计算出 $t_p = \dfrac{\pi}{\omega_n \sqrt{1 - \zeta^2}}$。

（3）超调量 σ。

根据定义 $\sigma = \dfrac{c(t_p) - c(\infty)}{c(\infty)} \times 100\%$，可计算出 $\sigma = e^{-\frac{\pi\zeta}{\sqrt{1-\zeta^2}}} \times 100\%$。

（4）调节时间 t_s。

根据定义，可计算出 $t_s = \dfrac{3.5}{\zeta\omega_n}$（响应曲线达到并保持在终值的 $\pm 5\%$）或 $t_s = \dfrac{4.5}{\zeta\omega_n}$（响应曲线达到并保持在终值 $\pm 3\%$）。

（5）延迟时间 t_d。

根据定义，可计算出 $t_d = \dfrac{1 + 0.7\zeta}{\omega_n}$。

3. 高阶系统的时域分析

通常将三阶以上的系统称为高阶系统，高阶系统的分析计算比较复杂，工程上常采用闭

环主导极点的方法对高阶系统进行近似分析。

对于稳定的高阶系统而言，其闭环极点和零点在左半 s 平面虽然有各种分布模式，但是就距离虚轴的远近来说却只有远近之别。如果在所有的闭环极点中，距离虚轴最近的极点周围没有闭环零点，而其他闭环极点又远离虚轴，那么距离虚轴最近的闭环极点所对应的响应分量在系统的时间响应中起主导作用，这样的闭环极点就称为闭环主导极点。

在工程实践中，高阶系统的增益常常调整到使系统具有一对闭环共轭主导极点，此时就可以用二阶系统的性能指标来估算高阶系统的动态性能。

4. 时域分析相关的 MATLAB 函数

MATLAB 软件中提供了几个适合进行时域分析的工具函数，其中常用的几个包括：

1）单位阶跃响应函数 step( )

step 函数有多种使用方法，具体可以参考 MATLAB 的帮助说明。

$[y,t]=step(G)$：自动选择时间向量对阶跃响应进行分析，并返回系统的输出 y、时间 t，仿真时间长度由系统指定。

$[y,t]=step(G,tf)$：设置系统的终止仿真时间 tf，对阶跃响应进行分析。

$y=step(G,t)$：用户自己设置时间向量 t，对阶跃响应进行分析。

$step(G1,'-g',G2,'-.b',G3,':r')$：在同一图像窗口绘制多个系统的响应曲线，可设置它们的线型与颜色。

$[y,t]=step(A,B,C,D,iu)$：A、B、C、D 为系统的状态方程，iu 为输入变量的序号。

上述函数也可以不设置返回值。

2）单位脉冲响应函数 impulse ( )

impulse 函数的使用同 step 函数类似，也有多种使用方法，同样可以参考 MATLAB 的帮助说明。

$[y,t]=impulse(G)$：自动选择时间向量对阶跃响应进行分析，并返回系统的输出 y、状态 x、时间 t，仿真时间长度由系统指定。

$[y,t]=impulse(G,tf)$：设置系统的终止仿真时间 tf，对阶跃响应进行分析。

$y=impulse(G,t)$：用户自己设置时间向量 t，对阶跃响应进行分析。

$impulse(G1,'-g',G2,'-.b',G3,':r')$：在同一图像窗口绘制多个系统的响应曲线，可设置它们的线型与颜色。

$[y,t]=impulse(A,B,C,D,iu)$：A、B、C、D 为系统的状态方程，iu 为输入变量的序号。

3）任意输入响应函数 lsim( )

lsim 函数的调用格式为

```
y = lsim(sys,iu,t,x0)
    sys:系统的数学描述
    iu:输入向量
    t:时间向量,可以默认
    x0:系统的初始状态
```

【**示例 6-1**】 已知动态系统的传递函数 $G(s)=\dfrac{8(s+1)(s+2)}{(s+3.5)(s+5)(s+4)}e^{-2s}$，使用 step、 impulse、lsim 函数绘制其响应曲线。

在 MATLAB 中输入

```
G = zpk([ -1， -2],[ -3.5， -5， -4],8,'ioDelay',2)
step(G)
step(G,':r +',6)
```

运行后得到图 6 - 4 所示的阶跃响应结果。

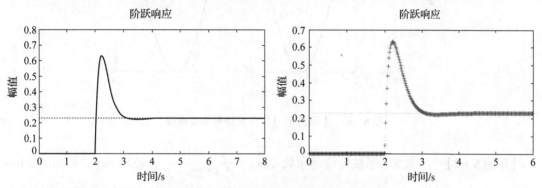

图 6 - 4　【示例 6 - 1】阶跃信号响应曲线

在 MATLAB 中输入

```
G = zpk([ -1， -2],[ -3.5， -5， -4],8,'ioDelay',2)
impulse(G)
impulse(G,':r',6)
```

运行后得到图 6 - 5 所示的脉冲响应结果。

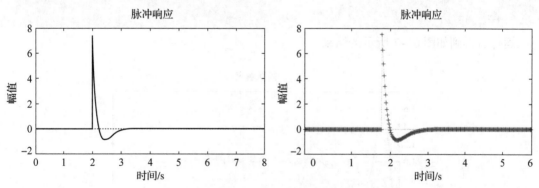

图 6 - 5　【示例 6 - 1】脉冲信号响应曲线

在 MATLAB 中输入

```
t = 0:0.01:4 * pi;
u = sin(t);
lsim(G,u,t,0)
grid on;
```

运行后得到如图 6 - 6 所示的响应结果。

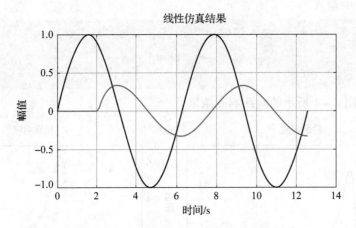

图 6 - 6 　【示例 6 - 1】任意信号响应曲线

【示例 6 - 2】 　已知动态系统的传递函数 $G(s) = \dfrac{36}{s^2 + 12\zeta s + 36}$，使用 step、impulse、lsim 函数绘制阻尼比分别为 0.1、0.2、0.707、1.0、2.0 时，系统的单位阶跃响应曲线。

在 MATLAB 中输入

```
kesi = [0.1,0.2,0.707,1.0,2.0];
hold on;
for i = kesi
    G = tf(36,[1,12 * i,36]);
    step(G);
end;
```

运行后得到如图 6 - 7 所示的结果。

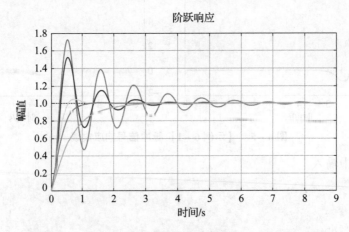

图 6 - 7 　【示例 6 - 2】阶跃信号响应曲线（书后附彩插）

在 MATLAB 中输入

```
kesi =[0.1,0.2,0.707,1.0,2.0];
hold on;
for i = kesi
    G = tf(36,[1,12 * i,36]);
    impulse(G);
end;
```

运行后得到如图 6 – 8 所示的结果。

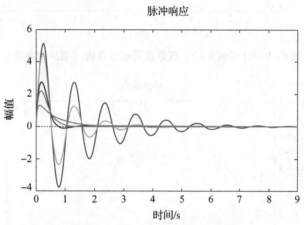

图 6 – 8 【示例 6 – 2】脉冲信号响应曲线

在 MATLAB 中输入

```
t =0:0.01:4 * pi;
u = sin(t);
kesi =[0.1,0.2,0.707,1.0,2.0];
hold on;
for i = kesi
    G = tf(36,[1,12 * i,36]);
    lsim(G,u,t,0);
end;
grid on;
```

运行后得到如图 6 – 9 所示的响应结果。

【**示例 6 – 3**】 已知离散系统的传递函数为 $G(z) = \dfrac{2z^2 - 3.4z + 1.5}{z^2 - 1.6z + 0.8}$，使用 step、impulse、lsim 函数绘制其响应曲线。

在 MATLAB 中输入

```
G = tf([1 -3.4 1.5],[1 -1.6 0.8],'Ts',0.05);
step(G);
```

运行后得到如图 6 – 10 所示的结果。

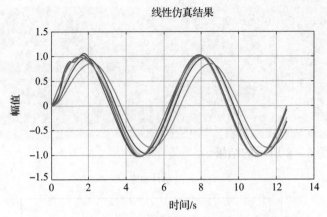

图 6 – 9 　【示例 6 – 2】任意信号响应曲线（书后附彩插）

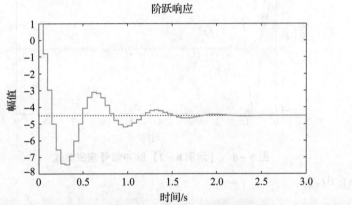

图 6 – 10 　【示例 6 – 3】阶跃信号响应曲线

在 MATLAB 中输入

```
G = tf([1 -3.4 1.5],[1 -1.6 0.8],'Ts',0.05);
impulse(G);
```

运行后得到如图 6 – 11 所示的结果。

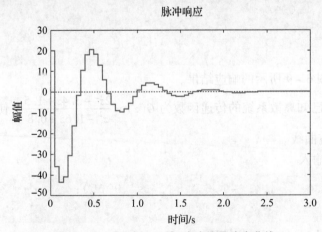

图 6 – 11 　【示例 6 – 3】脉冲信号响应曲线

在 MATLAB 中输入

```
t = 0:0.1:4 * pi;
u = sin(t);
G = tf([1  -3.4 1.5],[1  -1.6 0.8],'Ts',0.1);
lsim(G,u,t,0);
```

运行后得到如图 6-12 所示的结果。

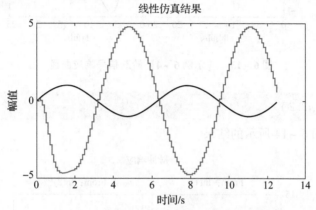

图 6-12　【示例 6-3】任意信号响应曲线

【示例 6-4】　已知双输入单输出系统的状态空间模型如下，使用 step、impulse、lsim 函数绘制其响应曲线。

$$\dot{x} = \begin{bmatrix} -0.557\ 2 & -0.781\ 4 \\ 0.781\ 4 & 0 \end{bmatrix}x + \begin{bmatrix} 1 & -1 \\ 0 & 2 \end{bmatrix}u$$

$$y = [1.969\ 1 \quad 6.449\ 3]x$$

在 MATLAB 中输入

```
A = [ -0.5572  -0.7814;0.7814 0]; B = [1  -1;0 2]; C = [1.9691 6.4493];
D = [0,0];
   step(A,B,C,D,1);
   step(A,B,C,D,2);
```

或

```
step(A,B,C,D)
```

运行后得到如图 6-13 所示的结果。

在 MATLAB 中输入

```
A = [ -0.5572  -0.7814;0.7814 0]; B = [1  -1;0 2]; C = [1.9691 6.4493];
D = [0,0];
   impulse(A,B,C,D,1);
   impulse(A,B,C,D,2);
```

或

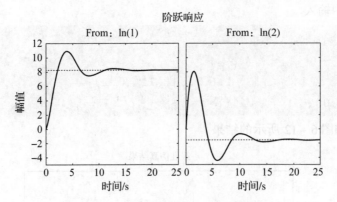

图 6 - 13　【示例 6 - 4】阶跃信号响应曲线

```
impulse(A,B,C,D)
```

运行后得到如图 6 - 14 所示的结果。

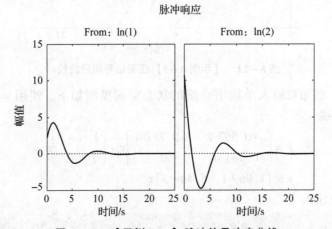

图 6 - 14　【示例 6 - 4】脉冲信号响应曲线

在 MATLAB 中输入

```
A = [ -0.5572 -0.7814;0.7814 0]; B = [1 -1;0 2]; C = [1.9691 6.4493];
D = [0,0];
G = ss(A,B,C,D);
t = 0:0.01:4 * pi;
u = [sin(t),cos(t)];
lsim(G,u,t,[0,0])
```

运行后得到如图 6 - 15 所示的结果。

6.1.4　阶跃响应性能指标的求取

1. 借助 MATLAB 工具求取

在利用阶跃响应函数 step（）绘制完系统的响应曲线后，在绘图中右击，出现如

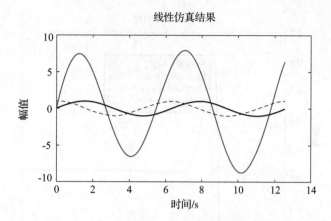

图 6-15　【示例 6-4】任意信号响应曲线

图 6-16 所示的工具界面。选择 Characteristics 项，会弹出可以分析的指标项，包括峰值响应 Peak Response、调节时间 Settling Time、上升时间 Rise Time、稳态值 Steady State。

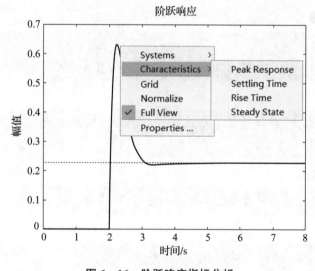

图 6-16　阶跃响应指标分析

以【示例 6-1】为例，如图 6-17 所示，当选择 "Peak Response" 项后，MATLAB 会自动在曲线上标出峰值点，并给出相关的指标，包括峰值的大小、对应的时间、超调量。

2. 编程求取

除借助阶跃响应函数提供的工具外，还可以根据阶跃响应的数据，通过各个指标的定义，自行编写程序求取。

首先按照 $[y, t] = step(G)$ 的指令形式，获得系统阶跃响应的输出数据 y，以及对应的时间 t，然后再进行具体的编程。下面通过一个示例进行具体分析。

【示例 6-5】　已知控制系统的传递函数为 $G(s) = \dfrac{20}{s^2 + 3s + 20}$，求其阶跃响应的峰值时间、上升时间、稳态值、超调量、调节时间指标。

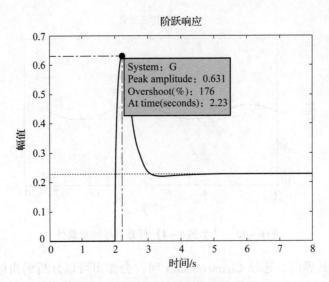

图 6 - 17　阶跃响应的峰值指标分析

在 MATLAB 中输入

```
G = tf(20,[1 3 20]);
[y,t] = step(G);% 运行后返回输出向量 y,以及对应的时间向量 t。
```

峰值的求取:

```
[A,T] = max(y);% 运行后返回峰值 A = 1.3265,以及最大值 A 在向量 y 中的序号
T = 25。
```

峰值时间的求取:

```
tp = t(T);% 运行后得到最大值 A 对应的时间,即峰值时间 tp = 0.7368
```

稳态值的求取:

```
B = dcgain(G);% 运行后,得到系统的稳态值 B = 1;
```

超调量的求取:

```
Delta = 100 * (A - B)/B;% 运行后,得到系统的超调量 Delta = 32.6506%
```

上升时间的求取:

```
% 找出系统响应达到稳态值10% 所对应的时间
n = 1;
while y(n) < 0.1 * B
  n = n + 1;
end;% 运行后得到系统响应达到稳态值10% 所对应的时间的序号 n = 5
% 找出系统响应达到稳态值90% 所对应的时间
m = 1;
```

```
while y(m) <0.9 * B
    m = m +1;
end;% 运行后得到系统响应达到稳态值10% 所对应的时间的序号 m = 15
tr = t(m) -t(n);% 运行后得到上升时间 tr = 0.307s
```

调节时间的求取：

```
m = length(y);% 获得输出向量的长度
while m >0
    if abs(y(m) -B) >0.02 * B % 判断是否跳出稳态值的2% 的范围,如果是则退出循环
        m = m -1;
        break;
    else% 如果不是则继续减小 m
        m = m -1;
    end;
end;
% 运行后得到第一个跳出稳态值的% 2 范围的序号 m = 79
ts = t(m +1);% 运行后得到稳态时间 ts = 2.4254s
```

6.1.5　稳定性分析

根据系统稳定的充分必要条件可知，若闭环系统特征方程的所有根均具有负实部，则系统是稳定的。根据这一条件，MATLAB 中提供了两个工具函数用来分析系统的稳定性。

1. roots( ) 函数

其调用格式为

```
R = roots(den)
```

其中，den 为系统传递函数分母多项式的系数；R 为多项式的根。

【**示例 6 - 6**】　已知控制系统的传递函数为 $G(s) = \dfrac{100(s+2)}{s(s+1)(s+2)}$，判断其所构成的单位负反馈系统的稳定性。

在 MATLAB 中输入

```
num =[100 200];
den = conv([1,0],conv([1 1],[1 20]));
G = tf(num,den);
Gf = feedback(G,1);
R = roots(Gf.den{1});
```

得到

```
    R =
  -12.8990
   -5.0000
   -3.1010
```

根据 3 个特征根的正负就可以判断该闭环系统是否稳定。

2. pzmap( ) 函数

该函数可以用来绘制控制系统的零极点分布，其调用格式为

$$[p,z] = pzmap(G) \text{ 或 } [p,z] = pzmap(num,den)$$

其中，p 为返回的极点向量；z 为返回的零点向量；num 和 den 分别为系统传函的分子和分母系数向量。

【示例 6 – 7】 已知控制系统的传递函数为 $G(s) = \dfrac{2s^2 + 3s + 10}{10s^2 + 3s + 1}$，采用 pzmap 函数分析其稳定性。

在 MATLAB 中输入

```
num = [2 3 10];
den = [10 3 1];
[p z] = pzmap(num,den);
```

得到如下结果：

```
    p =
 -0.1500 +0.2784i
 -0.1500 -0.2784i

z =
 -0.7500 +2.1065i
 -0.7500 -2.1065i
```

零极点分布图如图 6 – 18 所示。

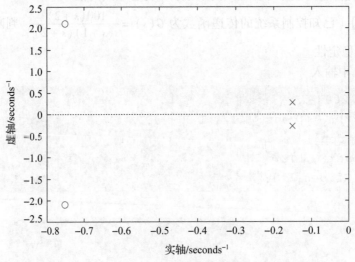

图 6 – 18 零极点分布图

6.1.6 LTI Viewer 在时域分析中的应用

如果描述控制系统的数学模型是不随时间变化的线性方程（组），可以使用 MATLAB 中针对线性定常系统进行分析的 LTI（linear time invariant）Viewer 工具箱。通过该工具箱，可以方便地求出所要分析的系统在时域内对给定的阶跃、脉冲输入信号的响应。所要分析的控制系统可以是单输入/单输出（SISO）系统，也可以是多输入多输出（MIMO）系统。

在 MATLAB 的命令栏中输入 ltiview，即可调用出 LTI Viewer 工具箱界面，如图 6 - 19 所示。

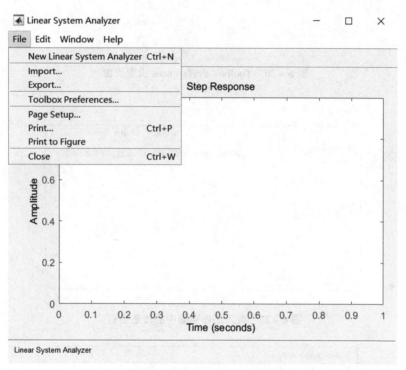

图 6 - 19 LTI Viewer 工具箱

其中的 File 下拉菜单中包括新建分析器 New Linear System Analyzer、导入 Import、导出 Export、工具箱设置 Toolbox Preferences…等选项。单击 Toolbox Preferences…按钮后的界面如图 6 - 20 所示，可以进行单位设置 Units、绘图风格设置 Style、上升时间及调节时间的定义设置 Options、传递函数表示形式设置 SISO Tool 等。

【示例 6 - 8】 已知单位负反馈系统的前向通道的传递函数为 $G(s) = \dfrac{1}{s^2 + 5s + 21}$，利用 LTI 工具箱进行该控制系统的分析。

在 MATLAB 中运行 Gf = feedback(tf(1, [1 5 21]),1)，得到闭环系统的传递函数。

打开 LTI Viewer 工具箱后，利用 File 菜单下的 Import 选项，将工作空间中的传递函数 Gf 导入，如图 6 - 21 所示。

然后就可以默认自动得到如图 6 - 22 所示的阶跃响应仿真曲线。在空白处右击后，选择 Characteristics，可以设置在曲线上显示峰值、调节时间、上升时间、稳态值等。

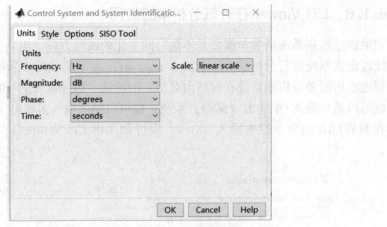

图 6 – 20   Toolbox Preferences 设置页面

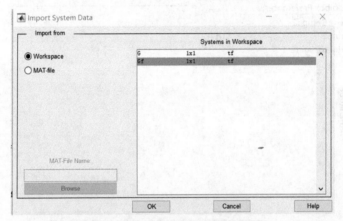

图 6 – 21   导入工作空间中的传递函数

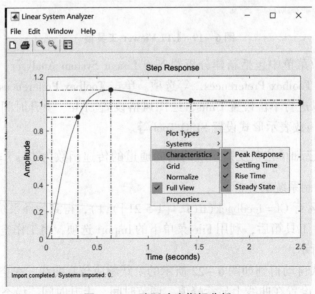

图 6 – 22   阶跃响应指标分析

如图 6 – 23 所示，在空白处右击后选择 Plot Types，还可选择脉冲信号输入响应、绘制 Bode 图等其他分析选项。

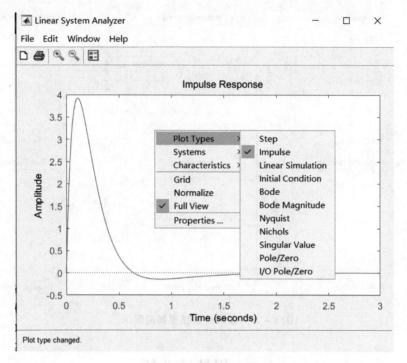

图 6 – 23 其他分析选项

在 Edit 下拉菜单中，选择 Plot Configuration 选项，可以选择同时显示多种分析方式的结果，如图 6 – 24 和图 6 – 25 所示。

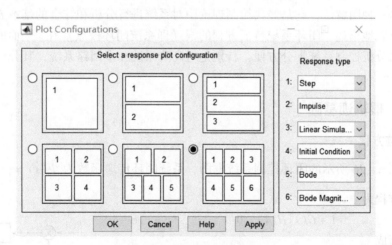

图 6 – 24 显示设置

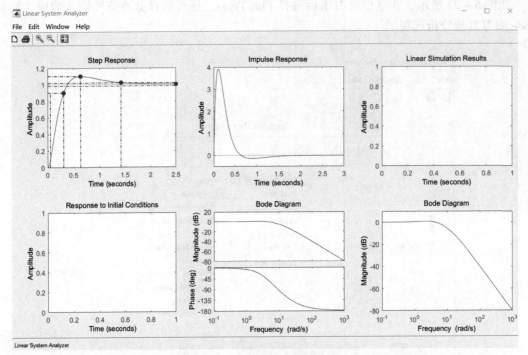

图 6 – 25　多种分析结果同时显示

6.2　根轨迹分析

根轨迹是指开环系统某一参数（如开环增益 K）由 $0 \to \infty$ 变化时，闭环特征根在 s 平面变化的轨迹。

根轨迹是一种图解法，它是经典控制理论中对系统进行分析和综合的基本方法之一。由于根轨迹图直观地描述了闭环系统特征方程的根（即系统闭环极点）在 s 平面的分布，因此应用根轨迹法分析控制系统十分方便，特别是对高阶系统和多回路系统，其分析较其他方法更为方便。

6.2.1　根轨迹基础

1. 根轨迹方程

对于如图 6 – 26 所示的闭环控制系统框图，系统闭环传递函数为 $\Phi(s) = \dfrac{G(s)}{1 + G(s)H(s)}$，

其闭环特征方程为

$$1 + G(s)H(s) = 0 \qquad (6-1)$$

也可以写成

$$G(s)H(s) = \frac{K^{*}\prod\limits_{i=1}^{m}(s - z_i)}{\prod\limits_{i=1}^{n}(s - p_i)} = -1 \qquad (6-2)$$

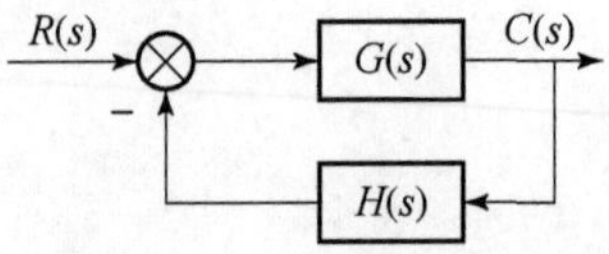

图 6 – 26　闭环控制系统

在 s 平面凡是可以满足式（6-2）的点都是根轨迹上的点。式（6-2）被称为根轨迹方程，可以用幅值条件和相角条件来表示。

幅值条件：

$$|G(s)H(s)| = \frac{K^* \prod\limits_{i=1}^{m} |s - z_i|}{\prod\limits_{i=1}^{n} |s - p_i|} = 1 \qquad (6-3)$$

相角条件：

$$\angle G(s)H(s) = \sum_{i=1}^{m} \angle(s - z_i) - \sum_{i=1}^{n} \angle(s - p_i) = (2k+1)\pi \quad k = 0, \pm 1, \pm 2, \cdots$$

$$(6-4)$$

2. 绘制根轨迹的基本法则

（1）根轨迹起于开环极点，终于开环零点，如果开环零点数 m 少于开环极点数 n，那么有 $n-m$ 条根轨迹终于无穷远处，且这 $n-m$ 条分支沿着与实轴夹角为 φ、交点为 σ 的一组渐近线趋于无穷远。

$$\varphi = \frac{(2k+1)\pi}{n-m} \quad k = 0, 1, 2, \cdots, n-m-1$$

$$\sigma = \frac{\sum\limits_{i=1}^{n} p_i - \sum\limits_{i=1}^{m} z_i}{n-m}$$

（2）根轨迹的分支数等于开环极点数 n，且根轨迹关于实轴对称。

（3）实轴上某一区域，若其右侧开环零极点个数之和为奇数，则该区域必是根轨迹。

（4）如实轴上两相邻极点间有根轨迹，则一定有分离点，分离点坐标 d 方程为

$$\sum_{i=1}^{n} \frac{1}{d - p_i} = \sum_{i=1}^{m} \frac{1}{d - z_i}$$

（5）若根轨迹与虚轴相交，则交点上的 K 值，可令闭环特征方程中的 $s = j\omega$，然后分别令其实部和虚部等于零求得。

（6）当开环系统的分子分母阶次之差 $n-m$ 大于 1 时，系统闭环极点之和等于系统开环极点之和。

6.2.2 MATLAB 相关的根轨迹分析工具

1. rlocus( ) 函数

其调用格式为

```
rlocus(sys)% 绘制系统的根轨迹
rlocus(sys,k)% 使用用户指定的根轨迹增益 k 来绘制系统的根轨迹
rlocus(sys1,sys2,…)% 绘制多个系统的根轨迹
[r,k] = rlocus(sys)% 计算根轨迹增益值和闭环系统极点
r = rlocus(sys,k)% 计算根轨迹增益 k 对应的闭环极点值
```

2. rlocfind( ) 函数

其调用格式为

```
[k,p] = rlocfind(sys)% 计算鼠标拾取点处根轨迹的增益和闭环极点
[k,p] = rlocfind(sys,p)% 计算最靠近给定闭环极点 p 处根轨迹的增益
```

3. sgrid( ) 函数

sgrid( )：在连续系统根轨迹或者零极点图上绘制栅格线，栅格线由等阻尼线和自然振荡角频率构成。

sgrid(z，wn)：指定阻尼系数 z 与自然振荡角频率 wn。

4. zgrid( ) 函数

zgrid( )：在离散系统根轨迹或者零极点图上绘制栅格线，栅格线由等阻尼线和自然振荡角频率构成。

zgrid(z，wn)：指定阻尼系数 z 与自然振荡角频率 wn。

【示例 6 – 9】 已知单位负反馈系统的传递函数为 $G(s) = \dfrac{K(s+6)}{(s+1)(s+5)(s+10)}$，绘制其根轨迹，并在根轨迹图（图 6 – 27）上任选一点，计算该点的增益 K 及其所有极点的位置。

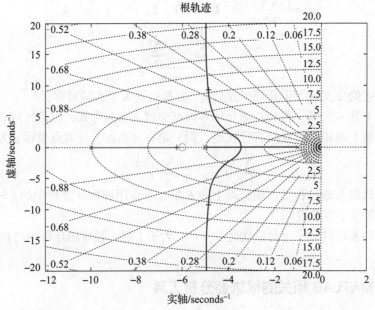

图 6 – 27　根轨迹图

在 MATLAB 中运行如下程序：

```
G = tf([1 6],conv([1 1],conv([1 5],[1 10])));
rlocus(G);
[k,p] = rlocfind(G)
```

得到如下结果：

```
Select a point in the graphics window
selected_point =
```

```
  -4.9602 + 9.2308i
% 计算得到对应的增益和极点
k =
  104.9739
p =
  -4.8844 +9.2328i
  -4.8844 -9.2328i
  -6.2312 +0.0000i
```

6.2.3 根轨迹分析工具

在 MATLAB 的命令窗口中输入 rltool，就可以打开如图 6 – 28 所示的控制系统设计工具箱，其中一项功能就是对系统进行根轨迹分析。

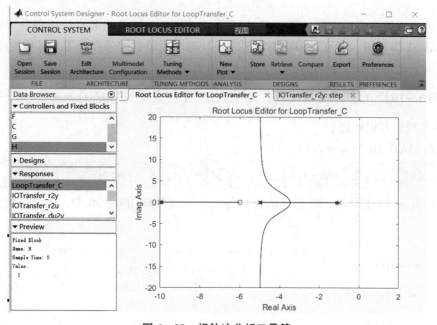

图 6 – 28 根轨迹分析工具箱

下面对其进行简要的说明：

首先需要选择被分析对象的传递函数框图的结构，单击菜单栏中的 Edit Architecture 选项，可以弹出如图 6 – 29 所示的画面。可以在左侧栏里选择合适的被控对象的传递函数框图结构，如选择第一种结构形式。

然后在右侧的界面中，需要分别设置各个子环节的传递函数的具体参数，图 6 – 29 所示包括传递函数 F、C、G、H，如果没有该环节可以默认为 1×1 的单位传函。通过单击每一个传递函数右侧的 图标，可以选择从工作空间，即 Base Workspace 中已有的传递函数导入，单击 Import 按钮即可完成导入。

所有的传递函数模块都设置好以后，系统可以自动绘制出开环系统的根轨迹。

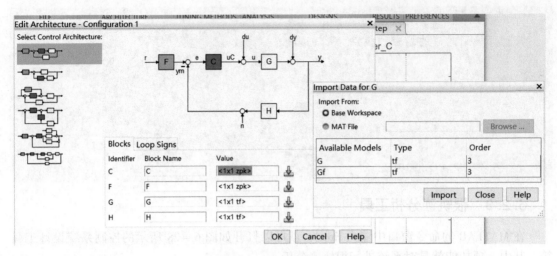

图 6 - 29　分析对象的构建

除了进行根轨迹分析之外，该工具箱还可以对每一个传递函数模块进行独立的阶跃响应、画 Bode 图等分析，还可以根据指标要求设计整个系统的闭环控制器。具体的使用方法，可以参看该工具箱自带的帮助文档，在此就不再赘述。

【**示例 6 - 10**】　已知单位负反馈系统的被控对象传递函数为 $G(s) = \dfrac{100(s+2)}{s(s+1)(s+2)}$，用 rltool 工具箱观察其根轨迹。

首先在 MATLAB 的命令窗口运行

```
G = tf(100 * [1 2],conv([1,0],conv([1 1],[1 2])));
```

然后打开 rltool 工具箱，将传递函数 G 导入传递函数框图 6 - 30 中，就可以得到根轨迹曲线。

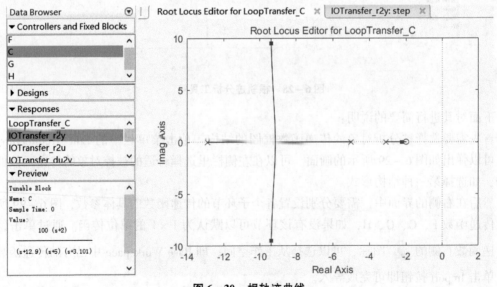

图 6 - 30　根轨迹曲线

6.3　频域分析

控制系统的频域分析是应用频率特性研究自动控制系统的一种经典图解方法，其特点是可以通过实验直接求出频率特性来分析系统的各项品质。

6.3.1　频域分析的基本概念

1. 频率特性

系统在正弦输入信号作用下，稳态响应信号与输入信号的振幅、相位关系与信号频率之间的关系称为频率特性。频率特性可以分为幅频特性与相频特性。

（1）幅频特性：稳态响应的幅值与输入信号的幅值之比称为系统的幅频特性，它描述了系统对不同频率输入信号在稳态时的放大特性。

（2）相频特性：稳态响应与正弦输入信号的相位差称为系统的相频特性，它描述了系统的稳态响应对不同频率输入信号的相移特性。

2. 频率特性的表示方法

频率特性是与 ω 有关的复数，在传递函数中令 $s = j\omega$，即可得到其频率特性的表示。

$$G(j\omega) = \frac{b_0 \ (j\omega)^m + b_1 \ (j\omega)^{m-1} + \cdots + b_m}{a_0 \ (j\omega)^n + a_1 \ (j\omega)^{n-1} + \cdots + a_n} \tag{6-5}$$

通常有三种表达形式。

1）代数形式

$$G(j\omega) = P(\omega) + jQ(\omega) \tag{6-6}$$

其中，$P(\omega)$ 为频率特性的实部；$Q(\omega)$ 为频率特性的虚部。

2）三角形式

$$G(j\omega) = A(\omega)\cos \varphi(\omega) + jA(\omega)\sin \varphi(\omega) \tag{6-7}$$

其中，$A(\omega)$ 为频率特性的模；$\varphi(\omega)$ 为频率特性的幅角。

3）指数形式

$$G(j\omega) = A(\omega)\,\mathrm{e}^{j\varphi(\omega)} \tag{6-8}$$

上述表示方法之间存在如下的关系：

$$A(\omega) = \sqrt{P^2(\omega) + Q^2(\omega)}$$

$$\varphi(\omega) = \arctan \frac{Q(\omega)}{P(\omega)}$$

3. 频率特性的几何表示方法

1）奈奎斯特图

奈奎斯特（Nyquist）图又称极坐标图，奈奎斯特曲线的特点是将 ω 看成参变量，当 ω 从 $0 \to \infty$ 变化时，将频率特性的幅频和相频特性同时表示在复数平面，如图 6-31 所示。

2）Bode 图

Bode 图又称对数频率特性图，是由对数幅频曲线和对数相频曲线两条曲线组成。其横坐标为角频率 ω，采用对数分度，如图 6-32 所示。

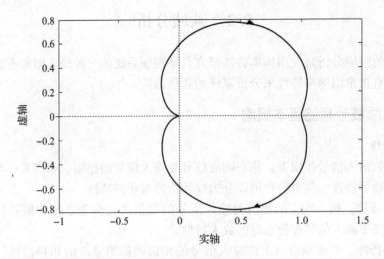

图 6 – 31　Nyquist 图

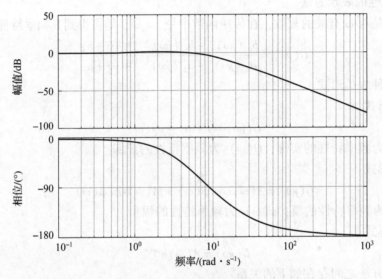

图 6 – 32　Bode 图

6.3.2　频域下的特性分析

1. 基于奈奎斯特图的稳定性分析

若系统的开环模型 $G(s)H(s)$ 为稳定的，则当且仅当其 Nyquist 图不包围（ -1，j）点，闭环系统为稳定的。如果 Nyquist 图顺时针包围（ -1，j）点 p 次，则闭环系统有 p 个不稳定极点。

若系统的开环模型 $G(s)H(s)$ 不稳定，有 p 个不稳定极点。则当且仅当其 Nyquist 图逆时针包围（ -1，j）点 p 次，闭环系统为稳定的。若 Nyquist 图逆时针包围（ -1，j）点 q 次，则闭环系统有 $q-p$ 个不稳定极点。

2. 基于 Bode 图的特性分析

1）开环频段特性

对数幅频特性曲线 $L(\omega) = 20\lg|G(j\omega)|$ 在第一个转折频率之前的频段称为低频段，主要由积分环节和开环放大倍数决定。低频段的斜率越小，则系统的稳态误差越小，控制精度越高。

对数幅频特性曲线在截至频率 ω_c 附近的频率段称为中频段，主要由截至频率、中频段斜率、中频段宽度决定闭环系统动态响应的稳定性和快速性。通常中频段斜率最好为 -20 dB/dec，而且中频带宽越宽越好，能够确保系统有足够的相角裕量。

对数幅频特性曲线中频段以后称为高频段。高频段的幅值反映系统对高频干扰信号的抑制能力，幅值越低，系统的抗干扰性能越强。

2）相角裕度

相角裕度反映系统的相对稳定性，也是描述系统稳定程度的指标。相角裕度定义为

$$\gamma = \pi + \varphi(\omega_c) \tag{6-9}$$

其中，ω_c 为截至频率，有 $A(\omega_c) = 1$。系统的稳定程度会影响时域指标的超调量和调节时间。如果系统稳定，则对数相频特性 $\varphi(\omega)$ 再减小 γ 系统就会变得不稳定。

3）幅值裕度

幅值裕度反映开环系统 $G(j\omega)H(j\omega)$ 的 Nyquist 曲线在负实轴上相对于 $(-1, j)$ 点的接近程度。幅值裕度定义为

$$K_g = -20\lg|G(j\omega_g)H(j\omega_g)| \tag{6-10}$$

其中，ω_g 为相位穿越频率，有 $\varphi(\omega_g) = \pi$。当 $K_g > 0$ 时，闭环系统稳定。$K_g = 0$ 时，闭环系统处于临界稳定状态。因此，如果系统是稳定的，K_g 代表系统进入临界稳定时系统增益允许增大的倍数。

以系统 $G(s) = \dfrac{64}{s(0.05s^2 + 7s + 10)}$ 为例，其幅值裕度和相角裕度表示如图 6-33 所示。

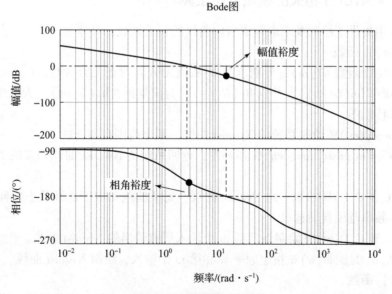

图 6-33　稳定裕度示意

4）带宽

带宽是指闭环系统的幅频特性，以频率为零时的幅值为基准，下降 3 dB 时所对应的频率 ω_b 称为带宽，如图 6－34 所示。

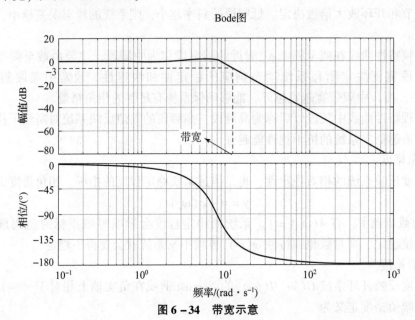

图 6－34　带宽示意

其可表示为

$$20\lg|\varPhi(j\omega_b)| = 20\lg|\varPhi(j)| - 3 \tag{6-11}$$

带宽是频域中的一项很重要的指标，带宽大，表明系统能通过较宽频率的输入，但是其抑制噪声的能力较弱；带宽小，表明系统只能通过较低频率的输入，但是其具有较强的高频噪声抑制能力。因此，需要在实际应用中根据情况折中考虑。

6.3.3　MATLAB 相关的频域分析工具

MATLAB 中提供了绘制及求取频率响应曲线的相关函数，具体如下。

1. nyquist( ) 函数

对于频率特性函数 $G(j\omega)$，分别求出 ω 从负无穷大到正无穷大时，$G(j\omega)$ 的实部 Re $(G(j\omega))$ 和虚部 Im$(G(j\omega))$。并以 Re$(G(j\omega))$ 为横坐标、Im$(G(j\omega))$ 为纵坐标绘制极坐标形式的频率特性图。

nyquist(num,den)％绘制系统的 Nyquist 曲线，频率范围自动选取。

［re,im,w］=nyquist(num,den)％不画图，返回系统的 Nyquist 曲线相关的实部、虚部及频率数据。

nyquist(A,B,C,D)％绘制一组 Nyquist 曲线，每条曲线对应于连续状态空间系统的输入输出组合对，频率范围自动选取。

nyquist(A,B,C,D,iu)％绘制系统第 iu 个输入所有输出的 Nyquist 曲线。

nyquist(A,B,C,D,iu,w)％指定频率 w 和第 iu 个输入，绘制 Nyquist 曲线。

2. bode( ) 函数

Bode 图即对数频率特性图，它包括对数幅频特性图和对数相频特性图。横坐标为频率

ω，以对数形式分度，单位为 rad/s。幅频特性纵坐标为幅值函数 $20\lg A(\omega)$，单位为 dB。相频特性纵坐标为角度。

bode(num,den)%绘制系统的 Bode 图，频率范围自动指定。

bode(num,den,w)%绘制系统的 Bode 图，频率范围由 w 确定。

bode(A,B,C,D,iu)%绘制系统第 iu 个输入所有输出的 Bode 图，频率范围由 w 确定。

[mag,phase,w] = bode(num,den)% 不画图，返回 Bode 图的幅值、相位及对应的角频率。

3. margin( ) 函数

可以从频率响应数据中计算出幅值裕度、相角裕度及对应的频率。幅值裕度和相角裕度是针对开环系统而言的，它指示出系统闭环时的相对稳定性。

margin(sys)% 计算系统的幅值裕度和相角裕度，并绘制 Bode 图。

margin(mag,phase,w)% 根据系统的幅值（单位不是 dB）、相角数值，绘制出带有幅值裕度和相角裕度的 Bode 图。

[gm,pm,wcg,wcp] = margin(mag,phase,w)% 根据系统的幅值（单位不是 dB）、相角数值，计算出幅值裕度 gm、相角裕度 pm、相角交界频率 wcg、截至频率 wcp，不绘制 Bode 图。

4. freqs( ) 函数

该函数用来计算 $H(j\omega) = \dfrac{B(j\omega)}{A(j\omega)}$ 构成的滤波器的幅频响应。

freqs(num,den)% 绘制系统的幅频与相频曲线。

freqs(num,den,w)% 绘制指定频率范围 w 内，系统的幅频与相频曲线。

[H,w] = freqs(num,den)% 不绘图，返回系统的幅频与相频数据，H 为复数，w 为对应频率。

【示例 6 – 11】　已知系统的开环传递函数为 $G(s) = \dfrac{10}{s(5s+1)(10s+1)}$，绘制其 Bode 图、Nyquist 图，并求出系统频率响应的性能指标。

在 MATLAB 的命令窗口运行

```
num =10;
den =conv([1 0],conv([5 1],[10 1]));
figure(1);
nyquist(num,den);
figure(2);
margin(num,den);
[Gm,Pm,Wcg,Wcp] =margin(num,den);
```

可得到指标结果为

```
Gm =
    0.0300
Pm =
  -60.7504
```

```
Wcg =
    0.1414
Wcp =
    0.5707
```

分别得到 Bode 图和 Nyquist 图的结果，如图 6 – 35 和图 6 – 36 所示。

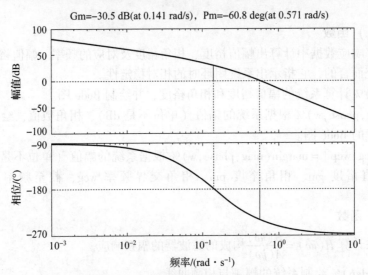

图 6 – 35　带有性能指标结果的 Bode 图

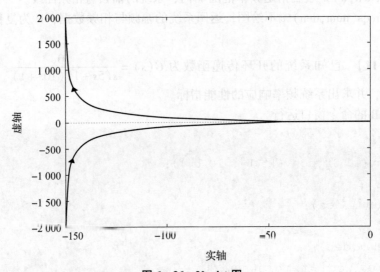

图 6 – 36　Nyqist 图

【**示例 6 – 12**】　一典型二阶系统的传递函数为 $G(s) = \dfrac{\omega_n^2}{s^2 + 2\zeta\omega_n s + \omega_n^2}$，分别绘制 ω_n 固定 ζ 变化以及 ω_n 变化 ζ 固定的 Bode 图。

在 MATLAB 的命令窗口运行

```
w = [0,logspace( -2,2,200)];
wn = 0.7;
zet = [0:0.25:1.75];
hold on;
for i = zet
   num = wn^2;
   den = [1 2 * i * wn wn^2];
   bode(num,den,w);
end;
```

可得到图 6 - 37 的结果。

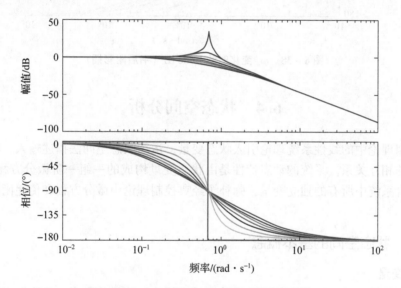

图 6 - 37　ζ 变化时的 **Bode** 图（书后附彩插）

继续运行

```
zet = 0.7;
wn = [0:0.25:1.75];
hold on;
for i = wn
   num = i^2;
   den = [1 2 * i * zet i^2];
   bode(num,den,w);
end;
```

可得到图 6 - 38 的结果。

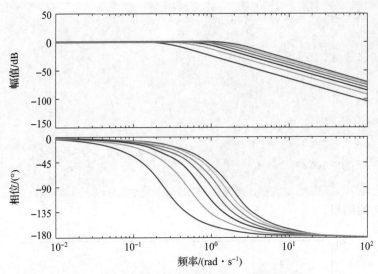

图 6 – 38　ω_n 变化时的 Bode 图（书后附彩插）

6.4　状态空间分析

现代控制理论中的线性系统理论引入状态变量，运用状态空间法描述输入、状态、输出诸变量之间的相互关系。系统的动态特性是由状态变量构成的一组一阶微分方程来描述的。方程组中包含系统中所有的独立变量，弥补了经典控制理论中微分方程和传递函数描述系统的不足。

6.4.1　状态空间的基本概念

1. 状态变量

状态是指能够描述系统的全部运动的数目最少的一组变量的集合。只要知道了这组变量的当前取值、输入信号以及描述系统动态特性的方程，就能完全确定系统未来的状态和输出响应。对于机电运动系统而言，状态是在空间中的"位置"，是描述系统运动的基本坐标。

2. 状态空间

以状态变量 $x_1(t)$，$x_2(t)$，$\cdots$，$x_n(t)$ 为坐标轴所构成的 n 维空间，在几何学上就是状态空间。也就是说，状态空间是由所有的状态向量 $\boldsymbol{x}(t)$ 形成的。系统的初始状态，在状态空间中就是初始点。随着时间的推移，状态向量 $\boldsymbol{x}(t)$ 将在状态空间中描绘出一条轨迹，称为状态轨迹。

3. 状态方程

状态方程是指描述系统状态变量与输入变量之间关系的一阶微分方程组（连续时间系统）或一阶差分方程组（离散时间系统）。其一般形式为

$$\dot{\boldsymbol{x}}(t) = f(\boldsymbol{x}(t), \boldsymbol{u}(t), t)$$

或

$$\boldsymbol{x}(t_{k+1}) = f(\boldsymbol{x}(t_k), \boldsymbol{u}(t_k), t_k)$$

状态方程表征系统由输入所引起的内部状态的变化情况。

4. 输出方程

输出方程是指描述系统输出变量、输入变量及状态变量之间函数关系的方程，其一般形式为

$$y(t) = g(\boldsymbol{x}(t), \boldsymbol{u}(t), t)$$

或

$$y(t_{k+1}) = g(\boldsymbol{x}(t_k), \boldsymbol{u}(t_k), t_k)$$

5. 线性系统的状态空间表达式

若在系统的状态空间表达式中，f 和 g 都是线性函数，则称系统为线性系统，否则为非线性系统。对于线性连续时间系统，其状态空间表达式的一般形式为

$$\begin{cases} \dot{\boldsymbol{x}}(t) = \boldsymbol{A}(t)\boldsymbol{x}(t) + \boldsymbol{B}(t)\boldsymbol{u}(t) \\ \boldsymbol{y}(t) = \boldsymbol{C}(t)\boldsymbol{x}(t) + \boldsymbol{D}(t)\boldsymbol{u}(t) \end{cases} \tag{6-12}$$

对于线性离散时间系统，当系统的采样周期 T_s 不变时，常取 $t_k = kT_s$，简写为 k，故其状态空间表达式的一般形式为

$$\begin{cases} \boldsymbol{x}(k+1) = \boldsymbol{F}(k)\boldsymbol{x}(k) + \boldsymbol{G}(k)\boldsymbol{u}(k) \\ \boldsymbol{y}(k) = \boldsymbol{C}(k)\boldsymbol{x}(k) + \boldsymbol{D}(k)\boldsymbol{u}(k) \end{cases} \tag{6-13}$$

若上述状态空间表达式中，系数矩阵 $\boldsymbol{A}(t)$、$\boldsymbol{B}(t)$、$\boldsymbol{C}(t)$、$\boldsymbol{D}(t)$ 或 $\boldsymbol{F}(k)$、$\boldsymbol{G}(k)$、$\boldsymbol{C}(k)$、$\boldsymbol{D}(k)$ 的各元素都是常数，则该系统被称为线性定常系统，否则被称为线性时变系统。线性定常系统的一般表示形式为

$$\begin{cases} \dot{\boldsymbol{x}}(t) = \boldsymbol{A}\boldsymbol{x}(t) + \boldsymbol{B}\boldsymbol{u}(t) \\ \boldsymbol{y}(t) = \boldsymbol{C}\boldsymbol{x}(t) + \boldsymbol{D}\boldsymbol{u}(t) \end{cases} \tag{6-14}$$

或

$$\begin{cases} \boldsymbol{x}(k+1) = \boldsymbol{F}\boldsymbol{x}(k) + \boldsymbol{G}\boldsymbol{u}(k) \\ \boldsymbol{y}(k) = \boldsymbol{C}\boldsymbol{x}(k) + \boldsymbol{D}\boldsymbol{u}(k) \end{cases} \tag{6-15}$$

6. 线性系统的相似变换

在对动态系统进行建模时，状态变量 $x_1(t)$，$x_2(t)$，$\cdots$，$x_n(t)$ 的选取不同，会得到不同的对象模型及不同形式的状态空间表达式。但是它们都同样能完整描述出系统的动态特性，也就是说，它们之间是等价。

假设存在非奇异矩阵 $\boldsymbol{T}$，定义一个新的状态变量 z，使 $z = \boldsymbol{T}^{-1}\boldsymbol{x}$，那么就可以得到关于状态变量 z 的状态方程

$$\dot{z}(t) = \boldsymbol{A}_z z(t) + \boldsymbol{B}_z \boldsymbol{u}(t)$$

$$y(t) = \boldsymbol{C}_z z(t) + \boldsymbol{D}\boldsymbol{u}(t)$$

其中，$\boldsymbol{A}_z = \boldsymbol{T}^{-1}\boldsymbol{A}\boldsymbol{T}$，$\boldsymbol{B}_z = \boldsymbol{T}^{-1}\boldsymbol{b}$，$\boldsymbol{C}_z = \boldsymbol{C}\boldsymbol{T}$，$z(0) = \boldsymbol{T}^{-1}\boldsymbol{x}(0)$。

上述变换被称作系统的相似变换，$\boldsymbol{T}$ 为变换矩阵，在 MATLAB 中提供了工具函数 G1 = ss2ss(G, T) 来完成这一变换。

7. 线性系统的标准型

如前面描述，同一个对象可以有不同的描述表达式，特别是通过非奇异的线性变换，可以得到无数种系统的动态方程，这其中，有几种形式的描述方式特别便于系统的分析，分别是可控标准型、可观标准型、对角标准型和约当标准型。

6.4.2 可控可观性分析

在线性系统的分析中，系统的可控性和可观性是一个非常重要的内容。可控性和可观性描述了系统输入对状态的控制能力和输出对状态的反应能力。

1. 状态可控性

1）可控性定义

线性定常连续系统的状态方程为

$$\dot{x}(t) = Ax(t) + Bu(t)$$

如果状态空间中的任一状态 $x(t)$ 可从其初始状态 $x(0)$ 处，在有界外部输入信号的作用下，经过有限时间达到任一预先指定状态，则系统可控。

2）可控性判据

构造可控性判定矩阵 $T_c = [B, AB, A^2B, \cdots A^{n-1}B]$，如果矩阵 T_c 满秩，则系统完全可控，其秩为系统可控状态的个数。

在 MATLAB 中，可以通过

```
Tc = ctrb(A,B)
r = rank(Tc)
```

两个函数进行可控性矩阵的构造以及可控性矩阵秩的判定。

【**示例 6 –13**】 已知线性定常连续系统的动态方程如下，判断该系统是否可控，如可控，给出其可控标准型。

$$\dot{x} = \begin{bmatrix} 0 & 1 \\ -1 & -2 \end{bmatrix} x + \begin{bmatrix} 1 \\ -1 \end{bmatrix} u, \ y = \begin{bmatrix} 1 & 0 \end{bmatrix} x$$

在 MATLAB 命令窗口中运行

```
A = [0 1; -1 -2];
B = [1;1];
Tc = ctrb(A,B);
r = rank(Tc)
```

可得

```
r = 2;
```

所以，系统完全可控。

继续运行

```
C = [1 0]; D = 0;
[Ac,Bc,Cc,Dc] = ss2ss(A,B,C,D,inv(Tc))
```

可得可控标准型为

```
Ac =
    0    -1
    1    -2
```

```
Bc =
     1
     0
Cc =
     1     1
Dc =
     0
```

2. 状态可观性

1）可观性定义

对任意初始时刻 t_0，如果状态空间中的任意状态 $x(t)$ 在任意有限时刻的状态可由输出信号在这一时间区间内的值精确确定出来，则系统可观。

2）可观性判据

构造可观性判定矩阵 $T_o = [C, CA, CA^2, \cdots CA^{n-1}]^T$，如果矩阵 T_o 满秩，则系统完全可观，其秩为系统可观状态的个数。

在 MATLAB 中，可以通过

```
To = obsv(A,C)
r = rank(To)
```

两个函数进行可观性矩阵的构造以及可观性矩阵秩的判定。

【**示例6-14**】 已知线性定常离散系统的动态方程如下，判断该系统是否可观，如可观，给出其可观标准型。

$$x(k+1) = \begin{bmatrix} 0.9 & 0 & 0 \\ 0.1 & 0.4 & -0.2 \\ 0 & 0.2 & 1 \end{bmatrix} x(k) + \begin{bmatrix} 0.1 \\ 0.1 \\ 0 \end{bmatrix} u(k)$$

$$y(k) = [0 \quad 0 \quad 2.5] x(k)$$

在 MATLAB 命令窗口中运行

```
A = [0.9 0 0;0.1 0.4 -0.2;0 0.2 1];
C = [0 0 2.5];
To = obsv(A,C);
r = rank(To)
```

可得

```
r = 3;
```

所以，系统完全可观。

继续运行

```
B = [0.1;0.1;0];
; D = 0;
[Ao,Bo,Co,Do] = ss2ss(A,B,C,D,inv(To))
```

可得可观标准型为

```
Ao =
    1.2800    14.3200    56.2400
   -0.0200     0.1200    -2.9600
    0.0000     0.0000     0.9000
Bo =
   -1.9200
         0
    0.0400
Co =
    0.1250     1.7500     6.0000
Do =
    0
```

6.4.3 线性系统稳定性分析

1. 连续系统的稳定性

考虑如下线性系统的状态方程模型：

$$\dot{\boldsymbol{x}}(t) = \boldsymbol{A}\boldsymbol{x}(t) + \boldsymbol{B}\boldsymbol{u}(t)$$
$$\boldsymbol{y}(t) = \boldsymbol{C}\boldsymbol{x}(t) + \boldsymbol{D}\boldsymbol{u}(t)$$

在某有界信号的激励作用下，其状态变量的解析解可表示为

$$\boldsymbol{x}(t) = \mathrm{e}^{A(t-t_0)}\boldsymbol{x}(t_0) + \int_{t_0}^{t} \mathrm{e}^{A(t-\tau_0)}\boldsymbol{B}\boldsymbol{u}(\tau)\,\mathrm{d}\tau$$

若想使状态变量 $\boldsymbol{x}(t)$ 有界，需要保证状态转移矩阵 e^{At} 有界，其等价条件为矩阵 $\boldsymbol{A}$ 所有特征根具有负的实部。

在 MATLAB 中，可以通过 eig( ) 函数进行特征根的求取。

【示例 6 – 15】 已知系统的状态空间模型为

$$\dot{\boldsymbol{x}} = \begin{bmatrix} 0 & 1 & 0 \\ 0 & 0 & 1 \\ -6 & -11 & -6 \end{bmatrix}\boldsymbol{x} + \begin{bmatrix} 1 \\ 0 \\ 0 \end{bmatrix}\boldsymbol{u}, \ \boldsymbol{y} = \begin{bmatrix} 1 & 1 & 0 \end{bmatrix}\boldsymbol{x}$$

判断该系统是否稳定。

在 MATLAB 命令窗口中运行

```
A =[0 1 0;0 0 1;-6 -11 -6];
eig(A)
```

可得

```
ans =
   -1.0000
   -2.0000
   -3.0000
```

所以，该系统是稳定的。

2. 离散系统的稳定性

考虑如下离散系统的状态方程模型

$$\boldsymbol{x}\big[(k+1)T\big] = \boldsymbol{F}\boldsymbol{x}(kT) + \boldsymbol{G}\boldsymbol{u}(kT)$$

$$\boldsymbol{y}(kT) = \boldsymbol{C}\boldsymbol{x}(kT) + \boldsymbol{D}\boldsymbol{u}(kT)$$

在某有界信号的激励作用下，其状态变量的解析解可表示为

$$\boldsymbol{x}(kT) = \boldsymbol{F}^k \boldsymbol{x}(0) + \sum_{i=0}^{k-1} \boldsymbol{F}^{k-i-1} \boldsymbol{G}\boldsymbol{u}(iT)\boldsymbol{x}(0)$$

若想使状态变量 $\boldsymbol{x}(t)$ 有界，需要保证状态转移矩阵 $\boldsymbol{F}^k$ 有界，其等价条件为矩阵 $\boldsymbol{F}$ 所有特征根的模均小于 1，或系统的所有特征根均位于单位圆内。

在 MATLAB 中，可以通过 abs(eig()) 函数进行特征根的模的求取。

【示例 6 – 16】　已知线性定常离散系统的动态方程如下，判断该系统是否稳定。

$$\boldsymbol{x}(k+1) = \begin{bmatrix} 0.9 & 0 & 0 \\ 0.1 & 0.4 & -0.2 \\ 0 & 0.2 & 1 \end{bmatrix} \boldsymbol{x}(k) + \begin{bmatrix} 0.1 \\ 0.1 \\ 0 \end{bmatrix} \boldsymbol{u}(k),$$

$$\boldsymbol{y}(k) = \begin{bmatrix} 0 & 0 & 2.5 \end{bmatrix} \boldsymbol{x}(k)$$

在 MATLAB 命令窗口中运行

```
A =[0.9 0 0;0.1 0.4 -0.2;0 0.2 1];
abs(eig(A))
```

可得

```
ans =
    0.9236
    0.4764
    0.9000
```

可见系统是稳定的。

6.4.4　李雅普诺夫稳定性分析

李雅普诺夫（Lyapunov）稳定性分析方法是解决非线性系统稳定性的一般方法。李雅普诺夫提出了两类解决稳定性问题的方法，即李雅普诺夫第一方法和李雅普诺夫第二方法。其中的李雅普诺夫第二方法通过构造一个李雅普诺夫函数，根据这个函数的性质来判定系统的稳定性。

1. 李雅普诺夫稳定性定理

1）平衡状态

一个不受外部作用的系统，其自由运动的状态方程为

$$\dot{\boldsymbol{x}} = \boldsymbol{f}(x,t) \tag{6-16}$$

其中，$\boldsymbol{x} = [x_1(t), x_2(t), \cdots, x_n(t)]^\mathrm{T}$，$\boldsymbol{f}(x(t)) = [f_1(x,t), f_2(x,t), \cdots, f_n(x,t)]$。

如果存在对所有时间 t 都满足 $\dot{\boldsymbol{x}} = 0$ 的状态点 x_e，则把 x_e 称为系统的平衡状态，显然平

衡状态满足 $f(x_e,\ t)=0$。由平衡状态在状态空间中所确定的点，称为平衡点。

2）标量函数的定号性

在李雅普诺夫第二方法中，需要构建一个如下形式的二次型标量函数 $V(x)$，其矩阵形式为

$$V(x)=x^{\mathrm{T}}Px=\begin{bmatrix}x_1\ x_2\cdots x_n\end{bmatrix}\begin{bmatrix}p_{11}&p_{12}&\cdots&p_{1n}\\p_{12}&p_{22}&\cdots&p_{2n}\\\vdots&\vdots&\vdots&\vdots\\p_{1n}&p_{2n}&\cdots&p_{nn}\end{bmatrix}\begin{bmatrix}x_1\\x_2\\\vdots\\x_n\end{bmatrix}\qquad(6-17)$$

式中，x 为 Ω 域状态空间内的非零实向量；P 为实对称矩阵。对于变量函数 $V(x)$，其有如下的定号性。

（1）如果对所有的在 Ω 域内的非零向量 x，有 $V(x)>0$，且在 $x=0$ 处有 $V(x)=0$，则在 Ω 域内称标量函数 $V(x)$ 为正定，即

$$\begin{cases}V(x)>0,&x\neq0\\V(x)=0,&x=0\end{cases}$$

（2）如果标量函数 $V(x)$ 除了在原点及某些状态处等于零外，在 Ω 域内的其余状态处都是正的，则在 Ω 域内称标量函数 $V(x)$ 为半正定，即

$$\begin{cases}V(x)\geqslant0,&x\neq0\\V(x)=0,&x=0\end{cases}$$

（3）如果 $-V(x)$ 是正定的，则在 Ω 域内称标量函数 $V(x)$ 为负定的，即

$$\begin{cases}V(x)<0,&x\neq0\\V(x)=0,&x=0\end{cases}$$

（4）如果 $-V(x)$ 是半正定的，则在 Ω 域内称标量函数 $V(x)$ 为半负定的，即

$$\begin{cases}V(x)\leqslant0,&x\neq0\\V(x)=0,&x=0\end{cases}$$

3）标量函数的定号性判别准则

二次型标量函数 $V(x)=x^{\mathrm{T}}Px$ 的正定性可用如下的塞尔维斯特准则进行判断。

（1）正定：二次型标量函数 $V(x)=x^{\mathrm{T}}Px$ 为正定的充分必要条件是 P 矩阵的所有各阶主子行列式均大于零，即

$$\Delta_1-p_{11}>0,\ \Delta_2=\begin{bmatrix}p_{11}&p_{12}\\p_{12}&p_{22}\end{bmatrix}>0,\ \cdots,\ \Delta_n=\begin{bmatrix}p_{11}&p_{12}&\cdots&p_{1n}\\p_{12}&p_{22}&\cdots&p_{2n}\\\vdots&\vdots&\vdots&\vdots\\p_{1n}&p_{2n}&\cdots&p_{nn}\end{bmatrix}>0$$

（2）负定：二次型标量函数 $V(x)=x^{\mathrm{T}}Px$ 为负定的充分必要条件是 P 矩阵的所有各阶主子行列式满足

$$(-1)^k\Delta_k>0,\ (k=1,2,\cdots,n)$$

（3）半正定：二次型标量函数 $V(x)=x^{\mathrm{T}}Px$ 为半正定的充分必要条件是 P 矩阵的所有各阶主子行列式均是非负的，即

$$\Delta_k\geqslant0,\ (k=1,2,\cdots,n)$$

(4)半负定:二次型标量函数 $V(x) = x^T P x$ 为半负定的充分必要条件是 P 矩阵的所有各阶主子行列式均满足

$$(-1)^k \Delta_k \geqslant 0, \quad (k = 1, 2, \cdots, n)$$

2. 李雅普诺夫第二方法

对于式(6-16)所描述的系统,设其平衡状态为 $f(0, t) = 0$ $(t \geqslant t_0)$

1)结论 1

如果存在一个具有连续一阶偏导数的标量函数 $V(x, t)$,并且满足以下条件。

(1) $V(x, t)$ 是正定的。

(2) $\dot{V}(x, t)$ 是负定的。

则系统在状态空间原点处的平衡状态是一致渐近稳定的。当 $\| x \| \to \infty$ 时,有 $V(x, t) \to \infty$,则系统在状态空间原点处的平衡状态是大范围一致渐近稳定的。满足以上两个条件的标量函数叫作李雅普诺夫函数。

2)结论 2

如果存在一个具有连续一阶偏导数的标量函数 $V(x, t)$,并且满足以下条件。

(1) $V(x, t)$ 是正定的。

(2) $\dot{V}(x, t)$ 是负定的。

则系统在状态空间原点处的平衡状态是稳定的。

3)结论 3

如果存在一个具有连续一阶偏导数的标量函数 $V(x, t)$,并且满足以下条件。

(1) $V(x, t)$ 是正定的。

(2) $\dot{V}(x, t)$ 是正定的。

则系统在状态空间原点处的平衡状态是不稳定的。

3. 李雅普诺夫稳定性分析

1)线性定常连续系统稳定性分析

线性定常连续系统的状态方程为

$$\dot{x} = Ax$$

其中,x 为 n 维状态向量,A 为 $n \times n$ 维非奇异常系数矩阵,则平衡状态 $x_e = 0$ 为大范围渐近稳定的充分必要条件是:对任意给定的正定实对称矩阵 Q,必存在正定的实对称矩阵 P,满足李雅普诺夫方程

$$A^T P + P A = -Q \tag{6-18}$$

系统的李雅普诺夫函数为

$$V(x) = x^T P x$$

实际应用时,通常是先选取一个正定矩阵 Q,代入李雅普诺夫方程 (6-18),解出矩阵 P,然后再判定 P 的正定性,进而做出系统是否渐近稳定的结论。为了方便计算,通常令 Q 为单位阵 I。

若 $\dot{V}(x)$ 沿任一轨迹不恒等于零,那么 Q 可取为半正定的。

对于矩阵 P 的求解,可以通过 MATLAB 函数 lyap( ) 完成,其调用方式为

```
P = lyap(A',Q)
```

【示例 6-17】 已知线性定常系统的状态方程如下，判断该系统是否稳定。

$$x(k+1) = \begin{bmatrix} 0.5 & 0 \\ 0 & 0.1 \end{bmatrix} x(k)$$

在 MATLAB 命令窗口中运行

```
G = [0.5 0;0 0.1];
Q = [1 0;0 1];
P = dlyap(G',Q)
P1 = det(P(1,1))
P2 = det(P)
```

可得

```
P =
    1.3333        0
         0   1.0101
P1 =
    1.3333
P2 =
    1.3468
```

可见实对称阵 P 是正定的，因此系统是渐近稳定的。

2）线性时变连续系统的稳定性分析

线性时变连续系统的状态方程为

$$\dot{x} = A(t)x$$

其中，x 为 n 维状态向量，$A(t)$ 为 $n \times n$ 维系数矩阵（时间的函数），则平衡状态 $x_e = 0$ 为大范围渐近稳定的充分必要条件是：对任意给定的正定实对称矩阵 $Q(t)$，必存在一个连续正定的实对称矩阵 $P(t)$，且满足方程

$$\dot{P}(t) = -A^T(t)P(t) - P(t)A(t) - Q(t) \tag{6-19}$$

系统的李雅普诺夫函数为

$$V(x,t) = x^T P(t) x$$

3）线性定常离散系统的稳定性分析

线性定常离散系统的状态方程为

$$x(k+1) = Gx(k)$$

其中，x 为 n 维状态向量，G 为 $n \times n$ 维系数矩阵，则平衡状态 $x_e = 0$ 为大范围渐近稳定的充分必要条件是：对任意给定的正定实对称矩阵 Q，必存在一个连续正定的实对称矩阵 P，且满足方程

$$G^T PG - P = -Q \tag{6-20}$$

系统的李雅普诺夫函数为

$$V(x(k)) = x^T(k) P x(k)$$

4）线性时变离散系统的稳定性分析

线性时变离散系统的状态方程为

$$x(k+1) = G(k+1,k)x(k)$$

其中，x 为 n 维状态向量，G 为 $n \times n$ 维系数矩阵，则平衡状态 $x_e = 0$ 为大范围渐近稳定的充分必要条件是：对任意给定的正定实对称矩阵 $Q(k)$，必存在一个连续正定的实对称矩阵 $P(k+1)$，且满足方程

$$G^T(k+1,k)P(k+1)G(k+1,k) - P(k) = -Q(k) \tag{6-21}$$

系统的李雅普诺夫函数为

$$V(x(k),k) = x^T(k)P(k)x(k)$$

6.5 本章小结

本章主要对控制系统的分析进行了介绍，包括时域下系统对典型输入信号的响应分析及稳定性分析、根轨迹分析、频域下的频率特性分析及稳定性分析、状态空间下的可控可观性分析及稳定性分析。对每一类分析方法，都结合 MATLAB 进行了示例讲解。

习　题

1. 已知系统的特征方程为 $s^5 + 3s^4 + 12s^3 + 24s^2 + 32s + 48 = 0$，利用 MATLAB 工具函数求系统的特征根，并判断该系统的稳定性。

2. 已知系统的传递函数为 $G(s) = \dfrac{s^3 + 7s^2 + 25s + 22}{s^4 + 10s^3 + 35s^2 + 50s + 22}$，利用 MATLAB 工具函数求系统的零极点分布，并判断该系统的稳定性。

3. 已知单位负反馈系统的开环传递函数为 $G(s) = \dfrac{2}{(s+1)(s+2)}$，利用 MATLAB 工具函数求系统的闭环阶跃、脉冲及 $r = 2 \times \sin(2t) + \cos(t)$ 的响应。

4. 已知单位负反馈系统的开环传递函数为 $G(s) = \dfrac{0.4s+1}{s(s+6)}$，利用 MATLAB 工具函数求系统的闭环阶跃响应，并编写程序求取系统的上升时间、峰值时间、超调量、过渡时间指标。

5. 已知单位负反馈系统的开环传递函数为 $G(s) = \dfrac{1.1}{(s+1)^2(0.5s+1)}$，利用 MATLAB 中的 LTI Viewer 工具箱进行闭环系统的阶跃响应分析，并求取相关的性能指标。

6. 已知单位负反馈系统的开环传递函数为 $G(s) = \dfrac{K(s+2)}{(s^2+0.5s+1)(s+4)}$，利用 MATLAB 中的工具函数绘制系统的根轨迹，并分析系统稳定性。

7. 已知单位负反馈系统的开环传递函数为 $G(s) = \dfrac{K}{(s+1)(s+2)}$，利用 MATLAB 中的工具箱 rltool 绘制系统的根轨迹图，并确定使系统稳定的 K 的范围。

8. 利用 MATLAB 的工具函数，绘制传递函数 $G(s) = \dfrac{10(s+3)}{s(s^2+s+2)(s+2)}$ 的奈奎斯特曲线和 Bode 图，并计算其稳定裕度。

9. 已知系统的状态空间表达式为

$$\dot{x} = \begin{bmatrix} 1 & 2 & 0 \\ 3 & -1 & 1 \\ 0 & 2 & 0 \end{bmatrix} x + \begin{bmatrix} 2 \\ 1 \\ 1 \end{bmatrix} u, \quad y = \begin{bmatrix} 0 & 0 & 1 \end{bmatrix} x$$

分析系统的能控性和能观性，并将系统分别转化为可控标准型和可观标准型。

10. 已知连续时间线性定常系统的状态方程为

$$\dot{x} = \begin{bmatrix} -8 & -16 & -6 \\ 1 & 0 & 0 \\ 0 & 1 & 0 \end{bmatrix} x$$

通过李雅普诺夫方法分析该系统的稳定性。

第 7 章

控制器设计与仿真

一般系统很难实现对指令的精确跟踪，往往需要对系统进行某种形式的校正，如开环超前滞后校正、闭环反馈校正等。在实际的系统设计中，闭环反馈校正由于充分利用了系统的输出信息，往往能取得更好的运行效果，因此，本章将结合 MATLAB 工具，重点讲述几种闭环反馈控制算法的原理、设计过程、仿真实现。

7.1 控制系统数字仿真的实现

控制系统数字仿真的实现，是指如何将由微分方程、传递函数或状态方程所描述的控制系统，通过数字计算机采用数值计算的方法求取数值解。尽管像 MATLAB 这样的仿真工具其功能已经非常强大，具有各种界面友好、使用方便的功能函数或调用接口，能够保证得到足够精度的数值求解结果，无须仿真人员过多地考虑底层的具体实现过程。但是为了掌握数字仿真的基本技能，在仿真分析和设计中合理地选择和使用算法以获得满足要求的数值仿真结果，有必要对微分方程的数值求解问题做深入了解。因此，本节将从数值求解的基本概念入手，介绍常用的几种数值求解方法及其使用特点。

7.1.1 常微分方程数值求解的基本概念

设常微分方程为

$$\begin{cases} \dfrac{\mathrm{d}y}{\mathrm{d}t} = f(t,y) \\ y(t_0) = y_0 \end{cases} \tag{7-1}$$

式（7-1）可以写成一阶微分方程组的形式：

$$\begin{cases} \dfrac{\mathrm{d}y_1}{\mathrm{d}t} = f_1(t,y_1,y_2,\cdots,y_n) \\ \dfrac{\mathrm{d}y_2}{\mathrm{d}t} = f_2(t,y_1,y_2,\cdots,y_n) \\ \quad\vdots \\ \dfrac{\mathrm{d}y_n}{\mathrm{d}t} = f_n(t,y_1,y_2,\cdots,y_n) \\ y_1(t_0) = y_{10} \\ y_2(t_0) = y_{20} \\ \quad\vdots \\ y_n(t_0) = y_{n0} \end{cases} \tag{7-2}$$

求解方程 (7-1) 中函数 $y(t)$ 的问题称为常微分方程求解问题。数值求解就是在时间区间 $[a, b]$ 中，求取在离散时间点 $t_k (k = 0, 1, \cdots, N)$ 上函数 $y(t)$ 的近似值 y_0, y_1, $\cdots$, y_N，并取 $y(t_k) \approx y_k$。

可以看出，常微分方程的数值求解的基本出发点是离散化，即将连续求解时间区间 $[a, b]$ 分成若干的离散时刻点 t_k，然后直接求出各离散点上解函数 $y(t_k)$ 的近似值 y_k，而不必求出解函数 $y(t)$ 的解析表达式。

通常以解区间 $[a, b]$ 的等分点作为离散点，即有

$$\begin{cases} y(t_k) \approx y_k & (k = 0, 1, \cdots, N) \\ N = (b-a)/h \end{cases} \tag{7-3}$$

式中，h 被称为仿真步长，可以看出在式 (7-3) 中，仿真步长 h 是固定不变的，这在数值求解中被称为定步长求解。也有一些仿真算法使用变步长求解，此时步长 h 会随着仿真的进行而变化。

7.1.2 常微分方程数值解的基本方法

1. 差商法

根据导数的定义，y' 在 $t = t_k$ 处，可以用差分的形式近似代替，即有

$$y'(t_k) = f(t_k, y_k) \approx \frac{y_{k+1} - y_k}{t_{k+1} - t_k} \approx \frac{y_{k+1} - y_k}{h} \tag{7-4}$$

由此可得微分方程 (7-1) 的数值解为

$$\begin{cases} y_{k+1} = y_k + h f(t_k, y_k), & k = 0, 1, \cdots, N \\ y(t_0) = y_0 \end{cases} \tag{7-5}$$

可以看出，式 (7-5) 呈现出递推关系，只要知道 t_0 时刻的初值 $y(t_0)$，即可根据式 (7-5) 所示的递推关系，依次求解出 $k = 1, \cdots, N$ 时各个离散时刻点 t_k 下的解 y_k。

2. 泰勒展开法

将函数 $y(t)$ 在 t_k 处泰勒展开可得多项式

$$\begin{aligned} y(t_{k+1}) &= y(t_k + h) \approx \sum_{n=0}^{\infty} \frac{y^{(n)}(t_k)}{n!} (t_{k+1} - t_k)^n \\ &\approx y(t_k) + h y'(t_k) + \frac{h^2}{2!} y''(t_k) + \cdots + \frac{h^n}{n!} y^{(n)}(t_k) + \cdots \end{aligned} \tag{7-6}$$

其中

$$y'(t_k) = f(t_k, y_k)$$
$$y''(t_k) = f'_t(t_k, y_k) + f'_y(t_k, y_k) y'(t_k) = f'_{t_k} + f'_{y_k} f_k$$

如果取泰勒展开的前 3 项，式 (7-4) 的求解问题就可以转化为

$$\begin{cases} y_{k+1} = y_k + h y'_k + \dfrac{h^2}{2!} y''_k \\ y_0 = y(t_0) \end{cases} \tag{7-7}$$

可以看出，式 (7-7) 依然呈现出递推关系，只要知道 t_0 时刻的初值 $y(t_0)$，同样可根据式 (7-7) 所示的递推关系，依次求解出 $k = 1, \cdots, N$ 时各个离散时刻点 t_k 下的解 y_k。但是，

每一次递推过程中，都需要求解一次 $y''(t_k)$。当然，如果只取泰勒展开式的前两项，那么式 (7-7) 的形式就和式 (7-5) 一致。

3. 欧拉数值积分法

对一阶微分方程 (7-1) 在区间 $[t_k, t_{k+1}]$ 上进行积分，可得

$$y_{k+1} - y_k = \int_{t_k}^{t_{k+1}} f(t,y)\,\mathrm{d}t$$

于是可以得到数值解为

$$y_{k+1} = y_k + \int_{t_k}^{t_{k+1}} f(t,y)\,\mathrm{d}t$$

那么，求解常微分方程数值解的问题就转换成为求解积分项 $\int_{t_k}^{t_{k+1}} f(t,y)\,\mathrm{d}t$ 的问题了。对于函数 $f(t_k, y_k)$ 在区间 $[t_k, t_{k+1}]$ 上的积分，可以通过图 7-1 进行示意。积分的含义是求取区间 $[t_k, t_{k+1}]$ 所包围的曲面的面积，对于该曲面的面积，可以用图中虚线所表示的矩形面积进行替代，于是有

$$\int_{t_k}^{t_{k+1}} f(t,y) \approx (t_{k+1} - t_k)f(t_k, y_k) \approx hf(t_k, y_k)$$

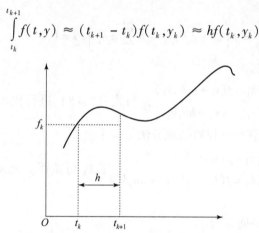

图 7-1　函数 $f(t_k, y_k)$ 的积分

所以，微分方程 (7-1) 的解析解就可以写成

$$\begin{cases} y_{k+1} = y_k + hf(t_k, y_k), & k = 0, 1, \cdots, N \\ y(t_0) = y_0 \end{cases} \tag{7-8}$$

这与差商法、一阶泰勒展开法得到的结果是一致的。当然，这个结果的得出是因为我们用矩形面积来代替曲面的面积。对于其他不同的数值积分方法，可以得到另外的结果。后面要讲到的龙格-库塔法就是另外一种处理积分项 $\int_{t_k}^{t_{k+1}} f(t,y)\,\mathrm{d}t$ 的方法。

7.1.3　龙格-库塔法求解常微分方程

龙格-库塔法是求解常微分方程初值问题的各种数值积分算法中应用最为广泛的一种，也是 MATLAB/Simulink 求解微分方程默认的方法。

对于式（7-6）所示的泰勒展开形式，可重新写为

$$y_{k+1} = y_k + hy'_k + \frac{h^2}{2!}(f'_{t_k} + f'_{y_k}f_k) + \cdots \tag{7-9}$$

为了进一步提高数值解的精度，可以保留多项泰勒展开项，如泰勒展开式取二阶近似公式，则具有二阶精度，即截断误差 $O(h^3)$ 与 h^3 同数量级。若取四阶近似，则具有四阶精度，即截断误差 $O(h^5)$ 与 h^5 同数量级，误差更小。取阶次越高，需要求解的 $f(t,y)$ 的高阶导数越多，这无疑会加大数值求解的难度和计算量。而龙格-库塔法则避免了直接求高阶导数的问题，其利用若干个时间点处的 $f(t,y)$ 函数值的线性组合来代替 $f(t,y)$ 的各阶导数项。

龙格-库塔法包含显式、隐式和半隐式等算法，本章仅就应用最多的显式龙格-库塔法进行讲解。

根据上面讲述的龙格-库塔法的基本思想，泰勒展开式（7-9）可以写成如下的形式：

$$y_{k+1} = y_k + h\sum_{i=1}^{r} b_i k_i \tag{7-10}$$

式中，r 为龙格-库塔法的精度阶次；b_i 为待定系数，不同的精度阶次，其取值也有所不同，k_i 表示为

$$k_i = f\left(t_k + c_i h, y_k + h\sum_{j=1}^{i-1} a_j k_j\right), \ i = 1, 2, \cdots, r$$

其中，c_i 和 a_j 为待定系数。

（1）当 $r = 1$ 时，有 $\begin{cases} k_1 = f(t_k + c_1 h, y_k) \\ y_{k+1} = y_k + hb_1 k_1 \end{cases}$，与式（7-8）进行比较，可令 $c_1 = 0$，$b_1 = 1$，此时，一阶龙格-库塔法就和欧拉数值积分法等价了。

（2）当 $r = 2$ 时，有 $\begin{cases} k_1 = f(t_k, y_k) \\ k_2 = f(t_k + c_2 h, y_k + ha_1 k_1) \end{cases}$，$k_2$ 可按照二元函数的形式近似展开为

$k_2 \approx f_k + c_2 h f'_{tk} + ha_1 k_1 f'_{yk}$。

所以，式（7-10）可展开为

$$\begin{aligned} y_{k+1} &= y_k + hb_1 k_1 + hb_2 k_2 \\ &= y_k + hb_1 f_k + hb_2(c_2 h f'_{tk} + ha_1 k_1 f'_{yk}) \\ &= y_k + h(b_1 + b_2)f_k + b_2 c_2 h^2 f'_{tk} + a_1 b_2 h^2 f_k f'_{yk} \end{aligned}$$

与泰勒展开的二阶形式（7-7）相比较，可令

$$b_1 + b_2 = 1, \ b_2 c_2 = \frac{1}{2}, \ b_2 a_1 = \frac{1}{2}$$

上述方程可以有多个解，一般取 $a_1 = 1$，$b_1 = b_2 = \frac{1}{2}$，$c_2 = 1$，那么微分方程（7-1）的数值解递推公式可写为

$$\begin{cases} y_{k+1} = y_k + \frac{1}{2}h(k_1 + k_2) \\ k_1 = f(t_k, y_k) \\ k_2 = f(t_k + h, y_k + hk_1) \end{cases} \tag{7-11}$$

（3）当 $r = 3$ 时，依照上述推导过程可得到三阶龙格 – 库塔数值解递推公式为

$$
\begin{cases}
y_{k+1} = y_k + \dfrac{1}{4}h(k_1 + 3k_2) \\[2mm]
k_1 = f(t_k, y_k) \\[2mm]
k_2 = f\left(t_k + \dfrac{2}{3}h, y_k + \dfrac{1}{3}hk_1\right) \\[2mm]
k_3 = f\left(t_k + \dfrac{2}{3}h, y_k + \dfrac{1}{3}hk_2\right)
\end{cases}
\tag{7-12}
$$

（4）同理，当 $r = 4$ 时，可得到四阶龙格 – 库塔数值解递推公式为

$$
\begin{cases}
y_{k+1} = y_k + \dfrac{1}{6}h(k_1 + 2k_2 + 2k_3 + k_4) \\[2mm]
k_1 = f(t_k, y_k) \\[2mm]
k_2 = f\left(t_k + \dfrac{1}{2}h, y_k + \dfrac{1}{2}hk_1\right) \\[2mm]
k_3 = f\left(t_k + \dfrac{1}{2}h, y_k + \dfrac{1}{2}hk_2\right) \\[2mm]
k_4 = f(t_k + h, y_k + hk_3)
\end{cases}
\tag{7-13}
$$

通常提到的龙格 – 库塔求解法就是指上述的四阶龙格 – 库塔公式，该方法每进行一步递推求解都需要计算 4 次系数 k_i 的值。

在 MATLAB 中提供了如下的求解常微分方程的工具函数：

$$[\mathrm{T,Y}] = \mathrm{solver}(\mathrm{odefun,tspan,y0})$$

其中，solver 指求解方法，包括 ode45、ode23、ode113、ode15s、ode23s、ode23t、ode23tb 方法，odefun 则是微分方程的表达式，tspan 表示求解的时间区间，y0 为微分方程的初值。

7.1.4　数值积分算法的基本分析

1. 单步法和多步法

前面所述的几种数值求解算法都有一个共同的特点：在计算 y_{k+1} 时只用到了 y_k，即在本次计算中仅仅用到了前一次的计算结果，而不需要利用更前面几步的结果，这类算法被称作单步法。单步法有如下的优点。

（1）需要存储的数据量小，占用的数据存储空间小。

（2）只需要知道初值 y_0 就可以启动递推公式进行运算，即可以自启动。

（3）容易实现变步长运算。

但是随着求解精度的提高，单步法需要计算的斜率增多，计算量也增大。

与单步法相对应的即为多步法，多步法在计算 y_{k+1} 的值的时候，除了要用到 y_k 以外，还需要知道过去 r 个时刻 t_{k-1}，t_{k-2}，$\cdots$，t_{k-r} 的值 y_{k-1}，y_{k-2}，$\cdots$，y_{k-r}。多步法的求解公式一般可表示为

$$y_{k+1} = \alpha_0 y_k + \alpha_1 y_{k-1} + \cdots + \alpha_r y_{k-r} + h(\beta_0 f_{k+1} + \beta_1 f_k + \cdots + \beta_r f_{k+1-r})$$

可以看出，多步法不能自启动，通常需要选用相同阶次精度的单步法来启动，以获得所需要的前 r 个时刻的值，然后再转入多步法计算。

常见的多步法有阿达姆斯法，其显式算法的二阶公式为

$$y_{k+1} = y_k + \frac{1}{2}h(3f_k - f_{k-1})$$

再比如吉尔法，其显式算法的三阶公式为

$$y_{k+1} = \frac{1}{2}(-3y_k + 6y_{k-1} - y_{k-2} + 6hf_{k+1})$$

多步法的特点是计算公式简捷，在每一个时刻上无须求取多个斜率，但是多步法不易实现变步长运算。因为公式中利用的信息量大，比单步法更为精确，在相同的精度要求条件下，多步法比单步法计算速度快。

2. 显式算法和隐式算法

上述提到的多步法和单步法中，计算 y_{k+1} 的公式右端的各项数据均已知，这类算法称为显式算法。若求 y_{k+1} 的算式中包含 f_{k+1}，而 f_{k+1} 的计算又用到 y_{k+1}，即求解 y_{k+1} 的算式中又隐含 y_{k+1} 本身。

如上文中提到的阿达姆斯法，其隐式算法的二阶公式为

$$y_{k+1} = y_k + hf_{k+1}$$

吉尔法，其隐式算法的三阶公式为

$$y_{k+1} = \frac{1}{11}(18y_k - 9y_{k-1} + 2y_{k-2} + 6hf_{k+1})$$

显式算法易于计算，利用前面几步计算结果即可进行递推求解下一步的结果。而隐式算法需要进行迭代计算，先用同一阶次的显式公式估计出一个初值 $y_{k+1}^{(0)}$，并求得 f_{k+1}，然后再次用隐式公式重新计算得到修正后的数值解 $y_{k+1}^{(1)}$，若未达到所需要的精度，则再次迭代求解，直到两次迭代值 $y_{k+1}^{(i-1)}$、$y_{k+1}^{(i)}$ 之间的误差在要求的范围内为止。

可以看出，隐式算法的计算精度高，对误差有较强的抑制作用，尽管计算过程复杂、计算速度慢，但对于计算精度和数值稳定性要求较高的场合，一般会考虑采用隐式算法。

3. 截断误差和舍入误差

计算机的仿真误差与数值计算方法、计算精度以及计算步长的选择有关。当计算方法和计算精度确定后，则仅与计算步长有关，所以在仿真中，计算步长是一个重要参数，仿真误差一般分为如下几种。

（1）截断误差：由于仿真模型仅是原型的一种逼近，以及各种数值积分法的计算都是近似的算法，通常计算步长越小，截断误差也越小。

（2）舍入误差：由于计算机的精度有限（有限位数）而产生。通常计算步长越小，计算次数越多，舍入误差越大。

（3）累计误差：由以上两项误差随计算时间长短的累积情况决定。

在分析数值积分算法的精度时，通常用泰勒级数作为工具。假设前一步求得的结果是准确的，即有

$$y_k = y(t_k) \tag{7-14}$$

则用泰勒级数求得 t_{k+1} 处的解析解为

$$y(t_k + h) = y(t_k) + hy'(t_k) + \frac{h^2}{2!}y''(t_k) + \cdots + \frac{h^r}{r!}y^{(r)}(t_k) + O(h^{r+1}) \tag{7-15}$$

　　不同的数值积分法相当于在式（7 - 15）中取不同项数之和而得到的近似解。欧拉法是从解析解中取前两项之和来近似计算 y_{k+1}；龙格 - 库塔法四阶精度是取前 5 项之和来近似计算 y_{k+1}。这种由数值积分法引进的附加误差称为局部截断误差。它是数值积分法给出的解与微分方程的解析解之间的差，又称为局部离散误差。步长 h 越小，局部截断误差就越小。

　　不同的数值积分算法，其局部截断误差不同。若同一种数值积分算法的局部截断误差为 $O(h^{r+1})$［即相当于在式（7 - 15）中取了前 $r+1$ 项的和］则该算法为 r 阶。所以算法的阶数可以作为衡量算法精度的一个重要标志。可见，欧拉法的局部截断误差 $O(h^2)$，具有一阶计算精度；龙格 - 库塔法二阶精度的局部截断误差 $O(h^3)$，具有二阶计算精度。

　　以上分析是在假设前一步所得结果是准确的前提下提出的，即式（7 - 14）成立时，有

$$y(t_{k+1}) - y_{k+1} = O(h^{r+1}) \tag{7 - 16}$$

　　但在求解过程中，实际上只有当 $k = 0$ 时，式（7 - 14）才成立。当 $k = 1$，2，3，…时，式（7 - 14）并不成立，因而，采用 r 阶算法求得解的实际误差要大一些。

　　设 y_k 是在无舍入误差情况下由 r 阶算法算出的式（7 - 1）的近似解，$y(t)$ 为微分方程的解析解，$\varepsilon(k) = y(t_k) - y_k$ 为算法的整体截断误差，则可以证明，$\varepsilon(k) = O(h^r)$，这说明整体截断误差比局部截断误差低一阶。

　　由于计算机的字长有限，可表示的数字个数也有限，在计算过程中不可避免地会产生舍入误差。舍入误差与步长 h 成反比。如果步长 h 小，计算次数多，则舍入误差较大。产生舍入误差的因素较多，除了与计算机字长有关以外，还与软件使用的数制系统、数的运算次序及计算函数 f 的值所用子程序的精度等因素有关。由此可见计算步长只能在某一范围内选择，图 7 - 2 中的 h_0 为最佳计算步长。

　　一般控制系统的输出动态响应在开始阶段变化较快，到最后变化将会很缓慢。这时计算可以采用变步长的方法，即在开始阶段步长取得小一些，在最后阶段取得大一些，这样既可以保证计算的精度，又可以加快计算的速度。对于一般的工程计算，计算精度的要求并不太高，故通常用定步长的方法，作为经验数据，当采用四阶龙格 - 库塔法做数值积分计算时，取计算步长

$$h = t_r/10$$

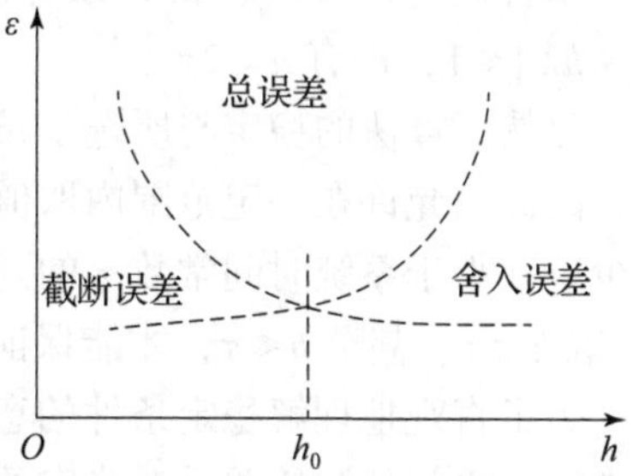

或

$$h = t_s/40$$

图 7 - 2　仿真误差曲线

式中，t_r 为系统在阶跃函数作用下的上升时间；t_s 为系统在阶跃函数作用下的过渡过程时间。若系统有多个回路，则应按反应最快的回路考虑。

4. 计算稳定性

　　连续系统数值积分算法的仿真，实质上就是将微分方程（组）变换成差分方程（组），然后从初值开始，进行递推计算的过程。因此，采用数值积分算法对稳定系统进行仿真时，应该保持原系统的稳定性，即要求用于计算的差分方程是稳定的。但是，在计算机逐次计算时，初始数据的误差及计算过程的舍入误差都会使误差不断积累。如果这种仿真误差积累能够得到抑制，不会随计算时间增加而无限增大，则可以认为相应的计算方法是数值稳定的，

反之则是数值不稳定的。

数值的稳定性可以通过对不同数值积分法对应的差分方程的稳定性进行分析得到，而差分方程的稳定性与采样周期 T（相当于算法公式中步距 h）有很大关系。因此最简单的数值稳定性判别方法是取两种显著不同的步距进行试算，若所得数据基本相同，则一般认为是稳定的，下面介绍判定算法数值稳定性的常用方法。

对一般的微分方程，其 $f(t_k, y_k)$ 表达形式多种多样，没有办法统一，所以很难得到能适应所有微分方程的数值稳定性判定法。下面建立一个试验方程：

$$\frac{\mathrm{d}y}{\mathrm{d}t} = f(t, y) = \lambda y, \mathrm{Re}(\lambda) = -\frac{1}{\tau} < 0 \tag{7-17}$$

式中，λ 为试验方程的定常复系数，其实部 $\mathrm{Re}(\lambda)$ 为负，以保证试验方程本身是稳定的，从而研究数值算法的稳定性；τ 为系统时间常数，可以反映一阶系统的动态性能。这是常微分方程中最简单的形式，如果一个数值算法连这样简单的方程都不能保证绝对稳定性，求解方程也不会稳定。

以欧拉法为例，其递推公式为

$$y_{k+1} = y_k + hf(t_k, y_k)$$

将试验方程代入，即 $f(t_k, y_k) = \lambda y_k$ 时，有

$$y_{k+1} = y_k + h\lambda y_k = (1 + h\lambda)y_k$$

这是一个一阶方程，其特征值为

$$z = 1 + h\lambda$$

要使该方程绝对稳定，必有

$$|z| = |1 + h\lambda| \leq 1$$

结合式（7-17），得到该算法的稳定条件为 $h \leq 2\tau$，其稳定边界也随之求得为 $|z| = |1 + h\lambda| \leq 1$，即有 $h = 2\tau$。

显然，算法的稳定与所选步长 h 有关。步长太大，超过稳定条件限制，会造成计算不稳定，因此只允许在一定范围内取值，通常称为条件稳定格式，由上可知，显式欧拉法步长 h 至少应该小于系统时间常数 τ 的两倍。为使欧拉法能适应一般方程，应更加严格地限制步长 h、取 $h < \tau$、甚至 $h \ll \tau$，才能保证计算过程的稳定性。

为了直观地理解稳定条件的意义，往往以 $h\lambda$ 为复平面画出图形，以便看到 h 与系统时间常数 τ 之间的制约关系对稳定的影响，具体如图 7-3 所示。

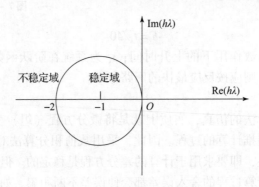

图 7-3 显式欧拉法的稳定域

对于其他数值算法，都可仿照上述方法分析其数值稳定性，如隐式欧拉法递推公式

$$y_{k+1} = y_k + f(t_{k+1}, y_{k+1})$$

将试验方程代入，得 $y_{k+1} = y_k + h\lambda y_k$，整理得到差分方程为

$$y_{k+1} = \frac{1}{1 - h\lambda} y_k$$

其特征值为

$$z = \frac{1}{1 - h\lambda}$$

稳定条件为 $|z| < 1$，但由于 $\mathrm{Re}(\lambda) < 0$，故只要 $h > 0$，无论取何值均能满足稳定条件，不受试验方程参数的制约，属于无条件恒稳。相应的 $h\lambda$ 复平面稳定域如图 7-4 所示。

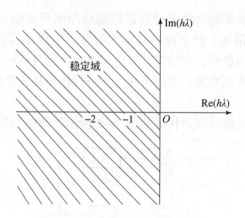

图 7-4　隐式欧拉法的稳定域

5. 数值求解算法的选择

MATLAB 工具箱提供了以下常用的数值算法，可根据实际情况方便地选用。

（1）欧拉法。

（2）2/3 阶龙格 - 库塔法。

（3）4/5 阶龙格 - 库塔法。

（4）ADAMS 预报 - 校正法。

（5）Gear 预报 - 校正法。

在使用仿真算法的时候，不用考虑各种数值算法的编程这类基础性、技术性太强的问题，主要关心各种方法的使用条件及在仿真中如何恰当地使用这些方法。

一般情况下，选用数值方法应从以下原则考虑。

（1）精度。仿真结果的精度主要受一些误差的影响：截断误差、舍入误差和累积误差。这些误差都与计算步长 h 有关。h 越小，截断误差就会越小，因为各种算法原理上都要求 h 充分小时近似程度高，而 h 太小，小到计算机字长难于准确表示，则失去意义。而 h 小会导致计算步数增多，累积次数增多，积累误差增大。解决的方法是：在保证精度的前提下进行兼顾。先根据仿真精度基本要求确定采用合理的算法，算法确定后再从控制累积总误差的角度考虑，选取恰当的计算步长。

（2）计算速度。计算速度取决于所用的数值积分方法和步长 h。在满足精度要求的前提

下，选用计算较为简单的方法可缩短计算时间、提高速度。一般可用多步法、显式计算法等计算速度较快的方法。当算法一定，只要能够保证精度，应尽量选用大步距，从而进一步提高速度。

（3）稳定性（收敛性）。数值稳定性主要与步长 h 有关，不同的数值方法对 h 都具有不同的稳定性限制范围，也与仿真对象的时间常数 τ 有关。h 与 τ 可表示为以下数量级的关系：

$$h \leqslant (2 \sim 3)\tau$$

而多步算法、隐式算法有较好的数值稳定性，在对稳定性较注重时，应予以优先选用。

7.1.5 面向简单结构图的数字仿真

在实际工程中，控制系统的数学模型经常以结构图的形式给出，研究方法是根据"仿真模型"编写适当的程序语句，使之能够自动求解各环节变量的动态变化情况，从而得到关于系统输出各变量的有关数据、曲线等，以便对系统进行分析和设计。

下面以控制系统中最常见的典型闭环系统为例进行模型化，然后采用数值积分算法进行相应的仿真实现。

控制系统中大部分系统都可以简化成如图 7 - 5 所示的结构形式。

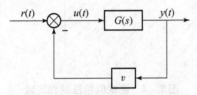

图 7 - 5　典型闭环系统结构图

图 7 - 5 中，$G(s)$ 表示系统的开环传递函数，描述控制量 $u(t)$ 与输出量 $y(t)$ 间的信号传递关系；v 是系统的反馈系数，设其为一常数，大小反映反馈量与输出量 $y(t)$ 之间的比例关系。

系统的开环传递函数通过转换可描述为状态方程的形式：

$$G(s): \begin{cases} \dot{X} = AX + BU \\ Y = CX \end{cases} \tag{7 - 18}$$

根据图 7 - 5 所示的结构图有

$$U = R - vY$$

$$Y = CX$$

再结合开环传递函数（7 - 18），可得

$$\begin{aligned} \dot{X} &= AX + B(R - vCX) \\ &= (A - BvC)X + BR \end{aligned} \tag{7 - 19}$$

令 $A_b = A - BvC$，式（7 - 19）便可写为

$$\begin{cases} \dot{X} = A_b X + BR \\ Y = CX \end{cases} \tag{7 - 20}$$

状态方程（7 - 20）实际上是一阶微分方程组，可以应用数值积分法，编写相应的仿真程序对其进行求解。

要实现数值仿真，首先需要将图 7 - 5 中的开环传递函数 $G(s)$ 的分子和分母多项式系数、反馈系数 v、系统输入、状态初值输入计算机，使仿真程序掌握本仿真对象的基本信息，这一过程便是仿真程序的数据输入模块。

$$\text{den} = [a_0, a_1, \cdots, a_n]$$
$$\text{num} = [b_0, b_1, \cdots, b_m]$$
$$\text{X0} = [x_{1,0}, x_{2,0}, \cdots, x_{n,0}]$$
$$\text{v} = v_0$$
$$\text{R} = r$$

在进行微分方程求解前，还需要将被仿真系统原来的传递函数描述形式，转换成状态方程（也就是一阶微分方程组）描述形式，便于运用常微分方程数值求解算法。然后还要确定仿真步长、仿真的起始时间和结束时间，这一过程便是仿真程序的初始化模块。

$$[A, B, C] = \text{tf2ss}(\text{num}, \text{den})$$
$$\text{T0} = t_0$$
$$\text{Tf} = t_f$$
$$\text{h} = h_0$$
$$\text{Ab} = A - B * C * v$$

然后，仿真程序就可以按照给定的计算步长，采用已确定的算法（如四阶龙格 - 库塔法），对系统中各状态变量和输出逐点变化情况进行求解运算，这是整个仿真程序的核心，这一过程便是仿真程序的运行模块。

$$\text{N} = \text{round}((\text{Tf} - \text{T0})/\text{h});$$

```
for i = 1:N
    K1 = Ab * X + B * R;
    K2 = Ab * (X + h * K1/2) + B * R;
    K3 = Ab * (X + h * K2/2) + B * R;
    K4 = Ab * (X + h * K3) + B * R;
    X = X + h * (K1 + 2 * K2 + 2 * K3 + K4)/6
    y = [y, C * X];
    t = [t, t(i) + h];
end
```

仿真程序将计算出的结果用指定格式进行输出，以便对被仿真系统进行分析研究，这便是仿真程序的输出模块。

$$[t', y']$$
$$\text{plot}(t, y)$$

由上可知，一个完整的仿真程序至少由数据输入模块、初始化模块、运行模块和输出模块组成。仿真程序流程框图如图 7 - 6 所示。

【示例 7 - 1】　假设图 7 - 5 中，$G(s) = \dfrac{64}{s^2 + 11.2s}$，$v = 1$，采用 MATLAB 的 m 语言编写程序，实现对单位阶跃输入信号的仿真，具体代码如下：

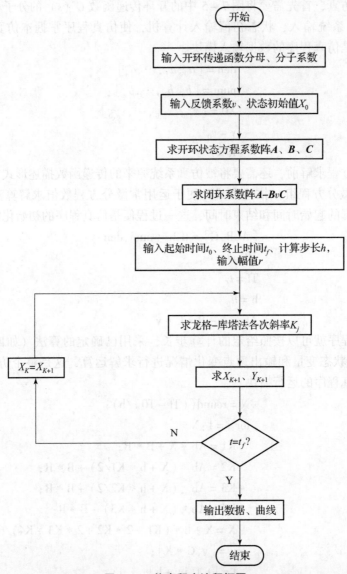

图7-6 仿真程序流程框图

```
clear all;
a = [1 11.2 0];
b = [64];
X0 = [0,0];
V = 1;
T0 = 0;
Tf = 10;
h = 0.1;
R = 1;
```

```
[A,B,C] =tf2ss(b,a);
Ab = A - B * C * V;
X = X0;
y = 0;
t = T0;
N = round((Tf - T0)/h);
for i =1:N
       K1 = Ab * X + B * R;
       K2 = Ab * (X + h * K1/2) + B * R;
       K3 = Ab * (X + h * K2/2) + B * R;
       K4 = Ab * (X + h * K3) + B * R;
       X = X + h * (K1 + 2 * K2 + 2 * K3 + K4)/6;
       y = [y,C * X];
       t = [t,t(i) + h];
end
[t',y']
plot(t,y);
```

运行上述程序，可得到仿真结果如图 7 - 7 所示。

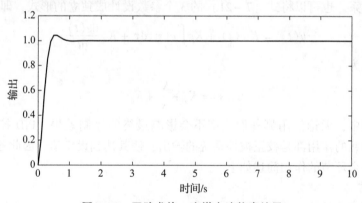

图 7 - 7　四阶龙格 - 库塔方法仿真结果

7.2　PID 控制器的设计

　　PID 控制器是最早发展起来的实用化的控制器，因其简单易懂，使用中不需要精确的系统模型而被广泛应用于过程控制和运动控制中。据统计，在工程实践中，有 90% 以上的控制系统采用了 PID 控制器或类 PID 控制器。

　　一个典型的 PID 控制系统的结构框图如图 7 - 8 所示。由数字计算机或模拟电路实现 PID 控制算法，生成的控制量一般会受到饱和非线性的限制，控制量 $u(t)$ 施加到被控对象上产生输出 $y(t)$，该输出量作为反馈量输入控制器中，一般反馈量会受到死区、滞环等非线性环节的影响。

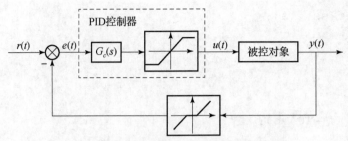

图 7 – 8　典型的 PID 控制系统的结构框图

7.2.1　连续 PID 控制器设计与仿真

标准的 PID 控制器的微分方程数学模型为

$$u(t) = K_p \left[e(t) + \frac{1}{T_i} \int_0^t e(\tau) \mathrm{d}\tau + T_d \frac{\mathrm{d}e(t)}{\mathrm{d}t} \right] \qquad (7-21)$$

式中，K_p、T_i、T_d 分别为控制器的比例增益、积分时间和微分时间；$e(t)$ 为控制器的误差输入。

其传递函数为

$$G_c(s) = K_p \left(1 + \frac{1}{T_i s} + T_d s \right) \qquad (7-22)$$

上面的控制器结构中，比例增益的调节也会改变积分项和微分项的系数，因此 3 个参数之间存在耦合关系。也可以将式（7 – 21）的 3 个参数设计成独立的形式，即为

$$u(t) = K_p e(t) + K_i \int_0^t e(\tau) \mathrm{d}\tau + K_d \frac{\mathrm{d}e(t)}{\mathrm{d}t} \qquad (7-23)$$

其传递函数为

$$G_c(s) = K_p + \frac{K_i}{s} + K_d s \qquad (7-24)$$

在实际应用中，无论使用哪种形式都不会影响最终的控制效果。PID 控制器比例、积分、微分三个单元的作用都是校正被控系统的输出，使其达到设定值，因此各个单元又被称为校正环节。各个环节的作用简述如下。

1. 比例环节

控制器比例环节的输出信号 $u_P(t)$ 与控制器的输入误差信号 $e(t)$ 呈比例关系，即

$$u_P(t) = K_p e(t) \qquad (7-25)$$

比例环节是利用被控对象的输出偏差实现控制的，因此只有当误差信号 $e(t)$ 不为零时，控制器才会有输出，所以纯比例控制属于有差调节。增大比例增益 K_p 有利于减小系统的稳态误差、加快系统的响应速度，但是过大的 K_p 可能会导致系统产生振荡、稳定性变差。

2. 积分环节

控制器积分环节的输出信号 $u_I(t)$ 与控制器的输入误差信号 $e(t)$ 呈积分比例关系，即

$$u_I(t) = K_p \frac{1}{T_i} \int_0^t e(\tau) \mathrm{d}\tau \quad \text{或} \quad u_I(t) = K_i \int_0^t e(\tau) \mathrm{d}\tau \qquad (7-26)$$

可以看出，只有当系统输出误差信号为零时，积分环节输出信号才不再变化，所以积分环节可以消除静差。但是积分环节的加入会使系统的相频特性滞后 90°，造成控制作用不及

时，系统的动态品质变差，过渡过程比较长。可见，积分控制是牺牲了动态品质来换取稳态性能的改善。减小积分时间参数 T_i 可以在一定程度上提高系统的响应速度，但是会加剧系统的不稳定程度。

3. 微分环节

控制器微分环节的输出信号 $u_D(t)$ 与控制器的输入误差信号 $e(t)$ 的微分（即误差的变化率）呈比例关系，即

$$u_I(t) = K_p T_d \frac{\mathrm{d}e(t)}{\mathrm{d}t} \text{ 或 } u_I(t) = K_d \frac{\mathrm{d}e(t)}{\mathrm{d}t} \tag{7-27}$$

因此微分环节能够"预测"系统输出误差的变化趋势，可以超前调节，有利于系统稳定性的提高，抑制过渡过程的动态偏差。但是微分作用过强会导致输出作用过大，容易造成系统的振荡。尤其是微分会放大误差信号中的噪声，带来系统的不稳定。

7.2.2 离散 PID 控制器设计与仿真

将连续 PID 控制器进行离散化，如果采样控制周期 T 很小，则当 $t = kT$ 时，误差信号的积分可以近似为

$$\int_0^{kT} e(t)\,\mathrm{d}t \approx T \sum_{i=0}^{k} e(iT)$$

误差信号的微分可以近似为

$$\frac{\mathrm{d}e(t)}{\mathrm{d}t} \approx \frac{e(kT) - e[(k-1)T]}{T}$$

于是可得离散形式的 PID 控制器为

$$u(kT) = K_p \left\{ e(kT) + \frac{T}{T_i} \sum_{m=0}^{k} e(mT) + \frac{K_d}{T} [e(kT) - e[(k-1)T]] \right\} \tag{7-28}$$

或

$$u(kT) = K_p e(kT) + K_i T \sum_{m=0}^{k} e(mT) + \frac{K_d}{T} \{ e(kT) - e[(k-1)T] \} \tag{7-29}$$

也可分别简写为

$$u_k = K_p \left[e_k + \frac{T}{T_i} \sum_{m=0}^{k} e_m + \frac{K_d}{T} (e_k - e_{k-1}) \right] \tag{7-30}$$

和

$$u_k = K_p e_k + K_i T \sum_{m=0}^{k} e_m + \frac{K_d}{T} (e_k - e_{k-1}) \tag{7-31}$$

其离散传递函数可分别写为

$$G_c(z) = K_p \left(1 + \frac{T}{T_i} \frac{z}{z-1} + \frac{T_d}{T} \frac{z-1}{Tz} \right) \tag{7-32}$$

和

$$G_c(z) = K_p + \frac{K_i Tz}{z-1} + \frac{K_d(z-1)}{Tz} \tag{7-33}$$

由式（7-28）~式（7-33）所描述的 PID 控制器称为位置式控制器，与之相对应的还有增量式 PID 控制器结构。令

$$\Delta u(kT) = u(kT) - u[(k-1)T]$$

可得

$$\Delta u(kT) = K_p \left\{ [e(kT) - e[(k-1)T]] + \frac{T}{T_i}e(kT) + \frac{T_d}{T}[e(kT) - 2[e(k-1)T] + e[(k-2)T]] \right\}$$

或

$$\Delta u(kT) = K_p[e(kT) - e[(k-1)T]] + K_i e(kT) + K_d[e(kT) - 2[e(k-1)T] + e[(k-2)T]]$$

于是可得增量式 PID 控制器的表达式为

$$u(kT) = \Delta u(kT) + u[(k-1)T] \tag{7-34}$$

增量式 PID 控制器的优点是编程简单，数据可以递推使用，占用内存少、运算快。

【示例 7 – 2】 某控制系统传递函数为 $G(s) = \dfrac{1}{(3s+1)(2s+1)(s+1)}$，为其施加比例控制，令比例系数分别为 0.1、0.5、1、2、5、10，观察在不同控制参数下，系统对单位阶跃输入的响应情况。

在 MATLAB 中输入如下的指令：

```
Kp = [0.1,0.5,1,2,5,10];
G = tf(1,conv(conv([1,1],[2,1]),[3,1]));
for i = 1:6
     Gf = feedback(G. * Kp(i),1);
     step(Gf,60);
     hold on;
end
legend('10','5','2','1','0.5','0.1')
```

运行后，可观察到系统的响应输出如图 7 – 9 所示。

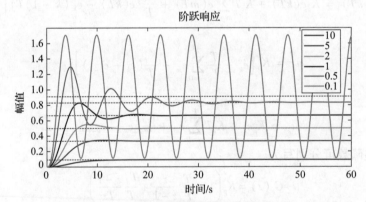

图 7 – 9　比例控制效果对比（书后附彩插）

【示例 7 – 3】 某控制系统传递函数为 $G(s) = \dfrac{1}{(2s+1)(s+1)}$，为其施加积分控制，令积分系数分别为 0.1、0.2、0.5、1，观察在不同控制参数下，系统对单位阶跃输入的响应情况。

在 MATLAB 中输入如下的指令：

```
Ki =[0.1,0.2,0.5,1];
Go =tf(1,(conv([1,1],[2,1])));
Gc =tf(1,[1,0]);
for i =1:4
        Gf =feedback(Go*Gc*Ki(i),1);
        step(Gf,100);
        hold on;
end
legend('0.1','0.2','0.5','1')
```

运行后，可观察到系统的响应输出如图 7－10 所示。

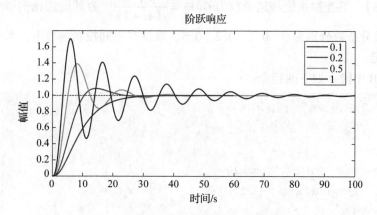

图 7－10　积分控制效果对比（书后附彩插）

【示例 7－4】　某控制系统传递函数为 $G(s) = \dfrac{1}{(4s+1)(s+1)}$，为其施加比例积分控制，令比例系数为 2，积分系数分别为 0.1、0.2、0.5、1，观察在不同控制参数下，系统对单位阶跃输入的响应情况。

在 MATLAB 中输入如下的指令：

```
Ki =[0.1,0.2,0.5,1];Kp =2;
Go =tf(1,(conv([4,1],[1,1])));
for i =1:4
        Gc =tf([Kp,Ki(i)],[1,0]);
        Gf =feedback(Go*Gc,1);
        step(Gf,110);
        hold on;
end
legend('0.1','0.2','0.5','1')
```

运行后，可观察到系统的响应输出如图 7－11 所示。

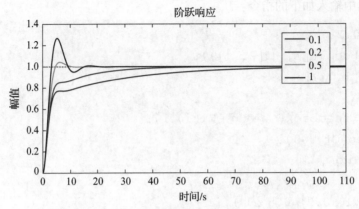

图 7 - 11 比例 + 积分控制效果对比 （书后附彩插）

【示例 7 - 5】 某控制系统传递函数为 $G(s) = \dfrac{1}{s(4s+1)}$，为其施加比例微分控制，令比例系数为 2，微分系数分别为 0、0.1、0.2、0.5，观察在不同控制参数下，系统对单位阶跃输入的响应情况。

在 MATLAB 中输入如下的指令：

```
Kd = [0.1,0.2,0.5,1];Kp = 2;
Go = tf(1,(conv([4,1],[1,0])));
for i = 1:4
    Gc = tf([Kd(i),Kp],1);
    Gf = feedback(Go * Gc,1);
    step(Gf,40);
    hold on;
end
legend('1','0.5','0.2','0.1')
```

运行后，可观察到系统的响应输出如图 7 - 12 所示。

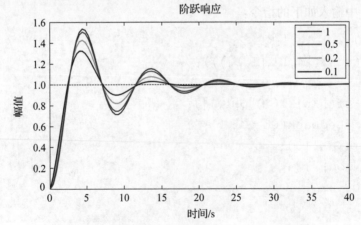

图 7 - 12 比例 + 微分控制效果对比 （书后附彩插）

【示例 7 – 6】 某控制系统传递函数为 $G(s) = \dfrac{1}{s^2 + 8s + 24}$，为其施加比例积分微分控制，令比例系数为 200，积分系数为 10、100、200、300，微分系数为 8，观察在不同控制参数下，系统对单位阶跃输入的响应情况。

在 MATLAB 中输入如下的指令：

```
Ki = [80,100,200,300];Kp = 200;Kd = 8;
Go = tf(1,[1 8 24]);
for i = 1:4
      Gc = tf([Kd,Kp,Ki(i)],[1 0]);
      Gf = feedback(Go * Gc,1);
      step(Gf);
      hold on;
end
legend('80','100','200','300')
```

运行后，可观察到系统的响应输出如图 7 – 13 所示。

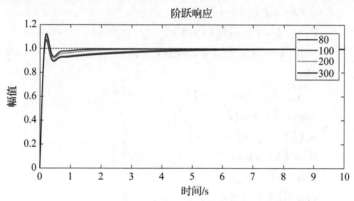

图 7 – 13 比例 + 积分 + 微分控制效果对比 （书后附彩插）

7.2.3 PID 控制器积分与微分的处理

1. 积分饱和问题的处理

有积分项的控制器普遍存在积分饱和问题。产生积分饱和的原因可以理解为：只要被控对象的输出偏差没有消失，控制器的积分部分就会一直累加偏差，直至输出的控制量达到饱和（最大值或最小值），执行器会以最大的能力执行控制动作，即使执行机构运动至设定目标，系统的输出偏差为零，由于积分累加的控制量依然存在，执行机构依然会向着原来的方向继续执行控制动作，直至产生足够大的反向误差，抵消掉控制器原来所累加的那部分误差，但此时被控对象又出现了较大的反向误差，导致控制器必须再继续反向动作，如图 7 – 14 所

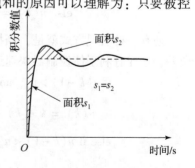

图 7 – 14 积分饱和现象

示，如此反复多次后，系统才能达到稳定。

对于上述积分饱和的问题，有如下的几种比较有效的应对方法。

1）积分分离式 PID 控制器

当系统的误差很大时，取消积分项的作用，只有当误差小于一定的阈值时，积分项才起作用。这可以理解为对阶跃输入而言，初始阶段，系统的误差很大，该误差可以产生足够大的控制量，不需要积分项起作用。只有当误差较小，单靠比例和微分项不足以产生明显的控制作用时，积分才开始起作用。

在控制程序中，可以通过如下的方式实现积分分离控制：

$$\text{if } abs[e(k)] < \varepsilon$$

$$u(k) = k_p e(k) + k_d[e(k) - e(k-1)] + k_i \sum_{j=0}^{k} e(j)$$

$$\text{else if } abs[e(k)] > \varepsilon$$

$$u(k) = k_p e(k) + k_d[e(k) - e(k-1)]$$

2）抗积分饱和 PID 控制器

抗积分饱和 PID 控制在控制量出现饱和后，不再进行积分，而是保持上次的误差累加值。这是比较常用的一种应对积分饱和的方法。其实现方式如下：

$$u_p(k) = k_p e(k)$$

$$\text{if}(u_o(k-1) == u_x(k-1))$$

$$u_i(k) = k_i u_p(k) + \text{sigma}(k-1)$$

$$\text{else}$$

$$u_i(k) = \text{sigma}(k-1)$$

$$\text{sigma}(k) = u_i(k)$$

$$u_x(k) = u_p(k) + u_i(k)$$

$$\text{if}(u_x(k) > u_{\max})$$

$$u_x(k) = u_{\max}$$

$$\text{else if}(u_x(k) < u_{\min})$$

$$u_x(k) = u_{\min}$$

另外一种比较简单的实现方式为

$$\text{if } u(k-1) > u_{\max} \text{ or } u(k-1) < u_{\min}$$

$$u(k) = k_p e(k) + k_d[e(k) - e(k-1)]$$

$$\text{else } u(k) = k_p e(k) + k_d[e(k) - e(k-1)] + k_i \sum_{j=0}^{k} e(j)$$

还有一种实现方式就是，当控制量出现饱和后，积分器只累加会使控制量变小的那部分误差，这样有利于使控制器快速退出饱和。其实现方式如下：

$$\text{if } u(k-1) > u_{\max} \text{ and } e(k) < 0$$

$$u(k) = k_p e(k) + k_d[e(k) - e(k-1)] + k_i \sum_{j=0}^{k} e(j)$$

$$\text{else if } u(k-1) < u_{\min} \text{ and } e(k) > 0$$

$$u(k) = k_p e(k) + k_d[e(k) - e(k-1)] + k_i \sum_{j=0}^{k} e(j)$$

else
$$u(k) = k_p e(k) + k_d [e(k) - e(k-1)]$$

3）智能积分器

在智能积分器中，当被控对象的输出误差为零时，积分器累加的误差和清零。当系统输出误差为正，且误差正在变大（误差斜率为正），积分器则开始累计误差，如果系统输出误差为正，且误差正在变小（误差斜率为负），积分器累加的误差保持不变。反之亦然。这一过程可以通过图 7 - 15 进行描述。

智能积分器的实现方式为

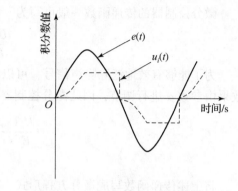

图 7 - 15　智能积分器的工作原理

if $e(m) = 0$

$\quad u_i(m) = 0$

else if $e(k)[e(k) - e(k-1)] > 0 \quad k > m$

$$u_i(k) = k_i \sum_{j=m}^{k} e(j)$$

else if $e(n) - e(n-1) = 0 \quad n > k$

$$u_i(n) = k_i \sum_{j=m}^{n} e(j)$$

else if $e(l)[e(l) - e(l-1)] < 0 \quad l > n$

$$u_i(l) = k_i \sum_{j=m}^{n} e(j)$$

2. 微分噪声的处理

在 PID 控制器的数字实现中，微分一般是通过差分计算得到的，即

$$\dot{e}_k = \frac{1}{T}(e_k - e_{k-1})$$

一般运动控制系统中，采样控制周期 T 的量级都是毫秒甚至是微秒，如果系统的误差信号含有噪声，再除以一个非常小的数，其所包含的噪声信号就会被放大，由此产生的微分控制量就会有比较明显的噪声，当其施加到被控对象上后，往往会引起被控对象运动不平稳。为此，一般需要对误差信号中的噪声进行抑制，常用的方法有：

1）四点中心差分法计算微分

首先利用相邻几个周期的误差信号，取一个平均信号：

$$\overline{e}(k) = \frac{e(k) + e(k-1) + e(k-2) + e(k-3)}{4} \tag{7-35}$$

然后，利用该误差信号均值来近似求取相邻两次误差之差，有

$$e(k) - e(k-1) \approx \frac{e(k) - \overline{e}(k)}{6} + \frac{e(k-1) - \overline{e}(k)}{2} + \frac{\overline{e}(k) - e(k-2)}{2} + \frac{\overline{e}(k) - e(k-3)}{6}$$

$$= \frac{1}{6}[e(k) + 3e(k-1) - 3e(k-2) - e(k-3)]$$

$$\tag{7-36}$$

这是一种比较简单的对误差信号进行滤波的方法，在数字实现上也比较方便。

2）不完全微分算法

微分控制器的传递函数一般可写为

$$\frac{U_d(s)}{E(s)} = T_d s$$

为了能够有效地滤除噪声信号，可以在传递函数中串联一个一阶低通滤波器，其滤波的效果由参数 α 进行调节，因此微分控制器就被近似为

$$\frac{U_d(s)}{E(s)} = T_d s \approx \frac{T_d s}{1 + \frac{T_d}{\alpha} s}$$

将上述传递函数写成微分方程形式，有

$$\frac{T_d}{\alpha} \frac{\mathrm{d} u_d(t)}{\mathrm{d}t} + u_d = T_d \frac{\mathrm{d} e(t)}{\mathrm{d}t}$$

其等价于下面的差分方程：

$$\frac{T_d}{\alpha} \frac{u_d(k) - u_d(k-1)}{T_s} + u_d(k) = T_d \frac{e(k) - e(k-1)}{T_s}$$

整理后可得

$$u_d(k) = \frac{T_d}{T_d + \alpha T_s} u_d(k-1) + \frac{\alpha T_d}{T_d + \alpha T_s} [e(k) - e(k-1)]$$

$$(7-37)$$

可以看出，经过低通滤波后的微分控制器其作用效果完全由 α 决定，当 $\alpha = 0$ 时，滤波效果最强；当 $\alpha \to \infty$ 时，滤波效果最弱。

7.2.4　常规的 PID 控制器参数整定

当控制器的结构已定，那么影响控制性能的就是控制器的参数了。整定控制器参数是一项非常复杂的工作，首先要确保所选参数能使整个系统稳定，其次才能去考虑闭环性能问题。对于 PID 控制器而言，本小节将介绍如下几种整定策略。

1. 试凑法

试凑法是工程师在工程现场调试中经常用到的方法，在对被控对象有比较深入了解的前提下，对控制器的参数进行试凑整定，而不是盲目试凑。其基本步骤为：

1）确定比例系数

从小到大逐渐增大 K_p 的值，直至系统的响应足够快，或响应曲线出现一个小的超调。如果系统的静差可以满足要求，则只需比例控制即可。一般可根据系统的最大阶跃幅值（阶跃初始时刻误差最大）与执行机构饱和控制量之间的比例关系，确定初始的 K_p 值，并以此为基础进行试凑整定。

2）确定积分系数

将 K_p 的值缩小为原来的 0.8 倍，从小到大逐渐增加 K_i 的值，直至系统的静差达到要求。可反复重复步骤 1 和步骤 2，直至得到满意的控制效果。

3）确定微分系数

如果系统的动态性能不能满足要求，则逐渐增加 K_d 的值，直至系统的动态性能满足要求。有可能需要重复进行上述 3 个步骤，反复调整。

2. 临近比例系数法

PID 控制器的结构如下式所示：

$$G_c(s) = K_p \left(1 + \frac{1}{T_i s} + T_d s \right)$$

该方法首先要确定临界比例系数，从小到大逐渐增大 K_p 的值，直至系统出现多个等幅振荡。此时的比例系数为临界比例系数 K_r，振荡周期为 T_r。需要注意的是，系统产生等幅振荡的条件是系统的阶次为 3 次及以上。

然后根据临界比例系数 K_r 确定 PID 控制器各个参数，具体如表 7 - 1 所示。

表 7 - 1　临界比例系数法 PID 控制器参数

控制器结构	K_p	T_i	T_d
比例	$0.5Kr$		
比例 + 积分	$0.45Kr$	$0.85Tr$	
比例 + 积分 + 微分	$0.6Kr$	$0.5Tr$	$0.125Tr$

【示例 7 - 7】　已知系统的开环传递函数为 $G(s) = \dfrac{1}{(s+3)(s+2)(s+1)}$，采用临界比例系数法计算 P、PI、PID 控制器的参数。

首先在 Simulink 中搭建如图 7 - 16 所示的仿真框图，并只保留比例项。

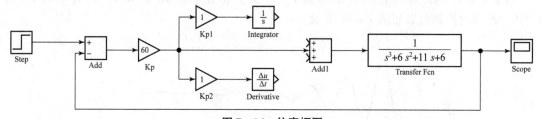

图 7 - 16　仿真框图

逐渐增加比例系数，直至如图 7 - 17 所示，输出曲线出现等幅振荡，此时的比例系数为临界比例系数，$K_r = 60$，振荡周期 $T_r = 1.8$。

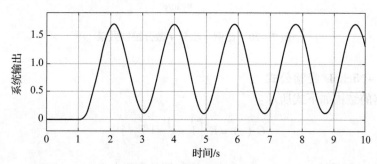

图 7 - 17　等幅振荡曲线

因此,可以计算出纯比例控制时的控制增益 K_p 为 30,此时的控制效果如图 7 - 18 所示。

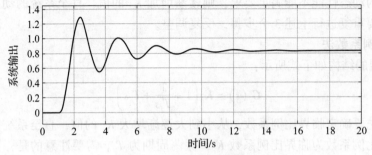

图 7 - 18 比例控制效果

对于 PI 控制,可计算出控制增益 K_p 为 27,积分系数 K_i 为 1.53,此时的控制效果如图 7 - 19 所示。

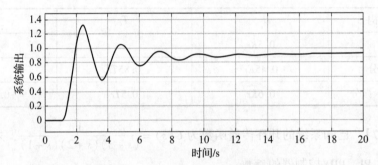

图 7 - 19 比例 + 积分控制效果

对于 PID 控制,可计算出控制增益 K_p 为 36,积分系数 K_i 为 0.9,微分系数 K_d 为 0.225,此时的控制效果如图 7 - 20 所示。

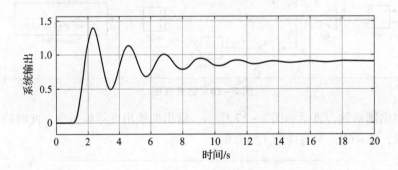

图 7 - 20 比例 + 积分 + 微分控制效果

3. Ziegler - Nichols 经验公式

PID 控制器的结构如下式所示:

$$G_c(s) = K_p\left(1 + \frac{1}{T_i s} + T_d s\right)$$

对于一阶加延迟系统 $G(s) = \dfrac{K}{T_s + 1}e^{-Ls}$,控制器的参数如表 7 - 2 所示。

表 7 - 2   一阶加延迟系统的 PID 控制器参数

控制器结构	K_p	T_i	T_d
比例	$\dfrac{T}{KL}$ 或 $k_p = 0.5K_c$		
比例 + 积分	$k_p = \dfrac{0.9T}{KL}$ 或 $k_p = 0.4K_c$	$T_i = 3L$ 或 $T_i = 0.8T_c$	
比例 + 积分 + 微分	$k_p = \dfrac{1.2T}{KL}$ 或 $k_p = 0.6K_c$	$T_i = 2L$ 或 $T_i = 0.5T_c$	$T_d = L/2$ 或 $T_i = 0.12T_c$

表 7 - 2 中，K_c 为系统的幅值裕量，$T_c = \dfrac{2\pi}{\omega_c}$，$\omega_c$ 为系统的剪切频率。

【示例 7 - 8】 已知系统的开环传递函数为 $G(s) = \dfrac{8}{40s + 1}$，采用 Ziegler - Nichols 方法计算 P、PI、PID 控制器的参数，并观察控制效果。

假定对象未知，需要利用阶跃响应实验方法，获得系统的模型参数，在 Simulink 中搭建如图 7 - 21 所示的框图，进行阶跃实验，获得系统的模型参数。

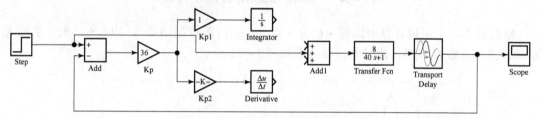

图 7 - 21   一阶滞后系统的仿真框图

可得到阶跃响应曲线如图 7 - 22 所示，可以根据仿真曲线的结果求出模型参数 $K = 8$，$T = 40$，$L = 10$。后续的控制器参数计算便以此参数为依据。

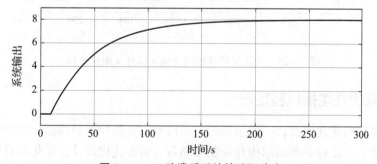

图 7 - 22   一阶滞后系统的阶跃响应

根据表 7 - 2，可以计算出纯比例控制时的控制增益 K_p 为 0.5，此时的控制效果如图 7 - 23 所示。

根据表 7 - 2，可以计算出比例 + 积分控制时的控制增益 K_p 为 0.45，积分系数 K_i 为 30，此时的控制效果如图 7 - 24 所示。

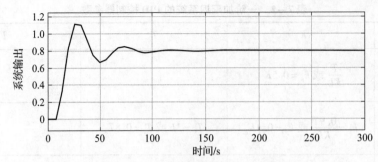

图7-23 一阶滞后系统的纯比例控制

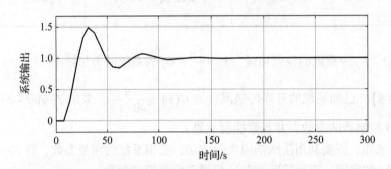

图7-24 一阶滞后系统的比例+积分控制

根据表7-2，可以计算出比例+积分+微分控制时的控制增益 K_p 为0.6，积分系数 K_i 为20，微分系数 K_d 为5，此时的控制效果如图7-25所示。

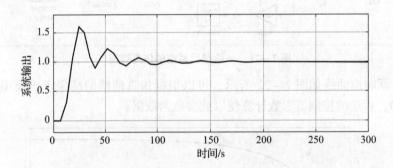

图7-25 一阶滞后系统的比例+积分+微分控制

7.2.5 最优性能指标整定方法

对于控制系统的优化而言，一般包括两方面内容：一是控制器的结构已确定，对控制器的参数进行优化；二是控制器的结构和控制器参数均需要优化设计。优化的目标是使系统的某一项性能指标达到最佳。

1. 基本概念

在优化设计中有如下几个概念。

（1）设计变量——某些有待确定的参数，其初始值不影响优化结果，但是影响优化速度。

（2）约束条件——设计变量需要在一定的范围内进行选择，不能超出某些约束。

（3）目标函数——优化设计最终达到的效果，通过满足某一个目标函数，或者使目标函数值最小，来确定设计变量的值。

对于控制器的参数整定而言，设计变量即为 PID 控制器的 3 个参数；约束条件一般为控制器的输出能力约束，如对于大部分控制器而言，其产生的控制量在 − 10 ~ + 10 V 范围内；而目标函数则是需要根据所关心的控制效果来进行设计选择，这是最优化性能指标整定中，比较重要的一部分。

2. 目标函数的选择

一般目标函数的选择有如下两类。

（1）频域指标：一般是要求系统的幅值裕量、相位裕量满足某一个范围，如：①因为开环系统的相位裕度对闭环系统的稳定性有重要的影响，一般要求开环系统具有一定的相位裕量 ϕ；②由于被控对象具有一定的不确定性，其模型可能存在一定的变化，为了保证控制系统的抗干扰性能，要求开环系统的相频特性在截止频率点附近是平的，即 $\left. \dfrac{\mathrm{d} \angle G_c(j\omega) G_c(j\omega)}{\mathrm{d}\omega} \right|_{\omega = \omega_c} = 0$。

（2）时域误差指标：一般控制的目标是使系统的输出信号 $y(t)$ 尽快达到设定值，或尽可能好地跟踪输入信号 $r(t)$，使跟踪误差 $e(t)$ 尽可能小。而当有干扰的情况下，误差往往是一个动态信号，所以误差信号的积分型指标常作为最优性能指标，一般常用的误差型指标函数有如下两种。

①误差平方和（ISE）指标。

$$J = \int_{t_0}^{t_f} \mathrm{e}^2(t) \mathrm{d}t \text{ 或 } J = \sum_{k=0}^{n} \mathrm{e}^2(kT) \tag{7-38}$$

②时间误差绝对值（ITAE）指标。

$$J = \int_{t_0}^{t_f} t |e(t)| \mathrm{d}t \text{ 或 } J = \sum_{k=0}^{n} kT |\mathrm{e}(kT)| \tag{7-39}$$

其中，ISE 指标等同地考虑各个时刻的误差信号对指标函数的贡献，根据这一指标整定出来的控制器有时候会导致输出信号产生不必要的振荡。而 IATE 指标则对误差信号进行加权，时间越大权值越大，这样会迫使误差信号尽快收敛到 0。

【示例 7 – 9】　考虑被控制对象 $G(s) = \dfrac{40.6}{s^3 + 10s^2 + 27s + 22.06}$，采用 ISE 和 IATE 性能指标函数进行 PID 控制器参数的优化设计。

首先在 Simulink 中搭建如图 7 – 26 所示的仿真模型，其中模型的上半部分为 ISE 和 IATE 性能指标的计算，下半部分为 PID 控制模型。模型中，将 PID 控制器的参数分别设定为 K_p、K_i、K_d。

令向量 $\boldsymbol{x} = [K_p, K_i, K_d]$，运行如下的程序：

```
x = fminunc(@ IATEOptim,rand(3,1))
```

其中，函数 fminunc（F(x)，X0）是 MATLAB 提供的求极值函数，其第一个参数 F(x) 为需要求极值的函数，第二个参数 X0 为函数 F(x) 中变量 x 的初值。

在本例中，函数 IATEOptim 是如下实现的：

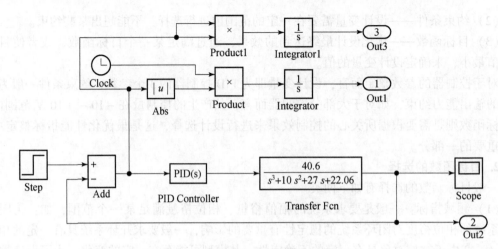

图 7 – 26　误差型指标函数仿真模型

```
function y = IATEOptim( x)
   assignin('base','Kp',x(1));
   assignin('base','Ki',x(2));
   assignin('base','Kd',x(3));
   [t1,x1,y1] = sim('IATEOpt',[0,5]);
   y = y1(end,1);
```

在函数中，assignin 函数负责将向量 x 中的 3 个值分别赋值给图 7 – 26 中 PID 控制器的 3 个参数。然后运行图 7 – 26 中的仿真模型，计算得到 ISE 或 IATE 指标。当 y = y1(end, 3) 时，得到的是 ISE 指标；当 y = y1(end, 1) 时，得到的是 IATE 指标。

首先根据 ISE 指标函数进行控制器参数的优化，得到的结果为

```
x =
    4.1608
    3.4441
    5.9122
```

即 Kp = 4.1608，Ki = 3.4441，Kd = 5.9122，将这一组参数作为 PID 控制器参数，代入图 7 – 26 后，可以得到如图 7 – 27 所示的控制效果。

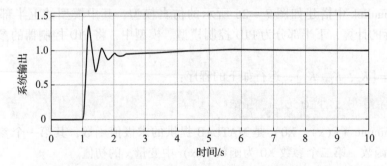

图 7 – 27　采用 fminunc 优化函数基于 ISE 指标得到的控制效果

然后再根据 IATE 指标函数进行控制器参数的优化，得到的结果为

```
x =
    1.8951
    1.7233
    0.5850
```

即 Kp = 1.8951，Ki = 1.7233，Kd = 0.5850，将这一组参数作为 PID 控制器参数，代入图 7 - 26 后，可以得到如图 7 - 28 所示的控制效果。

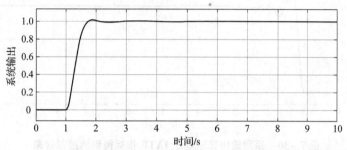

图 7 - 28　采用 fminunc 优化函数基于 IATE 指标得到的控制效果

由于 fminunc( ) 是一个求取局部最小值的函数，因此其得到的 PID 控制器参数与初始值的选取有很大关系，在本例中，控制器的初值是随机产生的，因此，每次运行得到的结果有可能会不同。

为解决这一问题，可以选用进化类的搜索方法，以得到全局最优解，如遗传算法。MATLAB 中关于遗传算法的函数为 ga( )，其调用格式为：ga(fun，n，A，B，Aeq，Beq，xm，xM)。

运用 ga( ) 函数重新求解控制器参数。

同样，首先根据 ISE 指标进行参数优化，运行如下的语句：

```
x = ga(@ IATEOptim,3,[ ],[ ],[ ],[ ],[0;0;0],[5;5;5])
```

得到的结果为

```
x =
    4.1612    5.0000    4.9970
```

即 Kp = 4.1612，Ki = 5.0，Kd = 4.9970，将这一组参数作为 PID 控制器参数，代入图 7 - 26 后，可以得到如图 7 - 29 所示的控制效果。

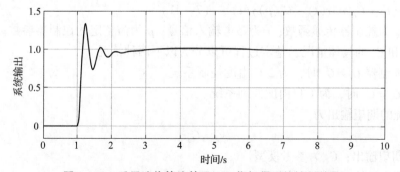

图 7 - 29　采用遗传算法基于 ISE 指标得到的控制效果

然后再根据 IATE 指标函数进行控制器参数的优化，得到的结果为

```
x =
   5.0000   4.2143   2.0798
```

即 Kp = 5.0，Ki = 4.2143，Kd = 2.0798，将这一组参数作为 PID 控制器参数，代入图 7 - 26 后，可以得到如图 7 - 30 所示的控制效果。

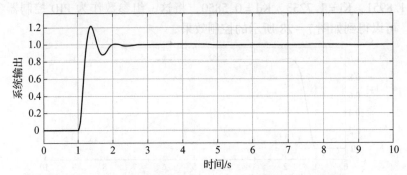

图 7 - 30 采用遗传算法基于 IATE 指标得到的控制效果

7.2.6 迭代反馈整定

常规 PID 控制器因参数固定，在系统参数发生变化时常常无法达到理想的控制效果。因此，为了解决控制器参数整定的问题，学者们进行了大量研究。1994 年，瑞典学者 H. Hjalmarsson 提出了迭代反馈整定（iterative feedback tuning，IFT）方法，IFT 属于数据驱动的无模型整定方法，无须知道系统模型，仅仅利用系统闭环实验获得的输入输出数据就可以完成控制器参数的优化。

1. 迭代反馈整定的基本原理

以 2 自由度系统为例介绍 IFT 的原理，一个 2 自由度控制系统的原理如图 7 - 31 所示。

从图 7 - 31 可以看出，系统的输出模型为

$$y(t) = G_p u(t) + v(t) \qquad (7 - 40)$$

式中，y 为系统输出；G_p 为被控对象；u 为控制量；v 为不可测的过程扰动量，假设其均值为零；t 为离散时间常量。

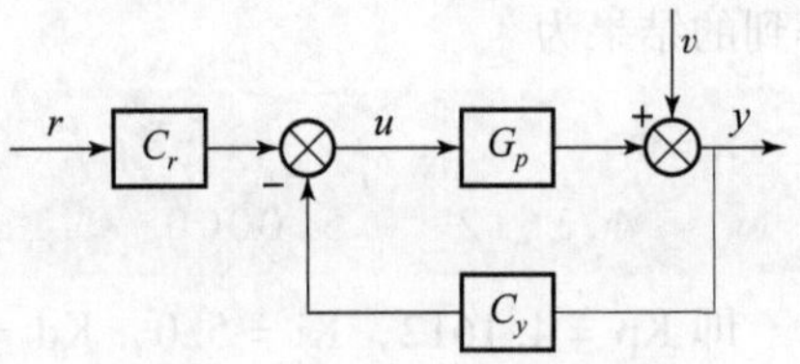

图 7 - 31 2 自由度系统框图

系统的控制量可以表示如下：

$$u(t) = C_r(\rho)r(t) - C_y(\rho)y(t) \qquad (7 - 41)$$

式中，C_r、C_y 为控制器传递函数；r 为参考输入信号；ρ 为需整定的控制器参数。

根据 C_r 和 C_y 的具体情况，整定过程可以分为以下两种情况。

(1) 当控制器 $C_r \neq C_y$ 时，为 2 自由度控制系统。

(2) 当 $C_r = C_y$ 时，为 1 自由度控制系统。

假设系统的期望输出为

$$y_d = G_d r \qquad (7 - 42)$$

式中，y_d 为期望输出；G_d 为参考模型。

可以计算出系统实际输出与期望输出之间的误差为

$$\tilde{y}(\rho) = y(\rho) - y_d$$

$$= \left(\frac{C_r(\rho)G_P}{1 + C_y(\rho)} r - y_d \right) + \frac{1}{1 + C_y(\rho)G_p} v \tag{7-43}$$

$$= \left(\frac{C_r(\rho)G_P}{1 + C_y(\rho)} - G_d \right) r + \frac{1}{1 + C_y(\rho)G_p} v$$

系统采用如下二次型性能指标：

$$J(\rho) = \frac{1}{2N} \sum_{t=1}^{N} \left[(L_y \tilde{y}_t(\rho))^2 + \lambda (L_u u_t(\rho))^2 \right] \tag{7-44}$$

式中，N 为采样点长度；L_y、L_u 为滤波器，可以都定义为 1；λ 为控制量权重系数。

系统进行迭代反馈的目的是找到一组控制器参数 ρ^*，使系统在这组参数下的性能指标达到最小值，即

$$\rho^* = \arg\min J(\rho) \tag{7-45}$$

为了得到性能指标 $J(\rho)$ 的最小值，根据最优条件，式（7-44）对参数 ρ 求导，并且要求导数为零，即

$$\frac{\partial J}{\partial \rho}(\rho) = \frac{1}{N} \sum_{t=1}^{N} \left[\tilde{y}_t(\rho) \frac{\partial y_t(\rho)}{\partial \rho} + \lambda u_t(\rho) \frac{\partial u_t(\rho)}{\partial \rho} \right] \tag{7-46}$$

其中，$\dfrac{\partial \tilde{y}(\rho)}{\partial \rho} = \dfrac{\partial(y(\rho) - y_d)}{\partial \rho} = \dfrac{\partial y(\rho)}{\partial \rho}$。

式（7-46）为性能指标的梯度函数，如果梯度函数已知，则可根据式（7-47）更新控制参数：

$$\rho_{i+1} = \rho_i - \gamma \cdot \boldsymbol{R}_i^{-1} \frac{\partial J}{\partial \rho}(\rho_i) \tag{7-47}$$

式中，i 为迭代次数；γ 为迭代步长，取正常数；ρ_i 为第 i 次迭代后，控制器参数；$\boldsymbol{R}_i$ 为 Hessian 矩阵。

根据式（7-46），为了求取梯度函数 $\partial J(\rho)/\partial \rho$，必须知道以下两点信息。

（1）误差信号 $\tilde{y}_t(\rho)$ 和控制信号 $u_t(\rho)$。

（2）梯度信息 $\partial y(\rho)/\partial \rho$ 和 $\partial u(\rho)/\partial \rho$ 的值。

误差信号和控制信号可以通过测量闭环系统的输出量和控制量获得，关键在于梯度信息 $\partial y(\rho)/\partial \rho$ 和 $\partial u(\rho)/\partial \rho$ 的求取。数学上，这两个偏导数可以利用其无偏估计来代替，即

$$\frac{\partial J}{\partial \rho}(\rho) \approx \frac{1}{N} \sum_{t=1}^{N} \left[\tilde{y}_t(\rho) \, \text{est} \left[\frac{\partial y_t(\rho)}{\partial \rho} \right] + \lambda u_t(\rho) \, \text{est} \left[\frac{\partial u_t(\rho)}{\partial \rho} \right] \right] \tag{7-48}$$

因此只要求得输出量 y 和控制量 u 关于参数 ρ 的导数的无偏估计，就能求得梯度函数，进而更新控制器参数。在求取无偏估计前，为了分析方便，做如下处理。

由图 7-31 可知，系统输出量和控制量可表示如下：

$$y(\rho) = \frac{C_r(\rho)G_p}{1 + C_y(\rho)G_p} r + \frac{1}{1 + C_y(\rho)G_p} v \tag{7-49}$$

$$u(\rho) = \frac{C_r(\rho)}{1 + C_y(\rho)G_p} r - \frac{C_y(\rho)}{1 + C_y(\rho)G_p} v \tag{7-50}$$

式（7-49）、式（7-50）关于控制器参数 ρ 的导数为

$$\frac{\partial y}{\partial \rho}(\rho) = \frac{1}{C_r(\rho)}\left[\left(\frac{\partial C_r}{\partial \rho}(\rho) - \frac{\partial C_y}{\partial \rho}(\rho)\right)T(\rho)r + \frac{\partial C_y}{\partial \rho}(\rho)T(\rho)(r-y)\right] \tag{7-51}$$

$$\frac{\partial u}{\partial \rho}(\rho) = S(\rho)\left[\left(\frac{\partial C_r}{\partial \rho}(\rho) - \frac{\partial C_y}{\partial \rho}(\rho)\right)r + \frac{\partial C_y}{\partial \rho}(\rho)(r-y)\right] \tag{7-52}$$

式中，$T(\rho) = \dfrac{C_r(\rho)G_p}{1 + C_y(\rho)G_p}$，$S(\rho) = \dfrac{1}{1 + C_y(\rho)G_p}$。

以上处理完成后，根据迭代反馈整定计算指标函数梯度的无模型方法，对于 2 自由度系统，只需设计三次简单的实验就可以获得所要求取的无偏估计。

(1) 第一次实验，以参考输入 r 为实验输入信号，此时在每个采样点分别采集控制系统的输出量和控制量的值，分别记为 $y^1(\rho_i)$、$u^1(\rho_i)$。

(2) 第二次实验，以第一次实验获得的系统输出量和参考输入量之间的偏差即 $r - y^1(\rho_i)$ 为实验输入信号，同样在每个采样时刻采集系统输出量和控制量，记为 $y^2(\rho_i)$、$u^2(\rho_i)$。

(3) 第三次实验，再次以参考信号 r 作为输入，记录此次实验的系统输出量和控制量，记为 $y^3(\rho_i)$、$u^3(\rho_i)$。

三次实验可用式（7-53）表示如下：

$$\begin{cases} r_i^1 = r, y^1(\rho_i) = T(\rho_i)r + S(\rho_i)v^1, u^1(\rho_i) = S(\rho_i)(C_r r - C_y v^1) \\ r_i^2 = r - y^1(\rho_i), y^2(\rho_i) = T(\rho_i)(r - y^1(\rho_i)) + S(\rho_i)v^2, u^2(\rho_i) = S(\rho_i)(C_r(r - y^1(\rho_i)) - C_y v^2) \\ r_i^3 = r, y^3(\rho_i) = T(\rho_i)r + S(\rho_i)v^3, u^3(\rho_i) = S(\rho_i)(C_r r - C_y v^3) \end{cases}$$

$$\tag{7-53}$$

将式（7-53）分别代入式（7-52）和式（7-51），同时利用扰动量均值为零的假设，忽略扰动的影响，可得两个导数的无偏估计为

$$\mathrm{est}\left[\frac{\partial y}{\partial \rho}(\rho_i)\right] = \frac{1}{C_r(\rho_i)}\left[\left(\frac{\partial C_r}{\partial \rho}(\rho_i) - \frac{\partial C_y}{\partial \rho}(\rho_i)\right)y^3(\rho_i) + \frac{\partial C_y}{\partial \rho}(\rho_i)y^2(\rho_i)\right] \tag{7-54}$$

$$\mathrm{est}\left[\frac{\partial u}{\partial \rho}(\rho_i)\right] = \frac{1}{C_r(\rho_i)}\left[\left(\frac{\partial C_r}{\partial \rho}(\rho_i) - \frac{\partial C_y}{\partial \rho}(\rho_i)\right)u^3(\rho_i) + \frac{\partial C_y}{\partial \rho}(\rho_i)u^2(\rho_i)\right] \tag{7-55}$$

式（7-47）中的 Hessian 矩阵 $\boldsymbol{R}_i$，可由式（7-56）确定：

$$\boldsymbol{R}_i = \frac{1}{N}\sum_{t=1}^{N}\left[\frac{\partial \tilde{y}_t}{\partial \rho}\left(\frac{\partial \tilde{y}_t}{\partial \rho}\right)^{\mathrm{T}} + \lambda \frac{\partial u_t}{\partial \rho}\left(\frac{\partial u_t}{\partial \rho}\right)^{\mathrm{T}}\right] \tag{7-56}$$

将式（7-54）、式（7-55）代入式（7-48），同时结合第一次实验所得的系统实际输出与期望输出的误差数据和控制量数据，就可得到梯度函数 $\dfrac{\partial J}{\partial \rho}(\rho)$。利用迭代反馈整定，在不需要被控对象模型的基础上，仅通过三次设定的实验就可实现对控制器参数的整定，使系统性能指标达到优化。

2. 1 自由度 PID 控制器的迭代反馈整定

根据前面的分析，对于 1 自由度系统，$C_r = C_y = C$，式（7-54）、式（7-55）括号中的第一项为零。因此，对 1 自由度系统进行迭代反馈整定时，不需要进行第三次实验，只需要前两次实验就可以获得相应的无偏估计。

$$\operatorname{est}\left[\frac{\partial y}{\partial \rho}(\rho_i)\right] = \frac{1}{C(\rho_i)}\left[\frac{\partial C}{\partial \rho}(\rho_i)y^2(\rho_i)\right] \tag{7-57}$$

$$\operatorname{est}\left[\frac{\partial u}{\partial \rho}(\rho_i)\right] = \frac{1}{C(\rho_i)}\left[\frac{\partial C}{\partial \rho}(\rho_i)u^2(\rho_i)\right] \tag{7-58}$$

从式 (7-57) 和式 (7-58) 可以看出，在计算无偏估计时，除了需要实验数据外，还需要对 $\dfrac{1}{C}\dfrac{\partial C}{\partial \rho}(\rho)$ 这一部分进行求解。

PID 控制器的离散形式描述如下：

$$G_{\mathrm{pid}} = \rho_p + \frac{\rho_i}{1-z^{-1}} + \rho_d(1-z^{-1}) \tag{7-59}$$

将控制器参数写为向量形式 $\boldsymbol{\rho} = [\rho_p,\ \rho_i,\ \rho_d]^{\mathrm{T}}$，则式 (7-59) 关于参数 $\boldsymbol{\rho}$ 的导数为

$$\begin{aligned}\frac{\partial G_{\mathrm{pid}}}{\partial \boldsymbol{\rho}} &= \left[\frac{\partial G_{\mathrm{pid}}}{\partial \rho_p}, \frac{\partial G_{\mathrm{pid}}}{\partial \rho_i}, \frac{\partial G_{\mathrm{pid}}}{\partial \rho_d}\right]^{\mathrm{T}} \\ &= \left[1, \frac{1}{1-z^{-1}}, 1-z^{-1}\right]^{\mathrm{T}}\end{aligned} \tag{7-60}$$

将式 (7-60) 代入 $\dfrac{1}{G_{\mathrm{pid}}}\dfrac{\partial G_{\mathrm{pid}}}{\partial \boldsymbol{\rho}}$，此时 $\dfrac{1}{G_{\mathrm{pid}}}\dfrac{\partial G_{\mathrm{pid}}}{\partial \boldsymbol{\rho}}$ 可表示如下

$$\begin{aligned}\frac{1}{G_{\mathrm{pid}}}\frac{\partial G_{\mathrm{pid}}}{\partial \boldsymbol{\rho}} &= \frac{\left[1 \quad \dfrac{1}{1-z^{-1}} \quad 1-z^{-1}\right]^{\mathrm{T}}}{\rho_p + \dfrac{\rho_i}{1-z^{-1}} + (1-z^{-1})\rho_d} \\ &= \frac{\left[1-z^{-1} \quad 1 \quad (1-z^{-1})^2\right]^{\mathrm{T}}}{\rho_p(1-z^{-1}) + \rho_i + \rho_d(1-z^{-1})^2}\end{aligned} \tag{7-61}$$

将实验数据与式 (7-61) 结合，就可以获得相应的无偏估计。

【示例 7-10】　某随动系统的传递函数为 $G(s) = \dfrac{40.6}{s^3 + 10s^2 + 27s + 22.06}$，设计 1 自由度 PID 控制器，并用 IFT 方法进行控制器参数的整定。

首先在 Simulink 中搭建该系统仿真控制框图，如图 7-32 所示，框图中端口 yd 为来自 MATLAB 工作空间的输入信号、E 为输出到工作空间的误差信号、u 为输出到工作空间的控制信号、y 为输出到工作空间的响应信号，A、B、C 为 PID 控制器的 3 个待整定参数。

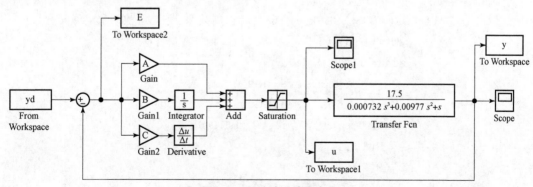

图 7-32　随动系统仿真图

　　为了计算简单，在式（7－44）所示的二次型性能指标中，令 $\lambda = 0$，$L_y = 1$。式（7－47）中的初始迭代步长分别定为 $\gamma_p = 0.9$，$\gamma_i = 0.5$，$\gamma_d = 0.1$。PID 控制器的初始值分别设定为 A＝0.01，B＝0.000 1，C＝0。给定信号为单位阶跃信号。

　　整个整定过程在 M 文件中实现，具体如下：

```
p =[0.01 0.0001 0.0]';        % PID 控制器参数初始化
A =p(1);
B =p(2);
C =p(3);
r =[0.9 0 0;0 0.5 0;0 0 0.1]; % 迭代步长初始化
G =[0.5 0 0;0 0.5 0;0 0 0.5];  % 迭代步长调整率
t =0:0.001:10;
N =size(t,2);
for k =1:100
    ISE(k) =0;              % 初始化指标函数
end
for k =1:N
    d(k) =1;               % 阶跃输入信号
end
for k =1:50                % 迭代次数
    yd =[t;d]';             % 构造输入信号
    sim('IFTPID');          % 运行仿真模型
    y1 =y.signals.values';
    u1 =u.signals.values;
    for j =1:N             % 计算规定时间段的指标函数
        if j >=1000
            ISE(k) =ISE(k) +E.signals.values(j)^2 /2 /N;
        end
    end
    if k >1
        if ISE(k) <= ISE(k -1)% 判断控制效果,并更新控制器参数
        yd =[t;d -y1]';
        sim('IFTPID');
        y2 =y.signals.values';
        u2 =u.signals.values;
        P =IFT(p,u1,y1,u2,y2,d,N,r);
        A =P(1);
        B =P(2);
        C =P(3);
```

```
                 p0 = p;
                 p = P;
           else                % 判断控制效果,并更新迭代步长
                 p = p0;
                 A = p(1);
                 B = p(2);
                 C = p(3);
                 r = r * G;
                 ISE(k) = ISE(k - 1);
           end
     else                      % 执行第一次迭代运算
           yd = [t;d - y1]';
           sim('IFTPID');
           y2 = y.signals.values';
           u2 = u.signals.values;
           P = IFT(p,u1,y1,u2,y2,d,N,r);
           A = P(1);
           B = P(2);
           C = P(3);
           p0 = p;
           p = P;
     end
end
```

　　在上述程序中，IFTPID 为图 7 - 32 所示的仿真模型，函数 IFT( ) 为迭代算法。执行上述程序后，可得到整定后的 PID 控制器参数为

```
p =
     0.5238
     0.0001
     0.0563
```

　　可以画出在初始控制参数及整定后的控制器参数下，被控对象的响应曲线，如图 7 - 33 所示。可以看出，经过两次有效整定后，就可以得到比较理想的控制效果。

7.2.7　极值搜索算法控制器参数整定

　　极值搜索（extremum seeking, ES）算法是 Tsien 教授于 1954 年提出的一种算法。ES 算法与 IFT 算法类似，都是基于数据的参数整定方法，只是在实验设计和迭代方法上二者有所不同，其与迭代反馈整定相比最大的优点就是，无论待整定参数有多少，极值搜索只需一次实验就能完成一次参数整定过程。

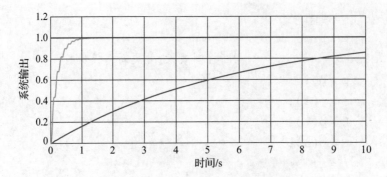

图7-33 IFT 整定前后的控制效果对比曲线

1. 极值搜索算法原理

极值搜索算法原理图如图7-34所示，图中虚线框中内容即为 ES 算法的内部结构。

其中，$\boldsymbol{\theta}(k)$ 为待优化的控制器参数；$\hat{\boldsymbol{\theta}}(k)$ 是参数的估计值；$J(\boldsymbol{\theta})$ 是目标函数 $(z-1)/(z+h)$ 高通滤波器；h 是滤波器参数；$-\gamma/(z-1)$ 为积分器，γ 为可调步长；$\alpha_i\cos(\omega_i k)$ 是扰动信号；α_i 和 ω_i 分别为第 i 个扰动信号的幅值与频率，i 为待优化参数的个数，k 表示迭代次数。

下面以式（7-59）所描述的 PID 控制器为例，进行 ES 算法整定参数的原理分析。控制器参数

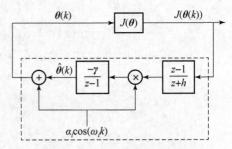

图7-34 极值搜索算法原理图

$\boldsymbol{\theta}(k)=[\rho_p,\rho_i,\rho_d]^T$，其估计值为 $\hat{\boldsymbol{\theta}}(k)=[\hat{\rho}_p,\hat{\rho}_i,\hat{\rho}_d]^T$。假设目标函数具有如下形式：

$$J(\boldsymbol{\theta})=f^*+\frac{1}{2}(\boldsymbol{\theta}^*-\boldsymbol{\theta})^T f''(\boldsymbol{\theta}^*-\boldsymbol{\theta}) \tag{7-62}$$

式中，f^* 为目标函数的极值；$\boldsymbol{\theta}^*$ 为目标函数取得极值时的控制器参数；f'' 为目标函数关于控制器参数的二阶导数。

令 $\tilde{\boldsymbol{\theta}}=\boldsymbol{\theta}^*-\hat{\boldsymbol{\theta}}=[\tilde{\rho}_p,\ \tilde{\rho}_i,\ \tilde{\rho}_d]^T$，同时将式（7-62）在极值点附近进行泰勒展开，可得

$$J\approx\left(f^*+\frac{1}{4}\boldsymbol{\alpha}^T f''\boldsymbol{\alpha}\right)+\frac{1}{4}(\boldsymbol{\alpha}\cos(2\omega k))^T f''\boldsymbol{\alpha}\cos(2\omega k)$$
$$-\frac{1}{2}\tilde{\boldsymbol{\theta}}^T f''\boldsymbol{\alpha}\cos(\omega k)-\frac{1}{2}(\boldsymbol{\alpha}\cos(\omega k))^T f''\tilde{\boldsymbol{\theta}} \tag{7-63}$$

式中：$\boldsymbol{\alpha}\cos(\omega k)=[\alpha_1\cos(\omega_1 k)\quad \alpha_2\cos(\omega_2 k)\quad \alpha_3\cos(\omega_3 k)]^T$，$\boldsymbol{\alpha}=[\alpha_1,\ \alpha_2,\ \alpha_3]^T$。

在推导式（7-63）的过程中，用三角函数变换公式对 $\cos^2(\omega_i k)$ 进行了代换，同时忽略了参数误差 $\tilde{\boldsymbol{\theta}}$ 的二次项。

参照原理图7-34，目标函数首先经过高通滤波器，滤掉目标函数的直流部分，可得

$$\frac{z-1}{z+h}[J]\approx\frac{1}{4}(\boldsymbol{\alpha}\cos(2\omega k))^T f''\boldsymbol{\alpha}\cos(2\omega k)$$
$$-\frac{1}{2}\tilde{\boldsymbol{\theta}}^T f''\boldsymbol{\alpha}\cos(\omega k)-\frac{1}{2}(\boldsymbol{\alpha}\cos(\omega k))^T f''\tilde{\boldsymbol{\theta}} \tag{7-64}$$

接着引入乘法信号 $\boldsymbol{\alpha}\cos\left(\boldsymbol{\omega}k\right)$，用三角函数变换公式对 $\cos\left(2\omega_i k\right)$、$\cos\left(\omega_i k\right)$ 以及 $\cos^2\left(\omega_i k\right)$ 进行代换。同时考虑到后续积分器的作用，忽略 $\cos\left(\omega_i k\right)$、$\cos\left(2\omega_i k\right)$ 和 $\cos\left(3\omega_i k\right)$ 等高频项，可得

$$\boldsymbol{\alpha}\cos\left(\boldsymbol{\omega}k\right)\frac{z-1}{z+h}[J] \approx -\frac{1}{2}\boldsymbol{A}f''\tilde{\boldsymbol{\theta}} \tag{7-65}$$

式中，$\boldsymbol{A} = \begin{bmatrix} \alpha_1^2 & 0 & 0 \\ 0 & \alpha_2^2 & 0 \\ 0 & 0 & \alpha_3^2 \end{bmatrix}$。

最后，对式（7-65）引入积分器 $-\boldsymbol{\gamma}/(z-1)$，可得

$$\tilde{\boldsymbol{\theta}}(k+1) \approx \left(1 - \frac{1}{2}\boldsymbol{\gamma}\boldsymbol{A}f''\right)\tilde{\boldsymbol{\theta}}(k) \tag{7-66}$$

式中，$\boldsymbol{\gamma} = \begin{bmatrix} \gamma_1 & 0 & 0 \\ 0 & \gamma_2 & 0 \\ 0 & 0 & \gamma_3 \end{bmatrix}$。

分析式（7-66）可知，只要步长 $\boldsymbol{\gamma}$ 和扰动信号幅值 $\boldsymbol{\alpha}$ 取值合适，确保矩阵 $1 - \frac{1}{2}\boldsymbol{\gamma}\boldsymbol{A}f''$ 主对角线上的元素值始终在 -1 到 1 之间，那么随着迭代次数的增加，参数估计误差 $\tilde{\boldsymbol{\theta}}$ 将会以指数形式衰减到 0。这样参数的估计值 $\hat{\boldsymbol{\theta}}$ 将在优化的过程中逐渐趋近于极值 $\boldsymbol{\theta}^*$。

2. 极值搜索算法的离散实现

参考图 7-34，目标函数首先经过高通滤波器的作用：

$$J(\boldsymbol{\theta}(k))\frac{z-1}{z+h} = J(\boldsymbol{\theta}(k))\frac{z}{z+h} - J(\boldsymbol{\theta}(k))\frac{1}{z+h}$$

$$= J(\boldsymbol{\theta}(k))\frac{1}{1+hz^{-1}} - J(\boldsymbol{\theta}(k))\frac{z^{-1}}{1+hz^{-1}} \tag{7-67}$$

令 $\zeta(k) = J(\boldsymbol{\theta}(k))z^{-1}/(1+hz^{-1})$，可得

$$\zeta(k) = -h\zeta(k-1) + J(\boldsymbol{\theta}(k-1)) \tag{7-68}$$

对式（7-67）引入乘法信号 $\alpha_i\cos(\omega_i k)$，再经过积分器 $-\gamma_i/(z-1)$ 作用，同时将式（7-68）代入其中，可得

$$\hat{\theta}_i(k+1) = -\gamma_i\alpha_i\cos(\omega_i k)\left[J(\boldsymbol{\theta}(k)) - (1+h)\zeta(k)\right] + \hat{\theta}_i(k) \tag{7-69}$$

最后引入加法信号，得到新的参数如下：

$$\theta_i(k+1) = \hat{\theta}_i(k+1) + \alpha_i\cos(\omega_i(k+1)) \tag{7-70}$$

3. 基于极值搜索算法的控制器参数整定

基于极值搜索算法，构造图 7-35 所示的控制系统。其中 P 为广义的被控对象，利用极值搜索算法对控制器 G_c 的参数进行优化。因此基于极值搜索算法的系统优化，实际上是在原有的负反馈系统上引入一个基于极值搜索的参数优化回路。

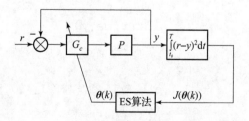

图 7-35 基于 ES 算法的控制器参数优化框图

令目标函数 $J(\boldsymbol{\theta})$ 采用误差平方积分准则。该指标可通过系统的闭环实验获取，其实现如下：

$$J(\boldsymbol{\theta}) = \frac{1}{T-t_0} \int_{t_0}^{T} (r(t) - y(t,\boldsymbol{\theta}))^2 \mathrm{d}t \qquad (7-71)$$

式中，t_0 为优化起始时间；T 为优化结束时间；$r(t)$ 为参考输入信号；$y(t, \boldsymbol{\theta})$ 为系统输出信号。

优化过程中，首先通过扰动实验获得输入输出信号数据，根据数据计算目标函数；然后利用极值搜索算法提取目标函数的梯度信息；最后沿着目标函数的负梯度方向进行搜索，得到新的控制器参数。随着优化的进行，目标函数就会随着参数的变化而逐渐趋近极小值。

【示例 7 – 11】 某系统的传递函数为 $G(s) = \dfrac{17.5}{0.000\,732s^3 + 0.009\,77s^2 + s}$，设计如式 (7 – 32) 所示的 PID 控制器并采用 ES 方法进行控制器参数整定。

在 MATLAB 中编写如下的 M 函数，完成整定过程。

```
clear all;
E_1 = 0;
J_1 = 0;
P = [0.1,100,0.13]';   % 控制器参数初始化
p_1 = [0.1,100,0.13]';  % 第一次整定,控制器参数赋值
ts = 0.01;              % 仿真采样时间
t = 1:1000;
Jmin = 0;
time(t) = t * ts;
for k = 1:10            % 最大整定次数
    [u,y,J] = test(P);  % 运行 test 函数,完成一次闭环控制,并计算目标函数值
    if k >= 2           % 如果整定效果变好,则画图
        if J < Jmin
            plot(time,y);
            hold on;
            Jmin = J;
        end
    else                % 画出初始控制器参数下的响应曲线
        Jmin = J;
        plot(time,y);
        hold on;
    end
    [J_1,p_1,E_1,P] = ES(J_1,J,p_1,E_1,k);  % 调用 ES 函数进行迭代计算
    pause(0.1);
end
```

上述程序中，用到了两个自定义函数，分别为 test 和 ES，其中 test 用来完成一次闭环控制，并计算系统的输出以及目标函数。

test 函数的实现如下：

```
function [u,y,J] = shi(P)
ts = 0.01;
sys = tf(17.5,[0.000732,0.00977,1,0]);    % 系统传递函数
dsys = c2d(sys,ts,'z');                    % 传递函数离散化
[num,den] = tfdata(dsys,'v');
%%%赋初值
u_1 = 0.0;u_2 = 0.0;u_3 = 0.0;
y_1 = 0;y_2 = 0;y_3 = 0;
x = [0,0,0]';
error_1 = 0;
kp = P(1);
ki = P(1)/P(2);
kd = P(1)*P(3);
x = [0,0,0]';
J = 0;
for t = 1:1000
    yd(t) = 10;            % 阶跃输入赋值
    %%%计算控制量
    u(t) = kp*x(1) + ki*x(2) + kd*x(3);
    if u(t) >= 10
        u(t) = 10;
    elseif u(t) <= -10
        u(t) = -10;
    end
    %%%计算系统输出及误差
    y(t) = -den(2)*y_1 - den(3)*y_2 - den(4)*y_3 + num(2)*u_1 + num(3)*u_2 + num(4)*u_3;
    %%%计算误差、误差累积值及微分
    error(t) = yd(t) - y(t);
    x(1) = error(t);
    x(2) = x(2) + error(t)*ts;
    x(3) = (y_1 - y(t))/ts;
    error_1 = error(t);
    u_3 = u_2;u_2 = u_1;u_1 = u(t);
    y_3 = y_2;y_2 = y_1;y_1 = y(t);
```

```
%%%计算指标函数
if t > =200
    J = J + (error(t)^2) * ts/8.5;
end
end
```

最终，经过整定后得到的控制器参数为

```
P =
    0.2195  100.2889   0
```

整个整定过程中，不同控制器参数下的控制效果如图 7 – 36 所示。

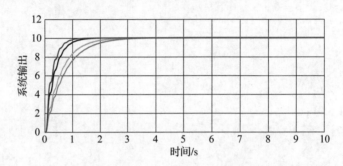

图 7 – 36　ES 整定方法控制效果

7.3　自抗扰控制器的设计

自抗扰控制器（active disturbances rejection controller，ADRC）是由韩京清研究员根据多年实际控制工程经验提出的一种控制算法，其特点可总结如下。

（1）采用"观测 + 补偿"的方法来处理动态系统中的非线性与不确定性，同时配合非线性的反馈方式，提高控制器的动态性能。

（2）算法简单、易于实现、精度高、速度快、抗干扰能力强。

（3）统一处理确定和不确定系统，线性和非线性系统。

（4）不需辨识被控系统的模型。

（5）可以进行时滞系统控制。

7.3.1　自抗扰控制器的结构

自抗扰控制器主要由跟踪微分器（TD）、非线性状态误差反馈控制律（NLSEF）、扩张状态观测器（ESO）三个关键部分组成，下面分别进行介绍。

1. 跟踪微分器

在介绍跟踪微分器之前，首先解释一下过渡过程。过渡过程即为控制系统从初始状态达到期望状态的过渡阶段。跟踪微分器可以在这个阶段适当规划实现过程，解决超调与响应时间之间的矛盾，而这正是经典 PID 控制所欠缺的。

1）经典微分器形式

$$y = w(s)v = \frac{s}{\tau s + 1} = \frac{1}{\tau}\left(1 - \frac{1}{\tau s + 1}\right)v$$

$$y(t) \approx \frac{1}{\tau}(v(t) - v(t - \tau)) \approx \dot{v}(t) \tag{7-72}$$

式中，$v(t)$、$y(t)$ 分别为系统的输入和输出信号；$w(s)$ 为传递函数。

当对输入信号叠加随机噪声 $n(t)$ 时，有

$$y(t) \approx \frac{1}{\tau}(v(t) - v(t - \tau)) + \frac{n(t)}{\tau} \approx \dot{v}(t) + \frac{n(t)}{\tau} \tag{7-73}$$

由于系统的输出中存在"噪声"，如式（7-73）所示，τ 的取值越小，噪声在经过 τ 的倒数放大之后，就越严重。为解决这个问题，采用近似微分公式：

$$\dot{v}(t) \approx \frac{v(t - \tau_2) - v(t - \tau_1)}{\tau_2 - \tau_1}, \ 0 < \tau_1 < \tau_2 \tag{7-74}$$

则可以得到

$$y = \frac{1}{\tau_2 - \tau_1}\left(\frac{1}{\tau_1 s + 1} - \frac{1}{\tau_2 s + 1}\right)v = \frac{s}{\tau_1 \tau_2 s^2 + (\tau_1 + \tau_2)s + 1}v \tag{7-75}$$

上面各传递函数的微分作用都有一个共同点：都是用惯性环节来尽可能地（取小的时间常数）跟踪输入信号的动态特性，通过求解微分方程来获取近似微分信号，因此把这个动态结构称作跟踪微分器，即尽快地跟踪输入信号，同时给出近似的微分信号。

2）跟踪微分器的一般理论

对于如下的二阶系统：

$$\begin{cases} \dot{x}_1 = x_2 \\ \dot{x}_2 = u, |u| \leqslant r \end{cases} \tag{7-76}$$

其快速最优控制综合系统为

$$\begin{cases} \dot{x}_1 = x_2 \\ \dot{x}_2 = -r \cdot \text{sign}(x_1 + x_2|x_2|/(2r)) \end{cases} \tag{7-77}$$

把 $x_1(t)$ 改为 $x_1(t) - v(t)$，得到

$$\begin{cases} \dot{x}_1 = x_2 \\ \dot{x}_2 = -r \cdot \text{sign}(x_1 - v(t) + x_2|x_2|/(2r)) \end{cases} \tag{7-78}$$

3）快速跟踪微分器的离散形式

当离散系统如下：

$$\begin{cases} x_1(k+1) = x_1(k) + hx_2(k) \\ x_2(k+1) = x_2(k) + hu, |u| \leqslant r \end{cases} \tag{7-79}$$

对式（7-79）所示的离散系统，求其"快速控制最优综合函数"，可以得到

$$\begin{aligned} &u = \text{fst}(x_1, x_2, r, h): \\ &d = rh; \ d_0 = dh; \\ &y = x_1 + hx_2; a_0 = (d^2 + 8r|y|)^{\frac{1}{2}}; \\ &a = \begin{cases} x_2 + (a_0 - d)/2, |y| > d_0 \\ x_2 + y/h, |y| \leqslant d_0 \end{cases} \end{aligned} \tag{7-80}$$

$$\text{fst} = -\begin{cases} ra/d, & |a| \leqslant d \\ r \cdot \text{sign}(a), & |a| > d \end{cases}$$

其中，h 为积分步长。

为了得到 "快速离散跟踪微分器"，将 fst( ) 函数中的变量 h 替换为 h_0，与仿真步长相互独立，得到

$$\begin{cases} x_1(t+h) = x_1(t) + h \cdot x_2(t) \\ x_2(t+h) = x_2(t) + h \cdot \text{fst}(x_1(t) - v(t), x_2(t), r, h_0) \end{cases} \tag{7-81}$$

在式（7-81）中，参数 r 叫作 "速度因子"，决定系统的跟随速度；h_0 是 "滤波因子"，对噪声有滤波的作用。

4）安排过渡过程

在控制系统中，误差通常直接取成

$$e = v - y \tag{7-82}$$

其中，v 是设定值；y 是系统的输出。

这样直接将设定与系统输出的差值作为误差，导致在初始阶段，误差很大，容易引起较大的 "超调"。针对这个问题，在对象承受的能力范围之内，可以通过安排合理的过渡过程 $v_1(t)$，然后误差取成 $e = v_1(t) - y$，便可以有效解决 PID 的 "快速性" 和 "超调" 之间的矛盾。

由此，得到跟踪微分器的阶跃响应为

$$\begin{cases} v_1(t+h) = v_1(t) + h \cdot v_2(t) \\ v_2(t+h) = v_2(t) + h \cdot \text{fst}(v_1(t) - v_0(t), v_2(t), r, h_0) \end{cases} \tag{7-83}$$

其中，$v_0(t)$ 是系统输入；$v_1(t)$ 是安排的过渡过程；$v_2(t)$ 是微分信号。

2. 非线性状态误差反馈控制律

利用跟踪微分器，就可以把传统的 PID 控制器改造成为 "非线性 PID" 控制器，图 7-37 为非线性 PID 结构。

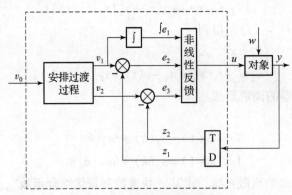

图 7-37 非线性 PID 结构

在图 7-37 中，通过跟踪微分器给出跟踪输出 y 的量 z_1 及其微分 z_2；非线性反馈的输入，即误差、积分和微分是由安排过渡过程和跟踪微分器的输出 z_1、z_2 来产生的，如式（7-84）所示：

$$e_1 = v_1 - z_1; e_2 = v_2 - z_2; e_0 = \int_0^t e_1 \qquad (7-84)$$

把传统 PID 控制的"加权和"改成"非线性组合",从而得到"非线性 PID"。式(7-85)是一种可用的"非线性组合"的形式:

$$\text{fal}(e,\alpha,\delta) = \begin{cases} |e|^\alpha \text{sign}(e), & |e| > \delta, \\ e/\delta^{1-\alpha}, & |e| \leqslant \delta, \end{cases} \delta > 0 \qquad (7-85)$$

当 $\alpha < 1$ 时,fal( )函数具有小误差、大增益、大误差、小增益的特性。

非线性误差反馈控制律如式(7-86)所示:

$$u = \beta_0 \cdot \text{fal}(e_0,\alpha_0,\delta) + \beta_1 \cdot \text{fal}(e_1,\alpha_1,\delta) + \beta_2 \cdot \text{fal}(e_2,\alpha_2,\delta) \qquad (7-86)$$

式中,$\alpha_0 \leqslant \alpha_1 \leqslant \alpha_2$,甚至可取 $\alpha_0 < 0$,$0 < \alpha_1 \leqslant 1$,$\alpha_2 \geqslant 1$。

3. 扩张状态观测器

扩张状态观测器是借用状态观测器的思想,将影响被控对象输出的扰动作用扩张成新的状态变量,用特殊的反馈机制来建立能够观测被扩张的状态,即扰动作用的状态观测器。这个扩张状态观测器并不依赖生成扰动的模型,也不需要直接测量就能对扰动进行观测,得到其估计值。

假设系统中含有非线性动态、模型不确定性及外部扰动,则均可用扩张状态观测器进行实时观测并加以补偿。它可将含有未知外扰的非线性不确定对象用非线性状态反馈化为"积分器串联型",且对一定范围对象具有很好的适应性和鲁棒性。将系统化为"积分器串联型"以后,就能对它采用"非性状态误差反馈"控制算法,设计出理想的控制器。

假设系统由已知部分和未知扰动部分组成,其表达式为

$$\dot{y} = f(x_1, x_2, u) + w$$

其中,x_1、x_2 为系统的状态变量;u 为系统输入;w 为未知扰动输入。那么通过适当的观测器设计,就能够对 x_1、x_2、w 进行估计,由于设计的观测器中不仅对系统状态变量 x_1 和 x_2 进行估计,还对未知扰动进行估计,所以称为扩张状态观测器。其结构图如图 7-38 所示。

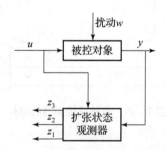

图 7-38 扩张状态观测器结构图

其中,z_1、z_2 为对 x_1、x_2 的估计,z_3 为对扰动 w 的估计。下面以一个二阶系统为例对 ESO 进行说明。

考虑如下系统:

$$\begin{cases} \dot{x}_1 = x_2 \\ \dot{x}_2 = f(x_1, x_2, w(t), t) + bu \\ y = x_1 \end{cases} \qquad (7-87)$$

其中，$f(x_1, x_2, w(t), t)$ 未知。令 $x_3 = f(x_1, x_2, w(t), t)$，$\dot{x}_3 = g(x_1, x_2, t)$，则 $g(x_1, x_2, t)$ 也是未知函数，于是有

$$\begin{cases} \dot{x}_1 = x_2 \\ \dot{x}_2 = x_3 + bu \\ \dot{x}_3 = g(x_1, x_2, t) \\ y = x_1 \end{cases} \tag{7-88}$$

则其状态观测器如下所示：

$$\begin{cases} \varepsilon_1 = z_1 - y \\ \dot{z}_1 = z_2 - \beta_{01}\varepsilon_1 \\ \dot{z}_2 = z_3 - \beta_{02} \cdot \mathrm{fal}(\varepsilon_1, \alpha_1, \delta) + bu \\ \dot{z}_3 = -\beta_{03} \cdot \mathrm{fal}(\varepsilon_1, \alpha_1, \delta) \end{cases} \tag{7-89}$$

在式（7-89）中，z_3 是扩张的状态量，其作用是对未知扰动的作用 $f(x_1(t), x_2(t), t)$ 进行实时估计。式（7-89）代表的状态观测器就被称为扩张状态观测器。

7.3.2　自抗扰控制器的实现

将设计好的跟踪微分器、扩张状态观测器以及非线性误差反馈控制律进行结合，就构成了自抗扰控制器，自抗扰控制器的结构如图7-39所示。

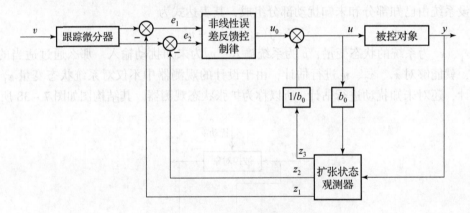

图7-39　自抗扰控制器的结构

1. 自抗扰控制器算法

式（7-90）为被控对象的数学描述：

$$\ddot{x} = f(x, \dot{x}, w, t) + bu, y = x \tag{7-90}$$

自抗扰控制器各部分算法如下。

1）跟踪微分器

$$\begin{cases} v_1(k+1) = v_1(k) + h \cdot v_2(k) \\ v_2(k+1) = v_2(k) + h \cdot \mathrm{fst}(v_1(k) - v_0, v_2(k), r, h_0) \end{cases} \tag{7-91}$$

其中，v_0 为设定值。

2）ESO 方程

$$
\begin{cases}
\varepsilon_1 = z_1(k) - y(k) \\
z_1(k+1) = z_1(k) + h(z_2(k) - \beta_{01}\varepsilon_1) \\
z_2(k+1) = z_2(k) + h(z_3(k) - \beta_{02} \cdot \text{fal}(\varepsilon_1, \alpha_1, \delta) + bu(k)) \\
z_3(k+1) = z_3(k) - h\beta_{03} \cdot \text{fal}(\varepsilon_1, \alpha_2, \delta)
\end{cases}
\tag{7-92}
$$

3）NLSEF 方程

$$
\begin{aligned}
&e_1 = v_1(k) - z_1(k), e_2 = v_2(k) - z_2(k) \\
&u_0 = \beta_1 \cdot \text{fal}(e_1, \alpha_{01}, \delta) + \beta_2 \cdot \text{fal}(e_2, \alpha_{02}, \delta) \\
&u(k) = u_0 - z_3(k)/b
\end{aligned}
\tag{7-93}
$$

其中

$$
\text{fal}(e, \alpha, \delta) = \begin{cases}
|e|^\alpha \text{sign}(e), & |e| > \delta, \\
e/\delta^{1-\alpha}, & |e| \leqslant \delta,
\end{cases} \quad \delta > 0
\tag{7-94}
$$

2. 参数整定方法

跟踪微分器存在两个待整定的参数：速度因子 r，滤波因子 h_0；扩张状态观测器有 3 个未知系数 β_{01}、β_{02}、β_{03}；非线性误差反馈控制律有两个参数 β_1、β_2；除此之外，补偿因子 b 也要确定，因为控制输出量 u 要用到参数 b。虽然自抗扰控制器的参数数量很多，但是，对于扩张状态观测器中的 3 个参数 α_1、α_2、δ 和非线性误差反馈控制律中的 3 个参数的 α_{01}、α_{02}、δ 都是能够依据实践经验选择初始值。δ 对自抗扰控制器的控制效果影响比较大，所以选择比较小的数值。当选的数值较大时，自抗扰控制器可能只工作在线性区域，而当 δ 选值过小时，自抗扰控制器又可能有振荡发生，因而要依据实际控制效果来得到具体的值。

1）跟踪微分器的参数整定

一般而言，当被控对象为二阶时，根据式（7-95）来选择跟踪微分器的参数 r：

$$
r = \frac{0.0001}{h^2}
\tag{7-95}
$$

其中，h 为积分步长。

而滤波因子 h_0 一般可以取为

$$
h_0 = kh
\tag{7-96}
$$

2）扩张状态观测器

对于这 3 个参数，可以先确定 β_{01} 的值，使 $\beta_{01} = \dfrac{1}{h}$，然后先固定参数 β_{02}、β_{03} 中的一个，循环变化另一个，进行对比，分析其具体控制效果，最终决定 β_{02}、β_{03} 的具体取值。

3）非线性误差反馈控制律的参数整定

在非线性误差反馈控制律中，β_1 和 β_2 这两个未知系数具有非常确切的物理含义。参数 β_1 表示比例增益，参数 β_2 表示微分增益。这样一来，就可以参照传统的 PD 控制器的参数整定方法来整定这两个参数。

7.3.3 ADRC 的 S – 函数

1. 跟踪微分器的 S – 函数

跟踪微分器可以在 S – 函数中的 mdlUpdate( ) 子函数中实现, 具体代码可参考如下：

```
function sys = mdlUpdate(x,u,r,h0,h)
  sys(1,1) = x(1) + h * x(2);
  sys(2,1) = x(2) + h * fst(x,u,r,h0);
```

其中的 fst( ) 函数实现如下：

```
function y = fst(x,u,r,h0)
  d = r * h0;
  d0 = h0 * d;
  y = x(1) - u + h0 * x(2);
  a0 = sqrt(d^2 + 8 * r * abs(y));
if  abs(y) > d0
  a = x(2) + (a0 - d) * sign(y)/2;
  %a = x2 + y/h;
  else
  a = x(2) + y/h0;
  %a = x2 + (a0 - d) * sign(y)/2;
end
  if  abs(a) > d
  y = -r * sign(a);
  else
  y = -r * a/d;
  end
```

2. 扩展状态观测器的 S – 函数

扩展状态观测器也可以在 S – 函数中的 mdlUpdate( ) 子函数中实现, 具体代码可参考如下：

```
function sys = mdlUpdate(x,u,b01,b02,b03,b,h,d)
e = x(1) - u(2);
fe = fal(e,0.5,d);
fe1 = fal(e,0.25,d);
sys(1,1) = x(1) + h * (x(2) - b01 * e);
sys(2,1) = x(2) + h * (x(3) - b02 * fe) + b * u(1);
sys(3,1) = x(3) - h * (b03 * fe1);
```

其中的子函数 fal( ) 实现如下：

```
function y = fal(e,a,d)
 if abs(e) >d,
     y = (abs(e))^a * sign(e);
 else
     y = e/(d^(1 - a));
 end
```

3. 非线性状态误差反馈控制器的 S - 函数

非线性状态误差反馈控制可以在 S - 函数中的 mdlOutputs( ) 子函数中实现，具体代码可参考如下：

```
function sys = mdlOutputs(u,b01,b02,b,d)
     e1 = u(1) - u(3);
     e2 = u(2) - u(4);
     u0 = b01 * fal(e1,0.75,d) + b02 * fal(e2,0.9,d);
sys = u0 - (u(5)/b);
```

其中的子函数 fal ( ) 实现如下：

```
function y = fal(e,a,d)
 if abs(e) >d,
     y = (abs(e))^a * sign(e);
 else
     y = e/(d^(1 - a));
 end
```

【示例 7 - 12】　基于自抗扰控制器的直流电机速度环控制

将上述自抗扰控制器各个部分的 S - 函数封装在一个模块里，来控制某直流电机的转速环，其仿真框图如图 7 - 40 所示。

通过整定和调节得到了一组效果较好的参数 r、h_0、h、β_{01}、β_{02}、β_{02}、b、δ、β_1、β_2 的值为：9，0.011，0.03，50，700，0.9，0.03，7，21，0.9。其仿真的控制效果如图 7 - 41 ~ 图 7 - 43 所示。

从 PID 控制和自抗扰控制的仿真结果可以看出：自抗扰控制器利用跟踪微分器安排过渡过程，可以保证控制系统无超调地达到稳定状态，从而很好地解决了传统 PID 控制器的快速性与超调之间的矛盾。对控制系统施加突变干扰，系统的输出也能够快速达到稳定，而且控制效果相比 PID 控制有了较大的提高。

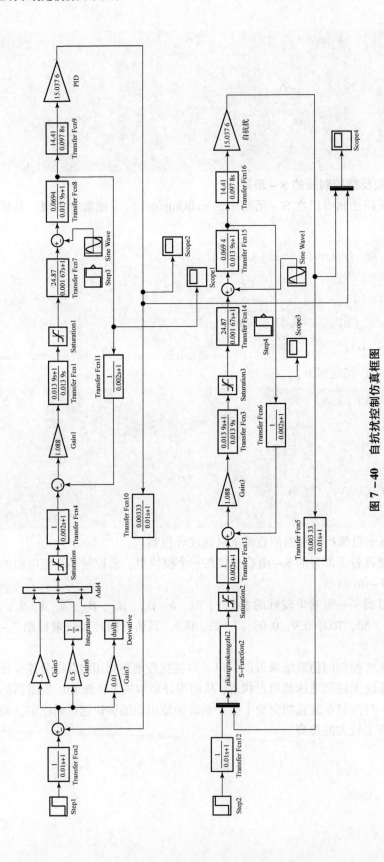

图 7 - 40 自抗扰控制仿真框图

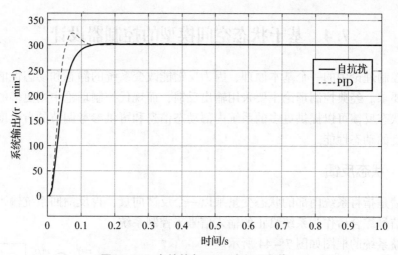

图 7 – 41　自抗扰与 PID 对比（空载）

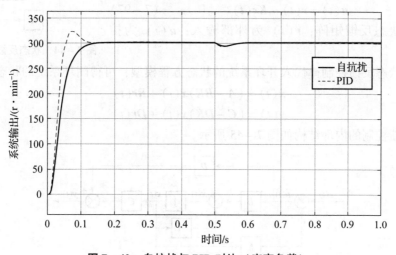

图 7 – 42　自抗扰与 PID 对比（突变负载）

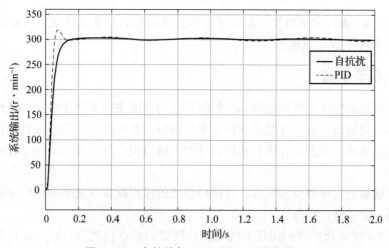

图 7 – 43　自抗扰与 PID 对比（时变负载）

7.4 基于状态空间模型的控制器设计

反馈是控制理论中的一个基本原理，因为反馈能改变系统的静态和动态性能，从而达到系统设计的要求。经典控制理论主要采用输出反馈，而现代控制理论中则更多的是采用状态反馈，因为状态反馈可以提供更多的系统内部动态信息和可供参考调节的自由度，从而使系统具有更优良的动态性能。

7.4.1 状态反馈

状态反馈是指将系统内部的状态变量乘以一个反馈向量，再反馈回系统输入端，与系统的外部输入信号综合后作为系统真正的输入信号来控制系统。

状态反馈系统的框图如图 7 – 44 所示。

该状态反馈系统的控制律为

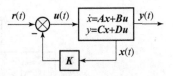

$$u(t) = r(t) - Kx(t) \qquad (7-97)$$

其中，K 为状态反馈矩阵；$r(t)$ 为外部输入；$u(t)$ 为控制量。

图 7 – 44　状态反馈系统的框图

将线性状态反馈控制律代入开环系统的状态方程模型，可得闭环系统的状态方程为

$$\dot{x}(t) = (A - BK)x(t) + Br(t)$$
$$y(t) = (C - DK)x(t) + Dr(t) \qquad (7-98)$$

状态反馈控制的内部结构如图 7 – 45 所示。

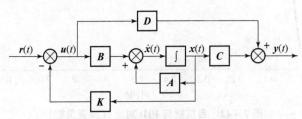

图 7 – 45　状态反馈控制的内部结构

如果系统 $(A，B)$ 完全可控，则通过选择合适的状态反馈矩阵 K，可将闭环系统矩阵 $A - BK$ 的特征值配置到任意地方。

7.4.2 极点配置

根据线性系统的响应分析理论可知，控制系统的性能主要取决于系统的极点在复平面的分布情况。当系统的极点分布在复平面的左半平面时，系统是稳定的。而且极点的位置还会影响系统的响应速度。因此，在进行系统设计时，将极点设计在复平面一个合适的位置是一项重要的工作。

极点配置就是通过选择反馈矩阵，将闭环系统的极点配置在复平面中所期望的位置，从而使系统达到一定的性能指标。

对于式（7 – 98）所描述的闭环系统，假设期望的极点位置为：c_i，$i = 1，\cdots，n$，则期望的闭环系统的特征方程可写为

$$\alpha(s) = \prod_{i=1}^{n}(s - c_i) = s^n + \alpha_1 s^{n-1} + \cdots + \alpha_n \tag{7-99}$$

那么，进行极点配置的主要工作就是，设计一个合适的状态反馈矩阵 K，使闭环系统的特征多项式满足式（7-99）。

在 MATLAB 的控制系统工具箱中，有两个工具函数 place() 和 acker()，可以用来求取闭环反馈矩阵 K，使系统极点配置在期望的位置上。

1. place() 函数

place() 函数的基本调用格式为

$$K = \mathrm{place}(A, B, p)$$

式中，A 为系统的状态转移矩阵；B 为系统的输入矩阵；p 为期望的闭环系统极点向量；K 为求得的状态反馈矩阵。

该函数适用于多输入系统的极点配置，但不适用于期望极点中含有多重极点的配置问题。

【示例 7-13】 有如下连续系统：

$$\dot{X} = AX + Bu$$
$$Y = CX$$

其中，$A = \begin{bmatrix} 2.25 & -5 & -1.25 & -0.5 \\ 2.25 & -4.25 & -1.25 & -0.25 \\ 0.25 & -0.5 & -1.25 & -1 \\ 1.25 & -1.75 & -0.25 & -0.75 \end{bmatrix}$，$B = \begin{bmatrix} 4 & 6 \\ 2 & 4 \\ 2 & 2 \\ 0 & 2 \end{bmatrix}$，$C = \begin{bmatrix} 0 & 0 & 0 & 1 \\ 0 & 2 & 0 & 2 \end{bmatrix}$，采用 place

函数，将闭环系统的极点配置为 $P = \begin{bmatrix} -1 & -2 & -3 & -4 \end{bmatrix}$。

在 MATLAB 命令行输入如下指令：

```
A = [2.25 -5 -1.25 -0.5;2.25 -4.25 -1.25 -0.25;
    0.25 -0.5 -1.25 -1;1.25 -1.75 -0.25 -0.75];
B = [4 6;2 4;2 2;0 2]; P = [-1 -2 -3 -4];
K = place(A,B,P);
```

运行后，可得结果为

```
K =
    1.5080    -6.4966     5.9305     3.2317
    0.4595     1.7859    -3.2431    -1.1573
```

然后再运行 eig(A - B * K) 函数，验证闭环系统的极点位置是否和期望的位置一致，可得结果为

```
ans =
   -1.0000
   -2.0000
   -4.0000
   -3.0000
```

2. acker( ) 函数

acker( ) 函数的基本调用格式为

$$K = \text{acker}(A, B, p)$$

式中，A 为系统的状态转移矩阵；B 为系统的输入矩阵；p 为期望的闭环系统极点向量；K 为求得的状态反馈矩阵。

该函数只适用于单输入系统的极点配置，期望极点中可以含有多重极点。

【示例 7 - 14】 已知某可控系统的状态方程为 $\begin{aligned}\dot{X} &= AX + Bu \\ Y &= CX\end{aligned}$，其中 $A = \begin{bmatrix} 0 & 0 & 0 \\ 1 & -6 & 0 \\ 0 & 1 & -12 \end{bmatrix}$，

$B = \begin{bmatrix} 1 \\ 0 \\ 0 \end{bmatrix}$，$C = \begin{bmatrix} 0 \\ 0 \\ 1 \end{bmatrix}^{\text{T}}$，设系统期望的闭环极点为 $p = \begin{bmatrix} -5\sqrt{2} + j5\sqrt{2} & -5\sqrt{2} - j5\sqrt{2} & -100 \end{bmatrix}$，

设计状态反馈控制系统，使闭环系统的期望极点满足上述要求。

在 MATLAB 命令行中输入如下指令：

```
A = [0 0 0;1 -6 0;0 1 -12];
B = [1;0;0];
C = [0 0 1];
D = 0;
p = [-5*sqrt(2)+j*5*sqrt(2),-5*sqrt(2)-j*5*sqrt(2),-100];
K = acker(A,B,p)
```

得到如下结果：

```
K =
    96.1   -288.3   6537.9
```

运行 step 函数可得该闭环系统的阶跃响应如图 7 - 46 所示。

```
sys_feed = ss(A - B*K,B,C,D);
step(sys_feed)
```

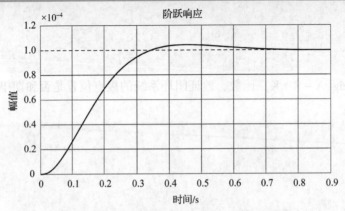

图 7 - 46　基于极点配置的闭环系统阶跃响应

7.4.3　状态观测器

如果线性定常系统的状态完全可控，则可以通过状态反馈实现极点的任意配置，从而使系统稳定且性能满足一定的指标要求。但在实际应用中，系统的一些或所有的状态变量是测量不到的。因此，为了实现状态反馈，就需要利用已知量和能够估计系统状态值的模型，对未知的状态变量进行估计。这种能够根据已知量（输入量和输出量）对系统状态值进行估计的模型就称为状态观测器。

1. 状态观测器结构

系统存在观测器的条件为系统是完全可观的，状态观测器的结构如图 7 – 47 所示。

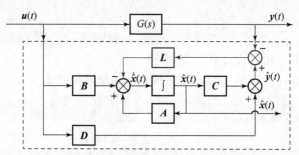

图 7 – 47　状态观测器的结构（书后附彩插）

其中虚线框内部分为状态观测器的结构组成，可以看出除了红线部分外，该观测器完全是被控对象原有结构的重新构造，不同之处在于增加了一个系统实际输出 $y(t)$ 与观测器输出 $\hat{y}(t)$ 之间误差的反馈。

设被观测系统的状态方程为

$$\dot{x}(t) = Ax(t) + Bu(t)$$
$$y(t) = Cx(t) + Du(t) \tag{7-100}$$

根据虚线框内的结构，可以写出观测器的状态方程为

$$\dot{\hat{x}}(t) = A\hat{x}(t) + Bu(t) - L(\hat{y}(t) - y(t))$$
$$\hat{y}(t) = C\hat{x}(t) + Du(t) \tag{7-101}$$

那么根据式（7 – 100）和式（7 – 101），状态观测误差可写为

$$\dot{\hat{x}}(t) - \dot{x}(t) = (A - LC)\hat{x}(t) + (B - LD)u(t) + Ly(t) - Ax(t) - Bu(t)$$
$$= (A - LC)[\hat{x}(t) - x(t)] \tag{7-102}$$

式（7 – 102）的解析解为

$$\hat{x}(t) - x(t) = e^{(A-LC)(t-t_0)}[\hat{x}(t_0) - x(t_0)] \tag{7-103}$$

从上面的表达式可以看出，要使观测状态误差趋于零，即 $\lim\limits_{t \to \infty}[\hat{x}(t) - x(t)] = 0$，那么必须满足条件：矩阵 $A - LC$ 特征根具有负的实部。

要满足这一条件，就需要设计一个合适的反馈矩阵 L，将 $A - LC$ 的特征根都配置在左半平面。这一要求，可以利用前面讲的极点配置方法实现。

【示例 7 – 15】 已知线性定常系统 $\dot{x} = \begin{bmatrix} 0 & 1 \\ -2 & -3 \end{bmatrix} x + \begin{bmatrix} 0 \\ 1 \end{bmatrix} u$，设计状态观测器，并将观

$$y = \begin{bmatrix} 2 & 0 \end{bmatrix} x$$

测器的极点配置为 $[-3, -3]$。

首先借助 MATLAB 工具箱判断该系统的可观性：

```
A = [0 1; -2 -3];
B = [0;1];
C = [2 0];
Q = [C;C * A];
rank(Q)
```

可得

```
ans =
    2
```

说明系统是完全可观的，可以设计状态观测器。

接下来，利用 acker( ) 函数，设计状态观测器的反馈矩阵 L。

```
L = acker(A',C',p)
```

运行可得

```
L =
  1.5000   -1.0000
```

最终得到系统的状态观测器表达式为

$$\dot{\hat{x}}(t) = (A - LC)\hat{x}(t) + (B - LD)u(t) + Ly(t)$$

$$= \begin{bmatrix} -3 & 1 \\ 0 & -3 \end{bmatrix}\hat{x}(t) + \begin{bmatrix} 0 \\ 1 \end{bmatrix}u(t) + \begin{bmatrix} 1.5 \\ -1 \end{bmatrix}y(t)$$

2. 带有状态观测器的状态反馈控制器

观察图 7 - 47 所示的状态观测器结构可知，其有两个输入和一个输出，两个输入分别为实际系统的输入 $u(t)$ 和该输入下对应的输出 $y(t)$。一个输出则为观测的状态 $\hat{x}(t)$。所以，带有状态观测器的状态反馈控制器结构如图 7 - 48 所示。

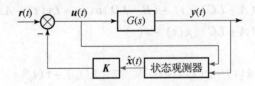

图 7 - 48 带有状态观测器的状态反馈控制器结构

根据状态观测器的结构可知，状态观测器主要由两个组成部分，分别为：

（1）以 $u(t)$ 作为输入部分：

$$G_1(s): \begin{cases} \dot{\hat{x}}_1(t) = (A - LC)\hat{x}_1(t) + (B - LD)u(t) \\ y_1(t) = K\hat{x}_1(t) \end{cases} \tag{7-104}$$

（2）以 $y(t)$ 作为输入部分：

$$G_2(s): \begin{cases} \dot{\hat{x}}_2(t) = (A - LC)\hat{x}_2(t) + Ly(t) \\ y_2(t) = K\hat{x}_2(t) \end{cases} \qquad (7-105)$$

因此，图 7 – 49 又可以表示为

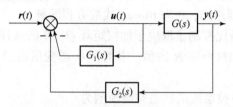

图 7 – 49　基于状态观测器的反馈控制

将反馈环节 $G_1(s)$ 进行简化，可得图 7 – 50。

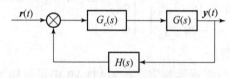

图 7 – 50　状态观测器简化

其中，$G_c(s) = \dfrac{1}{1 + G_1(s)}$，$H(s) = G_2(s)$。

通过计算，可以得到控制器 $G_c(s)$ 的状态空间实现为

$$G_c(s): \begin{cases} \dot{x}(t) = (A - BK - LC + LDK)x(t) + Bu(t) \\ y(t) = -Kx(t) + u(t) \end{cases} \qquad (7-106)$$

7.4.4　线性二次型指标最优控制器设计

前面讲述的状态反馈控制中，并没有给出极点的位置如何选择，仅仅是指明了所配置的极点在左半平面即可。线性二次型（linear quardratic，LQ）指标最优控制器则是一种指导极点配置的控制器设计方法。该算法通过最优化某一指标函数来合理地选择闭环系统的极点位置。

二次型指标如式（7 – 107）所示：

$$J = \frac{1}{2}x^{\mathrm{T}}(t_f)Sx(t_f) + \frac{1}{2}\int_{t_0}^{t_f}[x^{\mathrm{T}}(t)Qx(t) + u^{\mathrm{T}}(t)Ru(t)]\mathrm{d}t \qquad (7-107)$$

其中，Q 和 R 分别为状态变量和控制量的加权系数矩阵；t_0 和 t_f 为控制作用的开启和结束时间；矩阵 S 对控制系统的状态终止也给出一定的约束。

对于线性定常系统，$\begin{aligned} \dot{x}(t) &= Ax(t) + Bu(t) \\ y(t) &= Cx(t) + Du(t) \end{aligned}$，通过设计合理的控制量 $u(t)$，使指标函数 J 取得极小值的问题，称为线性二次型最优控制问题。

由线性二次型最优控制理论可知，若想最小化 J，则控制信号为

$$u^*(t) = -R^{-1}B^{\mathrm{T}}Px(t) \qquad (7-108)$$

其中，P 为正定矩阵，满足如下的 Riccati 代数方程：

$$A^{T}P + PA - PBR^{-1}B^{T}P + Q = 0 \qquad (7-109)$$

在 MATLAB 的控制工具箱中提供了 lqr( ) 函数，完成上述方程的求解问题，其调用格式为

```
[K,P] = lqr(A,B,Q,R);
```

其中，返回值 K 为状态反馈矩阵，P 为 Riccati 代数方程的解。

可以看出，所求得的最优控制量取决于加权矩阵 Q、R 的选择，一般若想使耗费的控制能量较小，应当适当增加加权矩阵 R 的值。若想使状态变量的值较小，则需适当增加加权矩阵 Q 的值。

【示例 7 – 16】 设某被控系统的状态空间模型为

$$\begin{bmatrix} \dot{x}_1 \\ \dot{x}_2 \\ \dot{x}_3 \\ \dot{x}_4 \end{bmatrix} = \begin{bmatrix} 0 & 2 & 0 & 0 \\ 0 & -0.1 & 8 & 0 \\ 0 & 0 & -10 & 16 \\ 0 & 0 & 0 & -20 \end{bmatrix} \begin{bmatrix} x_1 \\ x_2 \\ x_3 \\ x_4 \end{bmatrix} + \begin{bmatrix} 0 \\ 0 \\ 0 \\ 0.39 \end{bmatrix} U, \ Y = \begin{bmatrix} 0.0988 & 0.1976 & 0 & 0 \end{bmatrix} \begin{bmatrix} x_1 \\ x_2 \\ x_3 \\ x_4 \end{bmatrix}$$

为该系统设计 LQ 最优控制器。

首先进行系统的可控性与客观性判定，在 MATLAB 中运行如下指令：

```
A = [0 2 0 0;0 -0.1 8 0;0 0 -10 16;0 0 0 -20];
B = [0;0;0;0.39];
C = [0.0988 0.1976 0 0];
D = 0;
Tc = ctrb(A,B);
To = obsv(A,C);
rc = rank(Tc)
ro = rank(To)
```

运行后，可得

```
rc =
     4
ro =
     4
```

可知，系统是完全可控完全可观的。

由于控制量为单一的标量，即 R 为一阶矩阵，可取 $R = 1$；对于 Q，取 $Q = \mathrm{diag}[0.01, 0.01, 2, 3]$，在 MATLAB 中运行

```
Q = diag([0.01,0.01,2,3]);
R = 1;
K = lqr(A,B,Q,R)
ss_new = ss(A - B * K,B,C,D);
step(ss_new);
```

可得如图 7 – 51 所示的仿真结果。

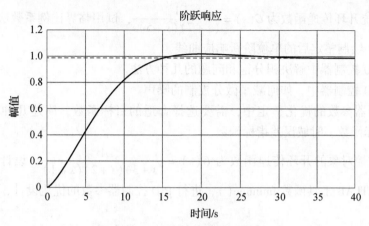

图 7 – 51 控制系统阶跃响应

7.5 本章小结

本章首先介绍了数字仿真的实现问题，即如何通过四阶龙格 – 库塔法求解一阶常微分方程组，并在此基础上，分析了仿真算法中仿真步长、仿真算法的选择依据。然后，结合 MATLAB/Simulink 工具，重点讲述了几种常见的控制器设计过程，包括 PID 控制器及其参数整定方法、自抗扰控制器、状态反馈控制器。

习 题

1. 解释常微分方程的数值求解问题的基本含义，数值求解中的仿真步长具体是什么含义？

2. 写出四阶龙格 – 库塔法求解常微分方程数值解的递推求解公式，并解释其含义。

3. 解释常微分方程的求解算法中，隐式算法和显式算法的区别，单步算法和多步算法的区别。

4. 有如下的控制系统框图（图 7 – 52），其中 $G(s) = \dfrac{a_1 s + a_2}{b_1 s^2 + b_2 s + b_3}$，输入信号 $r = A\sin(2t + 0.2)$，反馈增益 $v = 1.5$，系统状态初值均为零，写出用四阶龙格 – 库塔法进行控制系统仿真的程序代码，其中仿真时间最大 20 s，仿真步长为 0.05 s。

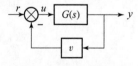

图 7 – 52 控制系统框图

5. 写出数字式位置式 PID 控制器和增量式 PID 控制器的表达式，并简述其中的区别。

6. 已知系统开环传递函数为 $G(s) = \dfrac{8}{40s + 1} e^{-10s}$，试用 Ziegler – Nichols 经验公式整定其

PID 控制器的参数，并绘制整定后的单位阶跃响应曲线。

7. 已知系统开环传递函数为 $G(s) = \dfrac{1}{(s+7)(s+5)s}$，试用临界比例系数法整定其 PID 控制器的参数，并绘制整定后的单位阶跃响应曲线。

8. 描述 PID 控制器中解决积分饱和问题的几种方法。

9. 描述 PID 控制器中，如何减小微分控制的噪声。

10. 在控制器参数的优化整定中，需要选择合适的目标函数，简述几种常用的目标函数，如频率指标函数、时域误差指标函数。

11. 已知被控对象的开环传递函数为 $G(s) = \dfrac{4}{(s+3)(s+2)(s+1)}$，设计 ISE 性能指标函数，利用 MATLAB 工具函数 fminunc( )，进行 PID 控制器参数的优化设计，并绘制其阶跃响应曲线。

12. 描述迭代反馈整定方法的基本原理和算法实现的步骤。

13. 描述极值搜索控制器参数整定方法的基本原理和算法实现的步骤。

14. 利用 Simulink 编写 S – 函数，实现自抗扰控制中的跟踪微分器，并利用该 S – 函数对单位阶跃信号进行仿真，绘制其输出曲线。

15. 已知某单输入单输出系统的传递函数为 $G(s) = \dfrac{10}{s(s+2)(s+5)}$，通过状态反馈将闭环系统的极点配置在 $[-7+j7,\ 7+j7]$ 位置，给出状态反馈矩阵 $\boldsymbol{K}$，并绘制闭环系统的阶跃响应曲线。

16. 已知如下线性定常系统 $\dot{x} = \begin{bmatrix} 0 & 1 \\ -3 & -4 \end{bmatrix} x + \begin{bmatrix} 0 \\ 1 \end{bmatrix} u$，设计一个状态观测器，将观测器 $y = \begin{bmatrix} 2 & 0 \end{bmatrix} x$ 的极点设置到 $[-10\ 10]$。

17. 已知线性定常系统为 $\dot{x} = \begin{bmatrix} 0 & 1 & 0 \\ 980 & 0 & -2.8 \\ 0 & 0 & -100 \end{bmatrix} x + \begin{bmatrix} 0 \\ 0 \\ 100 \end{bmatrix} u$，判断系统的可观性，若可 $y = \begin{bmatrix} 1 & 0 & 0 \end{bmatrix} x$ 观，则设计系统的状态观测器，使观测器的极点位于 $[-100\quad -101\quad -102]$，给出观测器的反馈矩阵 $\boldsymbol{H}$；并判断系统的可控性；若可控，则设计状态反馈控制器，使闭环系统的极点位于 $[-10+10j\quad -10-10j\quad -50]$，给出状态反馈矩阵 $\boldsymbol{K}$，绘制闭环系统的阶跃响应曲线。

参 考 文 献

［1］宋志安，张鑫，宋玉凤，等. 机电系统建模与仿真 ［M］. 北京：国防工业出版社，2015.

［2］张袅娜，冯雷，朱宏殷. 控制系统仿真 ［M］. 北京：机械工业出版社，2014.

［3］JANSCHEK K. 机电系统设计方法、模型及概念：实现、控制及分析 ［M］. 张建华，译. 北京：清华大学出版社，2017.

［4］JANSCHEK K. 机电系统设计方法、模型及概念：建模、仿真及实现基础 ［M］. 张建华，译. 北京：清华大学出版社，2017.

［5］张立勋，等. 机电系统建模与仿真 ［M］. 哈尔滨：哈尔滨工业大学出版社，2010.

［6］杨耕，罗应力. 电机与运动控制系统 ［M］. 北京：清华大学出版社，2015.

［7］汪首坤，王军政，赵江波. 液压控制系统 ［M］. 北京：北京理工大学出版社，2016.

［8］王敏，张科. 控制系统原理与 MATLAB 仿真实现 ［M］. 北京：电子工业出版社，2014.

［9］薛定宇. 控制系统计算机辅助设计——MATLAB 语言与应用 ［M］. 北京：清华大学出版社，2006.

［10］王燕平. 控制系统仿真与 CAD ［M］. 北京：机械工业出版社，2011.

［11］王斌锐，李璟，金英连，等. 运动建模与控制系统设计 ［M］. 北京：清华大学出版社，2014.

［12］张俊红，王亚慧，陈一民. 控制系统仿真及 MATLAB 应用 ［M］. 北京：机械工业出版社，2010.

［13］叶宾，赵峻，李会军，等. 控制系统仿真 ［M］. 北京：机械工业出版社，2017.

［14］韩京清. 自抗扰控制技术：估计补偿不确定因素的控制技术 ［M］. 北京：国防工业出版社，2008.

［15］LEQUIN O, GEVERS M, MOSSBERG M, et al. Iterative feedback tuning of PID parameters：comparison with classical tuning rules ［J］. Control engineering practice，2003，11（9）：1023 – 1033.

［16］GRAHAM A E, YOUNG A J, XIE S Q. Rapid tuning of controllers by IFT for profile cutting machines ［J］. Mechatronics，2007，17（2）：121 – 128.

［17］KRSTIC M, WANG H H. Stability of extremum seeking feedback for general nonlinear dynamic systems ［J］. Automatica，2000，36（4）：595 – 601.

［18］KILLINGSWORTH N J, KRSTIC M. PID tuning using extremum seeking：online，model – free performance optimization ［J］. IEEE transactions on control systems magazine，2006，26（1）：70 – 79.

参考文献

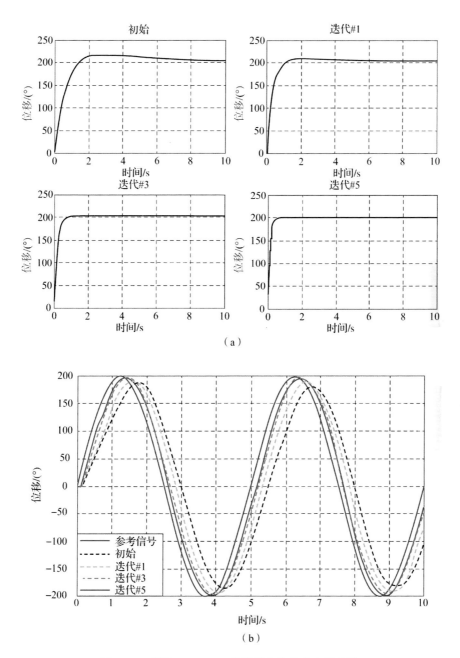

图 1-4　利用 MATLAB 软件进行的仿真实验结果

（a）不同迭代次数下的阶跃响应曲线；（b）不同迭代次数下的正弦跟踪响应

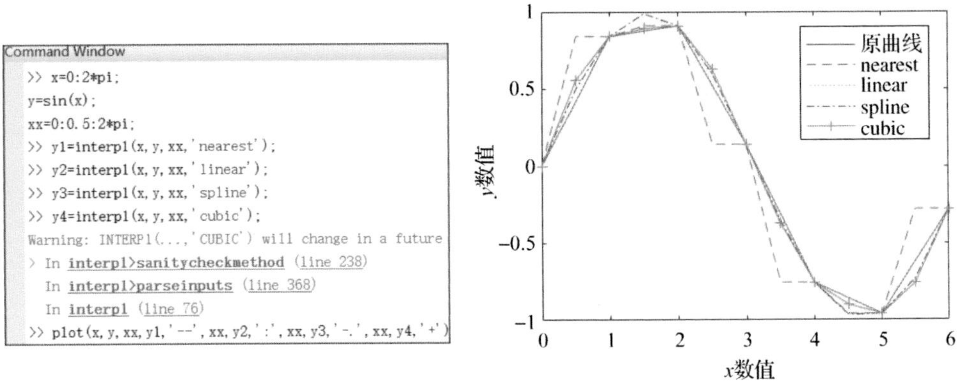

```
>> x=0:2*pi;
y=sin(x);
xx=0:0.5:2*pi;
>> y1=interp1(x,y,xx,'nearest');
>> y2=interp1(x,y,xx,'linear');
>> y3=interp1(x,y,xx,'spline');
>> y4=interp1(x,y,xx,'cubic');
Warning: INTERP1(...,'CUBIC') will change in a future
> In interp1>sanitycheckmethod (line 238)
  In interp1>parseinputs (line 368)
  In interp1 (line 76)
>> plot(x,y,xx,y1,'--',xx,y2,':',xx,y3,'-.',xx,y4,'+')
```

图 2 - 40　多项式插值

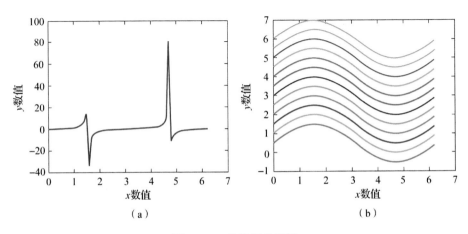

（a）　　　　　　　　　　　　　（b）

图 2 - 52　曲线颜色设置

（a）subplot(1,2,1)；（b）subplot(1,2,2)

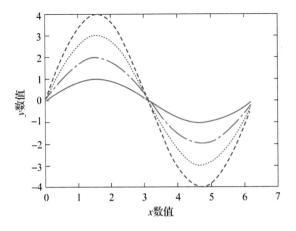

图 2 - 53　曲线线型设置

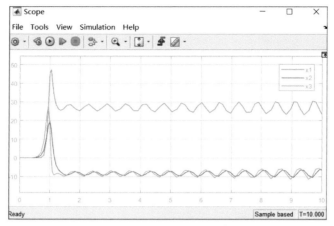

图 3 – 37　Lorenz 方程的仿真结果

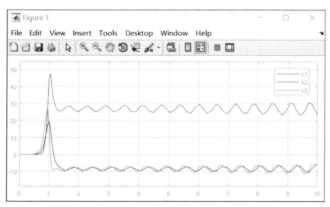

图 3 – 38　以 . fig 文件显示的 Lorenz 方程的仿真结果

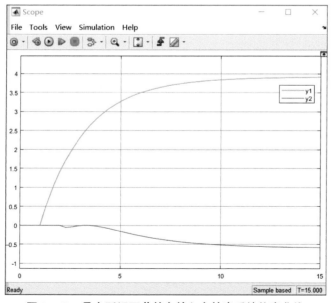

图 3 – 42　具有延迟环节的多输入多输出系统仿真曲线

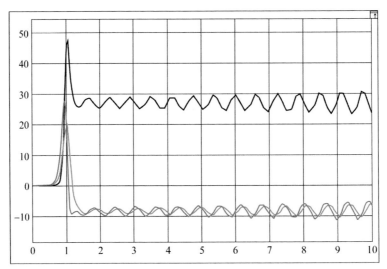

图 3 − 67　Lorenz 方程 S − 函数仿真结果

图 3 − 86　实时仿真模型的运行结果

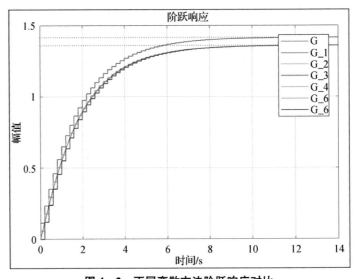

图 4 − 2　不同离散方法阶跃响应对比

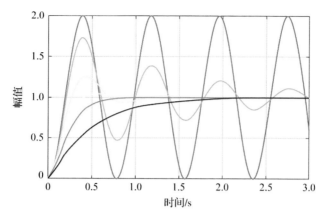

图 6 – 3　二阶系统的单位阶跃响应

阶跃响应

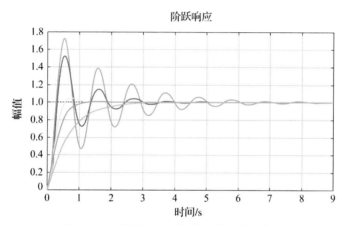

图 6 – 7　【示例 6 – 2】阶跃信号响应曲线

线性仿真结果

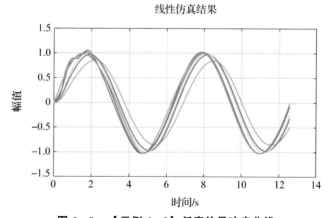

图 6 – 9　【示例 6 – 2】任意信号响应曲线

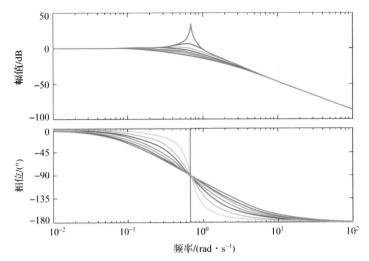

图6-37 ζ变化时的Bode图

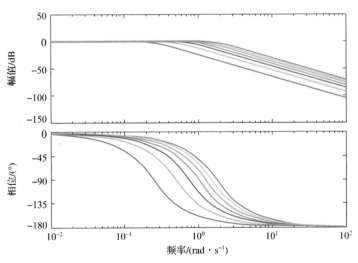

图6-38 ωₙ变化时的Bode图

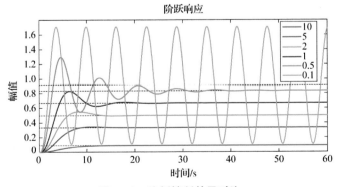

图7-9 比例控制效果对比

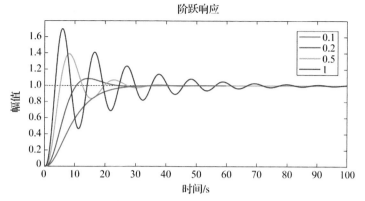

图 7 - 10　积分控制效果对比

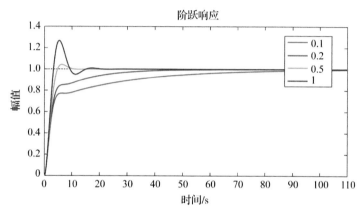

图 7 - 11　比例 + 积分控制效果对比

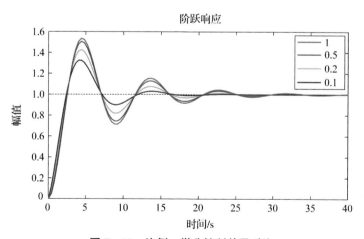

图 7 - 12　比例 + 微分控制效果对比

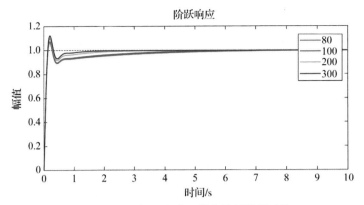

图 7 – 13 比例 + 积分 + 微分控制效果对比

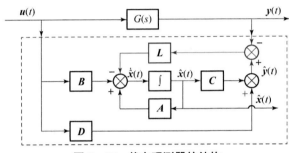

图 7 – 47 状态观测器的结构